国家出版基金项目
NATIONAL PUBLICATION FOUNDATION

当代中国社会道德理论与实践研究丛书

主编 吴付来

数字化生存的道德空间

信息伦理学的理论与实践

吕耀怀 等 著

The Moral Space of
Digital Existence

中国人民大学出版社
·北京·

总　序

　　加强思想道德建设，凝聚道德力量，是中国特色社会主义文化建设和精神文明建设的重要内容与中心环节，是建设社会主义核心价值体系的必然要求。正如习近平总书记所指出的："国无德不兴，人无德不立。必须加强全社会的思想道德建设，激发人们形成善良的道德意愿、道德情感，培育正确的道德判断和道德责任，提高道德实践能力尤其是自觉践行能力，引导人们向往和追求讲道德、尊道德、守道德的生活，形成向上的力量、向善的力量。只要中华民族一代接着一代追求美好崇高的道德境界，我们的民族就永远充满希望。"

　　我们党和国家历来重视道德建设。特别是改革开放以来，我们党先后通过了《关于社会主义精神文明建设指导方针的决议》、《关于加强社会主义精神文明建设若干重要问题的决议》以及《公民道德建设实施纲要》。习近平总书记在多次讲话、多篇文章中都强调加强道德建设的重要性，党的十九大报告也对道德建设做出了全面的论述和部署："加强思想道德建设。人民有信仰，国家有力量，民族有希望。要提高人民思想觉悟、道德水准、文明素养，提高全社会文明程度。广泛开展理想信念教育，深化中国特色社会主义和中国梦宣传教育，弘扬民族精神和时代精神，加强爱国主义、集体主义、社会主义教育，引导人们树立正确的历史观、民族观、国家观、文化观。深入实施公民道德建设工程，推进社会公德、职业道德、家庭美德、个人品德建设，激励人们向上向善、孝老爱亲，忠于祖国、忠于人民。"道德的力量是国家发展、社会和谐、人民幸福的重要因素，思想道德建设解决的是整个中华民族的精神支柱和精神动力问题。

实现中华民族伟大复兴的中国梦，需要道德建设的保驾护航。当前中国的发展既面临机遇，也面临挑战。然而，在多元文化的冲击下，人们的道德观念和行为准则正在不断发生变化，原先的道德基础受到严重冲击。在此情况下，道德建设需要全体国民集体参与，需要全体国民成为道德的守护者、监督者和表率。只有全面地了解、反映当代中国社会道德的现状以及遇到的新问题，并结合相关理论提出解决对策，才能真正提高全体国民的道德素质，才能不断改善社会和国家的道德环境，才能实现中华民族伟大复兴的中国梦。

道德建设是一个实践问题，更是一个理论问题。面对世界范围内各种思想文化交流、交融、交锋的新形势，加快建设社会主义文化强国、增强文化软实力、提高我国在国际上的话语权，迫切需要哲学社会科学更好地发挥作用。伦理学作为与人类道德发展密切相关的哲学分支学科，需要跟上时代进步的步伐，从理论上解决实践提出的问题。

为此，在加强社会主义道德建设的宏观背景下，为推动社会主义道德建设，弘扬社会主义核心价值观，实现中华民族伟大复兴的中国梦，推动伦理学的研究和发展，我们策划了"当代中国社会道德理论与实践研究丛书"。这套丛书是一套开放的丛书，首批出版 10 卷，集中研究当代中国社会最关切的伦理道德的理论与实践问题，对市场经济条件下陌生人之间的伦理、日常生活伦理、公务员道德建设、信息伦理和网络社会伦理、消费伦理、福利伦理、分配正义以及规范性和道德推理问题进行系统的研究与探讨。丛书的主要内容集中于以下几个方面：

首先，建立社会主义市场经济体制是我国经济体制的根本性创新，是全面建设小康社会的重要途径，市场经济条件下陌生人之间的关系有哪些规律，人们日常生活伦理有哪些特点等，这套丛书首先对这些问题进行了研究和探讨。

其次，政德建设是当代中国最具先导性的道德建设领域之一，对全社会的道德建设具有重要的引领作用，这套丛书不仅对公务员道德状况进行了研究概述，而且对中国特色政德建设的一般规律、重要问题进行了探究。

再次，当今时代，信息伦理和网络社会伦理的公德问题日益突出，这套丛书对数字化生存的道德空间、网络道德建设问题表达了重要关切，进行了深入探讨。

又次，消费、福利、分配是经济伦理的重要内容，随着我国建设小康社会进程加快，人们物质生活水平逐步提高，收入分配差距日渐拉大，经济领域中的消费、福利、分配问题日益成为伦理学研究和关注的对象。因此，这套丛书对这三个问题进行了系统的研究。

最后，社会道德建设归根结底离不开道德规范的有效性和道德行为选择的理性化，这套丛书专门从伦理学基本原理研究角度选择了这两个与道德建设密切相关并具有一定学理深度的理论问题进行研究，探讨了规范性和道德推理问题。

这套丛书得到了中国人民大学伦理学与道德建设研究中心的学术支持，得到了国家出版基金的资助，中国人民大学出版社学术出版中心的编辑为丛书的出版付出了艰辛的努力，在此一并致谢。书中难免存在疏漏，恳请学界同仁批评指正。期待这套丛书作者和编者的辛勤努力能够得到广大读者的理解与回应，产生良好的社会影响。

吴付来

2018 年 9 月 15 日

目　录

绪　论

一、信息技术的伦理制导

信息技术发展到今天，已使人类开始进入所谓数字化时代。无孔不入的数字化信息渗透到社会的方方面面。信息技术在给人类带来巨大福祉的同时，亦造成了一些可能具有灾难性的后果。日新月异的信息技术，不仅空前改变了人们的生活方式甚至生存方式，而且为社会生产拓展了新的领域，刺激了社会生产力的高速发展。但人们也注意到，现代社会中的许多高智能犯罪行为也往往借助于信息技术手段，特别是在方兴未艾的所谓"信息高速公路"中更是充斥着各种各样的丑恶现象，如诽谤、诈骗、色情，等等。面对日益信息化社会的如此状况，有些人一味盲目赞美信息技术，把信息技术吹得完美无缺、其善无比；有些人则走向另一极端，对信息技术持完全否定的态度，把所有的恶都归于信息技术本身。其实，这两种极端态度都是错误的。以电子计算机为基础的信息技术系统本身并没有价值优劣的鉴别功能，信息技术的善恶价值是由操作、使用计算机的人们赋予的；向信息技术系统输入何种性质的价值信息，它所输出的价值信息就具有何种性质。信息技术如同其他类型的科学技术一样，本身只是一把双刃剑。它既可能催开善之花，又可能酿成恶之果。任何科学技术，其自身并不必然包含善或恶的价值属性。科学技术的善恶价值，是在运用科学技术的人们的行为及其结果中产生的。在《信息崇拜——计算机神话与真正的思维艺术》一书中，美国学者西奥多·罗斯扎克（Theodre Roszak）写道："信息技术的发展已有时日，有眼力的用户已经认识到吉戈原则（GIGO）的重要性，这条原则的意思是，输入的是垃圾，输出的也是垃圾。"① 尽管对于吉戈原则，不同的人可能会有不同的理解，或者说，从不同的角度，人们可以由之受到不同的启发，但我们如果将吉戈原则与信息技术的价值分析联系起来，那么至少可以得出这样的结论：输入端的垃圾绝不会幻化成输出端的黄金，嗜血成性的刽子手也不可能在数字通道中变性为慈悲为怀的佛。

既然信息技术、信息系统本身并不具有善恶的价值属性，善恶问题是在人使用信息技术、操作信息系统的过程中产生的，即善恶取决于人的行为而不是计算机的结构，那么，为了在创造善的价值的同时尽量避免恶的后果，使信息技术的发展与运用保持正确的方向，从而被纳入健康的轨道，就极有必要对人在信息活动领域中的行为进行合理的规范。信息伦理，就是规范人的信息行为的重要手段之一。

所谓信息伦理，是指涉及信息开发、信息传播、信息管理和信息利用等方面的伦理要求、伦理准则、伦理规约，以及在此基础上形成的新型的伦理关系。信息伦理是对信息技术的伦理制导，它为信息技术的运用设定善的价值坐标。信息技术本身是价值中性的，而人的行为则具有明确的价值向性。在信息伦理的指引下，通过人们使用信息技术的行为，价值中性的信息技术就可以导致善的价值的生成。

就信息开发而言，它不仅是一个技术问题，而且是一个伦理问题。人们不仅要掌握信息开发的专门技术，而且要设定信息开发的道德尺度。在现代社会，信息作为一种重要资源的地位已经得到人们的广泛认同，但在对这种资源的开发是否需要进行道德选择的问题上，不少人至今仍认识模糊。我们认为，信息开发的道德审度是不可或缺的，因为并非所有的信息都会产生善的价值。例如，有些人热衷于开发的黄色信息就只会对社会生

---

① 西奥多·罗斯扎克. 信息崇拜——计算机神话与真正的思维艺术 [M]. 苗华健，陈体仁，译. 北京：中国对外翻译出版公司，1994：109.

活产生腐蚀、毒化的作用。因此，对信息开发做出必要的道德审度，以正确的道德尺度选择进行那些有益于人类的信息开发，是信息开发者必须恪守的伦理准则。

借助于公共信息通道，使被开发的信息在社会上扩散开来，就形成了信息传播。虽然我们强调在信息开发时就要进行必要的道德选择，但总会有那么一些缺乏道德自觉性的个体，可能将不健康的信息输入公共信息通道。因此，在公共信息通道的入口处设立信息过滤的道德关口，就成为必不可少的补救措施。在此意义上，信息伦理是信息系统中特殊的过滤器，任何垃圾信息或道德上有害的信息都在这一过滤器中被清洗掉，信息伦理不允许这样的信息进入信息系统。

在信息管理中，存在着管理者与被管理者之间的关系问题。信息伦理的建立，可以为处理、协调二者之间的关系提供正确的道德规范。这不仅有助于提高信息管理的效率，而且会推动信息业的健康发展。信息系统的管理者在道义上负有监控信息存取的责任。他们有义务拒绝那些未经授权的人访问信息系统。拒绝他们的访问，就堵死了非法滥用的一条可能途径。此外，信息管理还涉及信息安全问题。之所以会发生信息安全问题，除技术性原因之外，从信息管理的角度来看，主要是由于管理者缺乏足够的责任心。因此，在信息伦理建设的过程中，努力增强信息管理者的道德责任感，建立起稳固的道德防线，才可能切实保障信息安全。

在信息利用方面，往往会发生与特定权利相联系的问题。信息作为一种资源，一旦被开发出来，其开发者就对其拥有相应的权利。任何人如果未经信息开发者的授权，擅自使用他人开发的信息，就构成信息侵权行为。这不仅是一个法律问题，而且是一个伦理问题，因为信息侵权往往造成信息权利主体的利益损失，而损人利己无疑是极不道德的行为。信息伦理与其他行为领域中的伦理要求一样，坚决反对极端的个人主义或利己主义。此外，即使不存在侵权问题，出于邪恶目的而利用有关信息在道德上也是不被允许的。信息的正当利用或信息技术的正当使用，在信息伦理中只能被限定于善的目的。

信息伦理是一种崭新的伦理，它显然不能与传统伦理同日而语。传统伦理以人与人之间的直接关系为基础，呈现出由近及远、由亲至疏的特点。信息社会中人与人之间的关系越来越需要广泛地借助于数字化手段，越来越明显地依赖于信息这一中介，这使得新型的信息伦理从一开始就必须超越远近亲疏的区别，在道德上同等地对待直接和间接的人际关系。特别是在互联网中，由于不少网络行为主体的匿名性、面具化，甚至难以分清交往对象是男还是女，是远在天边还是近在咫尺，所以，与之相应的信息伦理更凸显出不同于传统伦理的特殊性。信息伦理既有实在方面，又有虚拟方面。信息伦理的实在方面适应现实的信息社会的需要，而信息伦理的虚拟方面则适应借助于信息技术所构成的虚拟社会的需要。虚拟方面的信息伦理，因基于计算机的网络技术或虚拟技术的使用而具有间接性、虚拟性、跨文化性或跨地域性。在这一方面，信息伦理与传统伦理的区别是十分明显的。而信息伦理的实在方面，则仍以人们之间的直接利益关系为基础。在这一方面，信息伦理的特殊性必须给以一定的说明。利益是道德的基础，道德总是表现为对一定的利益关系的调节和规范。就此而言，信息伦理似乎与传统伦理有着共同的本质。与传统伦理相类似，信息伦理不能回避或漠视人们之间的利益关系，不能离开人们之间的利益关系来讨论信息伦理问题。然而，信息伦理的独特之处，或信息伦理作为一门学科的研究重点，是专门针对信息技术的开发、应用所产生的新的利益关系问题。这种新的利益关系与传统伦理所针对的利益关系不一样，产生这样的利益关系的信息活动领域有着不同于传统领域的特殊的客观规律。处理信息技术的开发、应用所引发的利益关系问题，必须尊重信息活动领域的特殊的客观规律。对信息活动领域的特殊的客观规律的认识和尊重，就构成处理信息活动领域中的利益关系问题以及研究信息伦理问题的必要条件之一，这也是信息伦理之本质的特殊要求。此外，信息伦理的虚拟方面，虽然并不直接呈现人们之间的现实的利益关系，但却是这种利益关系的折射，即通过某种曲折的方式间接地反映现实的利益关系。因此，信息伦理的虚拟方面与实在方面并不是相互脱节、彼此断裂的，而是具有内在联系的。

虽然信息伦理不同于传统伦理，但这并不意味着二者是尖锐对立、水火不容的。一份互联网上发表的《赛博空间独立宣言》，在强调赛博空间（即电脑空间）与现实社会的差异的同时，突出了赛博空间中信息伦理与传统伦理的对立："赛博空间不在你们的疆域之中。……你们不知道我们的文化、我们的伦理，或那些已经使我们的社会更有序的未成文的法律，它比你们所强加的秩序都更有序。"① 对于这样的观点，我们不能随便认同。信息伦理虽然是一种新型的伦理，但它并非一定与传统伦理格格不入。在伦理思想发展史上，在伦理关系演变史上，新伦理与旧伦理之间的批判继承关系是显而易见的。如果信息伦理要违背道德发展的一般规律，完全否定传统伦理，那么它就会失去自身发展的一个重要资源。事实上，信息伦理尽管是一种新型伦理，但它的出现却并不意味着传统伦理的断裂，而是传统伦理在以信息技术为基础的现代社会中的发展，甚至信息伦理的一些内容就是传统伦理在新的社会条件下的推广和运用。反映和调节利益关系这一共同的本质，使得传统伦理有关利益规范的某些原则仍然可能适用于信息活动领域。认识和把握信息伦理与传统伦理之间的这种内在联系，有助于人们顺利完成由传统伦理向信息伦理的道德"迁移"。

当然，在信息活动领域，仅仅依靠信息伦理并不能完全解决问题。伦理道德毕竟是一种软性的社会控制手段，它还需要硬性的法律手段的支撑。特别是对于那些缺乏起码的道德责任感或良心已经泯灭的人来说，信息伦理可能不足以阻止他们在信息活动领域的损人利己行为。因此，以国家强制力为后盾的信息法就显得十分重要。通过有关的信息立法，依靠国家强制力的威慑，不仅可以有效地打击那些在信息活动领域造成严重恶果的行为者，而且能够为信息伦理的实施创设一个较好的外部环境。但立法程序具有滞后性以及法律打击仅限于那些造成严重恶果的行为，故信息活动领域的法律手段就需要信息伦理作为补充。只有信息法与信息伦理形成联动，将信息法的强制性与信息伦理的自律性结合起来，从外在与内在两个维度产生一种规范性合力，才可以最有效地维护信息活动领域的正常秩序，并促进信息社会沿着善的方向发展。

二、西方信息伦理学的研究取向

现代信息技术的基础是计算机，关于信息技术的伦理问题的研究最初也是以计算机伦理学的形式出现的。

---

① 陆俊. 重建巴比塔——文化视野中的网络 [M]. 北京：北京出版社，1999：236.

　　虽然随着计算机的出现及其在社会生活中的日益广泛的运用，人们开始注意到与之相关的一系列伦理问题，但作为一门独立学科的计算机伦理学的正式确立，还是 20 世纪 70 年代中期以后的事情。① 20 世纪 70 年代中期，著名应用伦理学家 W. 迈纳（W. Maner）提出，计算机伦理学应当作为哲学的一个独立分支学科而存在。迈纳对计算机伦理学的含义进行了初步的说明，他认为计算机伦理学是运用传统哲学原理研究计算机应用中产生的伦理问题的学科。迈纳阐述了建立计算机伦理学这一独立学科的必要性和可行性，并率先将自己的理论用于教学实践，开设了计算机伦理学课程。迈纳关于计算机伦理学的理论及其教学实践对于计算机伦理学最终发展为伦理学研究的一个独立领域起到了至关重要的推动作用。20 世纪 70 年代末期，计算机伦理学作为一门新的应用伦理学学科在西方得以确立。此后，西方的计算机伦理学研究日渐繁荣，并逐步走向完善。这期间，产生了一些对计算机伦理学的发展有着重大、深远影响的论文和著作，如 1985 年美国著名哲学杂志《形而上学》10 月号刊出的泰雷尔·贝奈姆（Terrell Bynum）的《计算机与伦理学》和杰姆斯·摩尔（James Moor）的《什么是计算机伦理学》，1985 年 G. 约翰逊（G. Johnson）独著的《计算机伦理学》以及他与 W. 斯耐普（W. Snapper）合著的《计算机应用中的伦理问题》，1990 年大卫·欧曼（David Oeman）等合著的《计算机、伦理与社会》，等等。

　　西方的计算机伦理学研究，由于涉及具体的实践领域的伦理问题，所以不得不突破西方自 20 世纪初以来的以元伦理学为代表的纯粹理论研究的取向，不仅重视理论体系的创建，而且为实践活动提供一系列可供操作的行为规范。例如，美国计算机伦理协会制定了著名的十条戒律：（1）你不应该用计算机去伤害别人；（2）你不应该干扰别人的计算机工作；（3）你不应该窥探别人的文件；（4）你不应该用计算机进行偷窃；（5）你不应该用计算机做伪证；（6）你不应该使用或拷贝你没有付钱的软件；（7）你不应该未经许可就使用别人的计算机资源；（8）你不应该盗用别人的智力

---

① 王成兵，吴玉军. 西方计算机伦理学发展历程及其启示［J］. 学术论坛，2001（2）：11-14.

成果；（9）你应该考虑你所编的程序的社会后果；（10）你应该以深思熟虑和慎重的方式来使用计算机。① 即使是专门从事计算机伦理学研究的学者，也十分重视计算机领域的道德规范问题。在《计算机伦理学》一书中，著名计算机伦理学家约翰逊强调，计算机伦理问题的讨论应当与道德规范相联系，以便于指导实践。②

　　1993 年 9 月，美国政府正式提出建设"信息高速公路"的计划。这一计划的目标是要建设一个遍布全美的高速光纤通信网络，其末端将伸入美国的每一个基层单位、每一个家庭。美国政府的这一计划公布后，在全世界引起了巨大反响。世界上很多国家纷纷提出适合本国国情的"信息高速公路"计划，从而形成建设"信息高速公路"的世界性热潮。全球性的"信息高速公路"，是通过因特网（Internet，即国际互联网）的发展、普及而实现的。因此，建设"信息高速公路"的世界性热潮就在很大程度上表现为互联网热。从 1995 年起，互联网热一浪高过一浪，标志着计算机正走向网络世纪。③ 互联网时代有一句名言：网络就是计算机。这就是说，对于联网的计算机用户而言，好像整个网络的能力就是他自己的计算机的能力，因为当用户的计算机连接到互联网上使用时，整个网络的软件、硬件资源都可以供其使用。互联网将全世界不同地区的计算机用户连接在一起，真正实现了资源共享，极大地改变了人们工作、生活、学习的状况。

　　在互联网时代，计算机的使用已经不再是一个封闭的、区域性的事件，其影响可能通过网络而发散到世界上的许多地方。在这样的背景下，研究计算机应用的伦理问题就不能像过去那样局限于某一特定群体、特定领域、特定国家，而要有更为开阔、广泛的宏观视角。与互联网时代的客观需要相适应，在原有计算机伦理学研究的基础上，近些年来，网络伦理学研究异军突起且发展迅速。

　　网络伦理学研究主要涉及三个方面的问题：（1）具体问题，即在网络使用和运作中遇到的现实问题。例如，对网络行为如何进行规范？非网络

① 陆俊，严耕. 国外网络伦理问题研究综述［J］. 国外社会科学，1997（2）：15-19.
② 王正平. 西方计算机伦理学研究概述［J］. 自然辩证法研究，2000，16（10）：39-43.
③ 陈幼松. 数字化浪潮［M］. 北京：中国青年出版社，1999：109.

行为的规范是否适合于规范网络行为？网络犯罪有哪些特点？等等。（2）交叉问题，即网络与社会其他现象相关联而出现的问题。不仅要注意网络本身的操作问题，而且，因为网络在社会的各个领域广泛发挥着作用，所以还必须研究网络对社会的政治、经济、文化、生活等方面造成的影响。（3）理论问题，即由网络伦理问题而引起的深层次的哲学问题。①

　　网络伦理学研究与计算机伦理学研究既有相似、重合的地方，又有不同之处。网络技术实际上以计算机技术为基础，因此，有不少网络伦理问题可以化约为计算机伦理问题。但是，互联网把不同国度的、具有不同文化背景的计算机用户连接在一起，这就可能导致计算机伦理学未曾关注的新问题。例如，不同国度的计算机用户是否应确立共同的道德准则？如何看待和处理具有不同文化背景的人们相互交往中的伦理冲突？等等。一个网络用户不仅要清楚自己的相关权利，而且要尊重进入网络的其他用户的权利；不仅要掌握自己所在区域的规则，而且要了解自己可能进入的其他区域的规则，因为计算机资源所在的不同区域的规则可能有所不同，甚至在一个系统中被允许的行为可能在另一个系统中是被禁止的。为适应广泛的、交互式的信息交流网络发展的客观需要，美国杜克大学为学生开设了"伦理学和国际互联网络"课程。校方把这一课程的重点放在以下主题上：国际互联网或"网络"这种国际信息基础设施的技术和机构、商业的在线服务、个人在这种"虚拟的"全球文化或电子计算机影响下的文化中的作用，以及电子信息传播的社会意义，等等。② 这样的内容，显然是以往的计算机伦理学未能展开研究的。内容上的这种特殊性，使得网络伦理学具有了作为一门独立的伦理学学科而存在的可能性。

　　在计算机伦理学研究和网络伦理学研究已经取得大量成果的基础上，信息伦理学研究开始成为热点，信息伦理学作为一门具有更普遍意义的学科逐渐得以确立。计算机伦理学侧重于对利用计算机的区域行为或个体性行为进行伦理研究，网络伦理学研究主要关注进入网络中的、可能具有不同文化背景的信息传播者和信息利用者的行为，而信息伦理学则立足于一

---

① 陆俊，严耕. 国外网络伦理问题研究综述［J］. 国外社会科学，1997（2）：15－19.
② 同①.

般的信息或信息技术层面，试图概括计算机伦理学研究和网络伦理学研究的成果，扬弃它们各自的特殊性，以形成一种在信息活动领域具有普遍意义的伦理学。因此，信息伦理学不能等同于计算机伦理学或网络伦理学，但却可以涵盖计算机伦理学问题和网络伦理学问题。

还在计算机伦理学大行其道的时候，一门新的学科——信息伦理学——就逐渐浮出水面了。根据凯·马蒂森（Kay Mathiesen）提供的材料，"信息伦理学"这一概念最早出现于 1988 年的文献中。在那一年，三个不同领域的学者［哲学家卡普洛·拉斐尔（Capurro Rafael）、图书馆学家罗伯特·豪普特曼（Robert Hauptman）和计算机安全专家哈里·德梅约（Harry Demaio）］在他们各自的论文或著作中使用了"信息伦理学"这一概念。① 就此，我们专门和卡普洛·拉斐尔有过联系，据他说，1986 年他就在一本著作中使用过相似的"科学信息的伦理学"一词。他于 1985 年发表的《信息科学中的伦理问题》一文，实际上就开始了对信息伦理学的一些问题的研究。至于为什么在有了计算机伦理学之后还要提出信息伦理学，卡普洛·拉斐尔在《21 世纪的伦理学对信息社会的挑战》一文中做了简要的说明：像洗衣机是机器一样，计算机只是机器而已。没有人可以表述洗衣机伦理学的知识。同理，计算机也没有伦理学。计算机伦理学之所以流行，是对计算机使用和应用的误解。在某些情况下，计算机伦理学已经成为关于计算机应用的伦理问题或非伦理问题的简略表达方式，而信息伦理学则使信息的等级与信息的内容有关，而不是与处理信息内容的机器有关。②

信息伦理学在西方产生之后，在许多西方学者的推动下，影响越来越大。特别是近年来，西方的信息伦理学研究发展更为迅速。我们在 2001 年 1 月 22 日通过雅虎（Yahoo）搜索，仅找出不到 80 个与信息伦理学相关的英文网页，而现在去搜索，则可以发现这样的网页已达一两万。不同的西方学者对该门学科究竟应当研究什么以及怎样进行这种研究有不同

---

① Kay Mathiesen. What is Information Ethics? [J]. Computers and Society，2004，34 (1)：6.

② 弗罗利克·托马斯. 卡普洛·拉斐尔与信息伦理学的挑战 [J]. 梁俊兰，译. 国外社会科学，2002 (1)：111-112.

看法，造成了不同面貌的、具有不同内容的信息伦理学。尽管学者们对信息伦理学的学科性质及其定位尚有分歧，但还是可以归纳出两种基本的研究取向：非规范的信息伦理学研究与规范的信息伦理学研究。

非规范的信息伦理学研究，以卢西亚诺·弗洛里迪（Luciano Floridi）为代表。卢西亚诺·弗洛里迪的题为《信息伦理学：计算机伦理学的哲学基础》的论文①，可以说是这种研究的最早的标志性成果。

卢西亚诺·弗洛里迪的研究始于对计算机伦理学的哲学性质的反思。为了提高计算机伦理学的哲学地位，他将热力学及信息科学中使用的一个重要概念——熵——引入自己的研究，并以此为契机创立他所谓的计算机伦理学之哲学基础的信息伦理学。在热力学中，熵是表征物理系统的无序或不规则状态的一个参数：无序性越大，熵也越大。在一个封闭系统中，熵是标志可转化为机械能的热能之大小的一个尺度：熵越大，可转化为机械能的热能的量越小。在信息科学中，熵是表征符号或消息传输过程中的噪声或随机错误的一个尺度：一条消息包含的信息越多，其噪声或随机错误就越少，因而其熵也就越小。卢西亚诺·弗洛里迪将信息与熵的这种反比例关系移入信息伦理学，但仅仅借用信息与熵的语义学价值。他指出，当信息环境（infosphere，或可译为"信息氛围"）在其内容上趋于丰富和有意义时，熵会变得越来越小；而当信息环境趋于衰弱时，信息量趋于减少，熵则逐渐增大。卢西亚诺·弗洛里迪认为，信息有内在价值。因此，促进熵的减少（意味着信息的增加）是每一个理性存在物的义务，任何导致熵的增加（意味着信息的减少）的行为都属于恶。

按照卢西亚诺·弗洛里迪的规定，一个行为在道德上是错误的还是正确的，并不取决于该行为自身的具体性质，而是一般地取决于这一行为是增加还是减少信息。这样，卢西亚诺·弗洛里迪的信息伦理学就并不仅仅限于是计算机伦理学的哲学基础，而是扩展为一种适应于所有道德现象的宏观伦理学。事实上，在有关的案例分析中，卢西亚诺·弗洛里迪不仅将这种信息伦理学用于处理计算机伦理问题，而且用于分析基因、死亡、破

---

① Luciano Floridi. Information Ethics: On the Philosophical Foundation of Computer Ethics [J]. Ethics and Information Technology, 1999 (1): 33-52.

坏行为等问题。卢西亚诺·弗洛里迪认为，信息伦理学必须是一种有关信息环境的生态伦理学。因此，他的信息伦理学的宏观性质就是不言而喻的。①

作为一种宏观伦理学，卢西亚诺·弗洛里迪的信息伦理学剥离了任何具体行为领域的特殊性，从而不讨论任何具体行为领域的行为规范。卢西亚诺·弗洛里迪自己说，他的这种信息伦理学是一种非规范的伦理学。

与卢西亚诺·弗洛里迪形成鲜明对比，大多数西方学者倾向于研究规范的信息伦理学。作为规范学科的信息伦理学的研究对象要窄于非规范的信息伦理学，它通常主要讨论与信息有关的某些特定领域或学科中的伦理问题。按照国际信息伦理学中心（International Center for Information Ethics，简称 ICIE）的说明，这些特定领域或学科包括：大众传媒、计算机科学、生物科学、图书馆学、情报学，等等。② 在国际信息伦理学中心的说明中，似乎传媒伦理学、计算机伦理学、生物信息伦理学、图书馆伦理学、情报伦理学等都在信息伦理学的范围之内。与非规范的信息伦理学研究不同，规范的信息伦理学的主要任务在于为与信息有关的各个特殊领域的行为提供具体的伦理指导。这样的信息伦理学未达到道德哲学之形而上的高度，但却体现出信息伦理学作为一门应用伦理学的应有功能。应当特别指出的是，在西方规范的信息伦理学研究中，信息隐私问题已成为一个十分重要的研究热点。信息隐私问题的提出，标志着人们关于隐私问题的思考进入一个新的阶段，一个与传统的隐私关切有着明显不同的阶段。传统的隐私观念，基于美国学者沃伦（Warren）和布兰迪斯（Brandeis）对隐私的界定。1890 年，在《隐私权》一文中，沃伦和布兰迪斯将隐私界定为"不受干涉"或"免于侵害"的"独处"的权利。③ 他们的这一界定影响深远，并导致了有关隐私的法典的产生。然而，他们所界定的作为"不受干涉"或"免于侵害"的权利的隐私，还只是一种消极的权利，仅仅消极地限定在免于被他人侵入或被动地防御私生活领域遭受外界的干

---

① Luciano Floridi. Information Ethics：An Environmental Approach to the Digital Divide [J]. Philosophy in the Contemporary World，2001，9（1）：39-45.

② http://icie.zkm.de/research.

③ Warren，Brandeis. The Right to Privacy [J]. Harvard Law Review，1890，4（5）：193-220.

扰。随着信息社会的来临，这种传统的、消极的隐私观已显得不适用或不够用，于是，超越传统的、消极的隐私观就似乎成了一种必然趋势。事实上，正如伯恩·卡斯滕·斯塔尔（Bernd Carsten Stahl）所指出的："在某些地区，尤其是在欧盟，对于隐私的认识超越了仅仅是独处的（消极的）权利，而扩展为（积极的）信息自决权。"① 还有人指出："在美国，隐私概念已经从一个关注侵害和干涉的概念，演化为最新的与信息有关的概念。在表达与信息有关的隐私关切时，包括获取储存在计算机数据库中的个人信息，许多学者现在以'信息隐私'作为隐私关切的一个特殊范围。"② 在《隐私的价值》一书中，贝特·罗斯勒（Beate Rössler）明确地区分出隐私的三个维度：决定隐私、信息隐私与居所隐私。其中，信息隐私这一维度，按照贝特·罗斯勒的说法，代表着隐私的基本的或至少是中心的维度。所谓信息隐私问题，"实际上是什么人知道一个人的哪些事情以及他们是如何知道这些事情的。换言之，这里的问题是有关该人的信息的控制问题"③。有关信息隐私方面的权利，侧重于个人信息行为主体对个人信息的积极的决定权和支配权，其义务主体是除了本人之外的其他一切个人或机关，从权利状态看是一种积极的权利。④ 在分析隐私侵犯问题时，消极的隐私观与积极的隐私观有着不同的侧重点。依据消极的隐私观，隐私被侵犯意味着个人的"独处"状态因受到他人、外界的干扰而被打破。依据积极的隐私观，从信息隐私的角度看，隐私被侵犯意味着一个人失去了对有关自己的信息的控制。贝特·罗斯勒这样说："如果信息隐私在于某人基本上有能力控制或至少有能力知道、判断什么人获得了有关他的什么信息，那么，对于信息隐私的侵犯首先就在于此人不再有这样的控制。"⑤

以卢西亚诺·弗洛里迪为代表的非规范的信息伦理学表现为一种新

① Bernd Carsten Stahl. Responsibility for Information Assurance and Privacy: A Problem of Individual Ethics? [J]. Journal of Organizational and End User Computing, 2004, 16 (3): 59.

② Herman T. KDD, Data Mining, and the Challenge for Normative Privacy [J]. Ethics and Information, 1999 (1): 265.

③ Beate Rössler. The Value of Privacy [M]. Oxford: Polity Press, 2005: 111.

④ 齐爱民. 美国信息隐私立法透析 [J]. 时代法学, 2005, 3 (2): 109-115.

⑤ 同③113.

型的道德哲学模式，故而进行这种信息伦理学研究的学者必须具备较为深厚的哲学功底，这使得能够进行这种研究的学者在人数上十分有限。而规范的信息伦理学的广泛应用性质，则使得不同领域的学者都有可能参与这种研究。并且，因为各个应用领域都有自身专业上的特殊性，所以规范的信息伦理学事实上也离不开各个应用领域的专业人士的广泛参与。就西方规范的信息伦理学的研究人员的构成来看，既有专业的哲学学者，也有大众传媒、计算机科学、生物科学、图书馆学、情报学等不同领域的专家。在各种不同类别的学者和专家的推动下，西方规范的信息伦理学的研究日趋繁荣，其研究成果涉及许多具体的、特殊的信息问题中的伦理方面，甚至为人们进行各种各样的信息活动拟订了相关的伦理准则。但与此同时，规范的信息伦理学也似乎成了一个无所不包的"集装箱"，它把几乎所有与信息有关的具体的、特殊的伦理研究都收入其中。

三、信息伦理学在中国的兴起和发展

信息伦理学是西方信息技术发展和普及、西方社会日益信息化的产物。但信息伦理学在西方产生之后，随着信息技术的全球性扩散特别是全球性的信息通道的开通，信息伦理学研究已经逐渐成为全球性的共同趋势，信息化的共同要求使得世界各国不得不普遍重视信息伦理学研究。

我国的信息伦理学研究，根据现有文献的记载，始于 20 世纪 90 年代。1993 年，桑良至在《情报资料工作》上发表《信息传播伦理：〈美国图书馆趋向〉论义综述》一文①，对美国信息伦理学研究的一个特殊方面做了初步介绍。1998 年，沙勇忠、王怀诗发表的《信息伦理论纲》一文②，是我们能找到的中国学者专门研究信息伦理学问题的最早论文。该文首次对"信息伦理"概念进行界定，并讨论了信息伦理的结构、功能和规范。但因为该文的作者不具有伦理学的专业背景，所以其界定的"信息伦理"概念并不科学，而且其提出的信息伦理规范似乎具有较多的法学、

---

① 桑良至. 信息传播伦理：《美国图书馆趋向》论文综述 [J]. 情报资料工作，1993（4）：17-19.

② 沙勇忠，王怀诗. 信息伦理论纲 [J]. 情报科学，1998，16（6）：492-498.

管理学的意味。但不管怎样，该文毕竟是中国学者进行信息伦理学研究的开端。

2000 年及之后，我国的信息伦理学研究逐渐铺开，吸引了越来越多的学者参与其中。2000 年，梁俊兰发表《国外信息伦理学研究》一文①，概括了国外信息伦理学的研究状况，分析、评价了国外不同机构的信息伦理准则。该文是中国学者第一次比较系统地介绍、评价西方信息伦理学的专业论文，对我国信息伦理学的发展起到了重要的促进作用。吕耀怀于 1999 年开始进行信息伦理学的专题研究，从 2000 年起，吕耀怀在《光明日报》《科学对社会的影响》《系统仿真学报》《自然辩证法研究》等报刊上发表了一系列论文。在此基础上，2002 年，中南大学出版社出版了吕耀怀的《信息伦理学》一书，该书是我国第一本信息伦理学的专著。2000 年以来，我国期刊上发表的以信息伦理为关键词的论文越来越多。从这些论文的内容来看，既有对信息伦理学的理论体系的构想，也有对信息伦理学的原则、方法或特殊问题的探讨。

迄今为止，我国从事信息伦理学研究的多为与信息相关的专业领域的学者，如计算机科学、管理学、图书馆学、网络技术等方面的专家，而很少有伦理学研究人员介入。这就造成了我国信息伦理学研究的某些不足：首先，我国至今还没有西方那样的非规范的、能作为一种道德哲学而存在的信息伦理学研究，因为从事那样的研究需要较为深厚的哲学功底。其次，我国的信息伦理学研究基本上是规范伦理学的取向，而这种规范伦理学的研究又缺乏足够的学理性。尽管西方规范的信息伦理学研究也多有非伦理学专业的专家参与，但因为西方应用伦理学非常普及，在大学中许多专业通常都开设与专业有关的应用伦理学课程，所以西方非伦理学专业的学者一般都有应用伦理学的理论基础，他们可以很在行地对本专业领域中的伦理问题进行有相当学理性的分析。而我国非伦理学专业的学者在进行相关专业问题的伦理分析时，则由于应用伦理学基础薄弱，往往流于对西方信息伦理学的模仿或简单地照搬一般伦理学的思路。

我国目前的规范的信息伦理学研究，像西方规范的信息伦理学研究一

① 梁俊兰. 国外信息伦理学研究 [J]. 复印报刊资料（新兴学科），2000 (3)：21-25.

样，涉及许多具体信息活动领域的特殊问题，如网络、图书馆学、情报学、大众传媒等领域中的伦理问题。但这些问题其实都有相应的更为特殊的应用（规范）伦理学学科（如网络伦理学、图书馆伦理学、情报伦理学、传媒伦理学等）在研究。在这种情况下，规范的信息伦理学作为一门独立学科究竟有何意义？换言之，如果要使规范的信息伦理学获得独立存在的意义，究竟应当如何确定其研究对象？人们不能不对此做出回答。

我们认为，如果规范的信息伦理学只是将已有的各种有关信息活动的分支应用（规范）伦理学集成在一起，那么规范的信息伦理学就失去了它单独存在的价值，因为这样的规范的信息伦理学所涉及的伦理问题早已存在于与信息有关的其他应用（规范）伦理学之中，甚至还可能得到更为充分、细致的研究。我们需要规范的信息伦理学，但却不应把它简单地当成一个大的"集装箱"。

在我们看来，规范的信息伦理学的研究对象应当是信息开发、信息传播、信息管理、信息利用等不同类型的信息活动中已经存在或可能发生的伦理问题，它的理论使命就是为人们的信息开发、信息传播、信息管理、信息利用等各种不同类型的信息活动提供一般的道德规范。简言之，我们所谓的规范的信息伦理学，就是研究信息过程中的不同类型的伦理问题，并为人们不同类型的信息活动提供一般道德规范的应用伦理学学科。

规范的信息伦理学着眼于信息行为的类型，而具有特定领域、带有学科特殊性的那些与信息有关的应用（规范）伦理学则着眼于各种类型的信息行为在特定领域的特殊表现。同一类型的信息行为可以存在于不同的信息活动领域。例如，同样是信息开发行为，既可能发生于图书馆学领域，又可能发生于生物科学领域；既可以利用计算机，又可能不利用计算机；等等。同一类型的信息行为所导致的伦理问题具有某些共性，这些共性的东西就是规范的信息伦理学研究的着眼点。同一类型的信息行为，发生在不同的领域，其所导致的伦理问题往往带有特定领域的特殊性，处理和解决这些问题甚至还可能需要借助于特定领域的特殊技术手段，因而对于这样的伦理问题，最终只能诉诸适应特定领域之特殊性的应用（规范）伦理学，如计算机伦理学、生物信息伦理学、传媒伦理学，等等。

规范的信息伦理学所提供的道德规范，不同于具有特定领域、带有学科特殊性的那些与信息有关的应用（规范）伦理学的道德规范。前者是一般规范，后者是具体规范。一般规范是具体规范的依据或基础。在特定领域的变化非常快的情况下，相对稳定的一般规范更是体现出指导制定与新情况相适应的具体规范的独特价值。具体规范是落实一般规范的手段，没有特定领域中的具体规范，一般规范就会在特定领域中因缺乏可操作性而趋于无效。因此，规范的信息伦理学与具有特定领域、带有学科特殊性的那些跟信息有关的应用（规范）伦理学，各有自身存在的价值和必要性。

我们的规范的信息伦理学研究，不仅在研究对象方面与西方的规范的信息伦理学研究不同，而且在理论资源方面也有自己的特色。我们的规范的信息伦理学研究，应当立足我国国情，充分挖掘我国传统道德中的有益因素，使之成为规范的信息伦理学的独特资源。信息伦理学起源于西方，但并不意味着我们的规范的信息伦理学一定要完全采用西方的学术资源。在中国社会中有着深远影响的传统道德，虽然有落后、过时的成分，但也包含着诸多仍然具有现代价值的因素。而且，中国传统道德对中国普遍大众心灵的影响远远超过西方的任何道德传统。因此，走自己的路，创造出反映中国国情的、适应中国人的普遍道德心理的规范的信息伦理学理论，是我们进行信息伦理学研究的明智选择。

四、视角与方法

任何一种伦理学都有一个确定什么样的理论视角的问题。一种伦理学的理论视角，就是该种伦理学用以观察、分析、讨论各种伦理问题的立足点。伦理学的理论视角一旦产生，就为观察限定了角度，为分析提供了尺度，为讨论确立了重心。实际上，一种伦理学的理论视角构成了该种伦理学观察、分析、讨论各种伦理问题的特定框架。

从伦理学的发展历史来看，基本的理论视角主要有三种类型：效果论、义务论与美德论。

效果论的理论视角，注重对行为后果的分析，认为行为的道德价值是由行为后果决定的，是否造成一定的道德效果以及造成什么样的道德效果是进行道德评价的标准和依据。效果论中最为流行的形式是功利主义。功利主义以实际功效或利益作为道德评价的标准和依据。功利主义认为，如果一种行为能够产生好的结果，或能够避免坏的结果，那么这种行为就是正确的行为。更确切地说，如果一种行为较之其他行为能够带来更大的功效、利益，或较之其他行为能够避免更多坏的结果，那么选择这种行为而不是其他行为就是正确的。以功利主义为主流的效果论的典型代表人物是英国古典伦理学家边沁和穆勒。效果论的长处在于，看到了道德价值的客观性和实在性。道德价值应当是客观的和实在的。如果缺乏客观性和实在性，道德价值就可能成为虚幻的东西，只能存在于渺茫的想象之中。效果论的不足则在于，这种理论视角偏执于效果而可能无视行为主体的主观的道德状态，并因而可能导致对道德的主体性、对个体的内在道德品质之意义的否定。一个人为了达到某种不道德的目的而在表面上做出一些貌似道德的行为，这在效果论看来是无可非议的。

义务论的理论视角，把是否为了履行某种义务作为善恶评价的主要根据，主张绝对按照某种正当性去行动或履行某种体现义务要求的道德，而不论履行某种义务的行为可能产生什么样的效果。义务论的典型代表人物是德国古典哲学家康德。康德把义务提升到"绝对命令"的高度，这种作为"绝对命令"的义务，是人无论何时何地、在何种情况下都必须无条件地服从的。康德认为，人按"绝对命令"去行动，完全是出于一种义务的需要，而不是为了追求某种实际效果。义务论的长处在于，突出了道德的明确性和指导性。道德因为有了具体的义务指标而能够实现对行为的明确指导。如果道德缺乏明确性和指导性，那么人的行为就不会得到道德的有效指引，道德也就难以对人的行为产生实际作用。义务论的不足在于，其忽视了道德价值的客观性和实在性。按照义务论的观点，只要某种行为是出自义务的，那么即使这种行为在客观上造成了不好的结果也是无可非议的。例如，"不说谎"作为一项具体的义务，在任何情况下都必须恪守，即使对敌人说真话可能导致严重的后果，也不能违背"不说谎"的义务。

美德论的理论视角，注重行为者自身的德性或道德品质，把德性的形成、美德的培育看作道德生活中最重要的事情。效果论注重效果，但某些在客观上能够产生道德效果的行为并不一定是由具备相应的道德品质的人做出的；义务论注重义务，但履行义务的人并不一定具备了相应的道德品质。因此，从美德论的理论视角来判断一个行为者的道德价值，就不能只看他是否履行了义务或他的行为是否产生了善的效果，而更要看他是否具备了一定的德性或道德品质。美德论的典型代表人物是古希腊的哲学家亚里士多德。美德论的长处在于，凸显出道德的主体性和内在性。道德应当内在于行为主体自身。缺乏主体性和内在性，道德便会失去自身的特色并弱化应有的功能。道德如果不能内化为行为主体自身的品质，那么，遵从义务其实也不过等于屈服于外在的压力，即使会产生一定的道德效果也并不能反映行为主体的道德价值。美德论的不足在于，忽视或抹杀了效果或义务在道德活动中的意义，其主体性、内在性未能与道德价值的客观性结合起来，并由于缺乏义务的中介而难以实现对行为的具体的、明确的指导。

以往的伦理学研究，无论是理论伦理学还是应用伦理学，有不少都偏重于选择上述三种理论视角中的某一种。但因为上述三种理论视角各有其长处和不足，所以执着于其中的任何一种都可能面临一些无法解决的问题。在今天的信息伦理学研究中，可以吸取上述三种理论视角各自的长处，以形成一种综合的理论视角。因此，我们在信息伦理学研究中确立的理论视角，既不是纯粹的效果论，也不是纯粹的义务论、美德论。但是，在适当的地方，在不至于引起极端化的情况下，又可能分别有着上述三种理论视角的影子。事实上，只要不取极端化、绝对化的态度，无论是效果论还是义务论、美德论，都因各有长处而不失存在的价值。把效果论、义务论、美德论的视角限制在适宜的范围内，根据不同的情况，合理地、适度地运用效果论、义务论、美德论的某些观点，就有可能既发挥这三种理论视角各自的长处，又能使它们互补而克服各自的不足。

就信息活动领域中复杂的伦理问题而言，需要从不同的理论视角、从不同的维度进行深入的研究。强调信息活动的客观的道德价值，离不开效果论的辩护；维护信息活动领域中正常的伦理秩序，离不开义务论对行为的具体的、明确的指导；塑造信息行为主体的良好的道德品质，离不开美德论的支持。针对不同的情况，合理地、适度地运用效果论、义务论、美德论的某些观点，不但不会走入极端化的误区，而且能妥善地处理和解决信息活动领域中各种各样的伦理问题，比较完善地实现对信息技术的伦理制导以及对信息行为的道德控制。

信息伦理学研究，除了必须确立恰当的理论视角之外，还需要借助于相应的研究方法。信息伦理学研究信息技术的应用、社会的信息化过程中可能出现的伦理问题，而信息技术的应用面已经越来越广，信息化正在向人们活动的各个方面渗透，因此，信息伦理学研究可能要涉及一些人的特殊活动范围中的特殊方法。然而，这样的特殊方法并不足以成为信息伦理学研究的一般方法。就信息伦理学的总体研究而言，可能会主要采取以下方法：

第一，伦理学与信息科学相结合的方法。信息伦理学既然隶属于伦理学这一大的学科门类，那么信息伦理学研究就必然要采用伦理学研究的一般方法。但是，信息伦理学研究又不是一般的伦理学研究，而是面向以信息为中介的人的活动领域的，是以应用信息技术的行为为对象的。因此，信息伦理学研究必须尊重信息活动领域的客观规律，必须利用信息科学研究的一些相关成果。如果信息伦理学无视信息活动领域的客观规律，只是机械地照搬伦理学的现成结论和一般方法，那么，它就可能与信息科学发生冲突，就无法成功地实现对人们的信息行为的伦理引导。信息伦理学的研究者虽然不一定要同时成为信息科学方面的行家里手，但至少不应违反信息科学的一些重要原理。

第二，理论研究与规范研究相结合的方法。信息伦理学需要提出专门的理论，以反思、解释信息活动领域中出现的各种伦理问题。信息伦理学还必须为各种类型的信息行为制定相应的道德规范，以使信息行为主体获得判断行为正确与否的明确的道德尺度。没有理论的信息伦理学，可能会失之于肤浅，并因而丧失规范的内在依据，这样的规范即使存在也难以为信息行为主体所接受。没有规范的信息伦理学，则可能会丧失伦理学应有的实践品格，而丧失了实践品格的伦理学，其理论再好也可能只会被人们当作空中楼阁。

第三，一般模式与事例分析相结合的方法。针对信息活动领域中出现的不同类型的伦理问题，信息伦理学可以从总体上给出相应的一般模式。有了一般模式，就可以使人们从宏观上把握不同类型的道德活动，而不至于陷入琐碎的、细节的道德纷争之中。但仅有一般模式还不够，信息伦理学还必须借助于对有关典型事例的分析，帮助人们加深对一般模式的理解，并因而懂得如何具体地运用一般模式。没有一般模式，人们对信息活动领域中的伦理问题的认识就只能停留于事物的表面；而缺乏对具体事例的分析，一般模式就只能成为一种纯粹抽象的存在。在信息伦理学中，一般模式应当作为对具体事例进行分析的指导，而对具体事例的分析则是说明一般模式的活生生的材料。

第一章 信息活动的双重规范及其相互关系

信息法与信息伦理是对信息活动的双重规范。信息法凭借国家强制力，对信息行为起强制性调控作用。信息伦理则诉诸信息行为主体的意志自律，是信息活动中化外在为内在的自觉调控方式。信息法与信息伦理虽然是不同的规范手段，但二者对于信息活动而言都是不可或缺的。信息法与信息伦理的协同，可以最有效地维护信息活动领域的正常秩序，促进信息化社会的健康发展。

第一节 信息法对信息行为的强制性调控

现代社会强调法治，法律是最重要的行为规范系统。同时，现代社会又在日益走向信息化，信息的开发、传播、管理与利用，特别是数字化信息的无孔不入，正在成为现代社会最引人注目的特征。在现代社会，人的活动领域被越来越多地打上信息的烙印，人的行为也越来越明显地演化为信息行为。法律作为现代社会中最重要的行为规范系统，不能无视社会的信息化趋势，因此，信息法的产生就成为历史的必然。

从法学的角度来看，信息是一种特殊的财产，具有知识产权的性质。按照法学关于一般财产所有权的分析，所有权包括占有、使用、收益和处分这四项权能。但就信息这一广义的财产而言，比较确定的权能只有三项：信息的占有、信息的使用（或称利用、运用）、信息的处分。信息的占有是指信息的采集或获取，以及信息的持有和保留；信息的使用包括信息的加工、处理、传播等；信息的处分包括决定信息是公开传播还是予以贮存、保留、不予公开等。一般财产权中的收益权能，在信息财产中要视具体情况而定。这是因为，有些信息是不能或不应以营利为目的的，故在信息的使用过程中，信息既可能被有偿使用也可能被无偿使用，从而存在信息使用有收益和无收益的情况。在信息使用有收益的情况下，信息被作为商品，通过有偿转让、许可使用等方式取得收益；在无收益的情况下，信息被作为共享资源或公共物品而为公众使用。就一般情况而言，信息占有关系、信息使用关系和信息处分关系，都是在信息活动中产生的社会关系，它们都是信息法的调整对象；调整上述三类信息关系的法律规范的总称，就是信息法。①

一、信息法的作用

信息法一旦创立，就可以发挥其在信息活动领域中的独特作用，可以将信息法的这种作用概括为以下几个方面：

第一，规范信息行为。信息法是专门为信息行为设定的行为规范。有了明确的信息法的规定，信息行为就有章可循。对于什么是正确的行为、什么是错误的行为，人们往往会有一些相互矛盾的看法。没有专门的信息法，人们在判断信息行为正确与否的问题上就可能表现出不同偏好之间的冲突。而信息法则为人们提供了这一问题上的统一的判断标准，提供了做还是不做某种信息行为的法律理由。

第二，保护信息权利。信息行为主体亦是权利主体，拥有不容侵犯的信息权利。但任何权利都不是无限的，而是有着确定边界的。信息法确定这种边界，使信息行为主体的信息权利有了明确的法律界定。因为有了信息法的明确界定，信息权利在法理上的不容侵犯性才可能转化为事实上的不可侵犯性，信息权利才可能得到法律的确切保障，而侵犯信息权利的行为就会受到法律的严厉制裁。

第三，调整信息关系。信息行为主体之间的关系实质上是一种利益关

---

① 张守文，周庆山. 信息法学［M］. 北京：法律出版社，1995：34-35.

系。各个信息行为主体的活动都与自己的切身利益有关。而利益与利益之间并非总是自然协调一致的，可能发生这样那样的矛盾。如果单纯从各个信息行为主体的自身利益出发，那么信息行为主体之间的关系就难以融洽。有了信息法，各个信息行为主体遵循最具权威性的法律准绳，就可以协调彼此间的利益矛盾，就可以将信息行为主体之间的关系纳入良性发展的轨道。

第四，稳定信息秩序。任何社会、任何领域的存续，都要以一定的秩序为基础。没有一定的秩序，任何社会、任何领域都会陷入混乱状态。信息化社会、信息活动领域也是如此，应避免陷入恶性的无序状态。秩序以规范为依据，只有依据一定的规范，才可能建立起一定的秩序。在信息化社会、信息活动领域，信息行为主体的活动只有遵循确定的规范，才能形成有序化状态。信息法作为信息化社会、信息活动领域中最强有力的规范系统，是形成信息秩序的必不可少的前提。

从社会信息化的现实状况来看，信息活动领域确实离不开信息法的独特作用。近些年来，利用信息技术进行危害社会的行为有明显增加的趋势。特别是在互联网上，形形色色的丑恶现象不断滋生且迅速蔓延。对于这样的行为和现象，唯有诉诸法律，诉诸信息法的强力作用，才可能遏制其生长和蔓延。信息法与其他法律一样，其本质是国家意志的体现，并且以国家强制力为后盾。国家意志是一种不可抗拒的集体意志，国家强制力是最具刚性、最有效的强制力。因此，通过贯彻国家意志，借助于国家强制力，信息法才得以实现对信息关系的强制性调控。信息行为主体如果有足够的守法自觉性，行为符合国家意志，与信息法的调控方向相一致，那么就不会受到国家强制力的惩处，并且自己的权利还可以得到信息法的强力维护。信息行为主体如果不能自觉守法，行为与国家意志相冲突，那么就会受到信息法的强制调控。以国家强制力为后盾的信息法，迫使这样的信息行为主体不得不收敛自己的违法犯罪行为。

二、信息法的不足

虽然信息法是强有力的，对于信息业的发展、信息秩序的维系来说是不可或缺的，但仅有信息法却是远远不够的。这是因为：

第一，信息法所规范的信息活动的范围是有限的，有些信息并未受到法律的保护，人们围绕这样的信息所进行的信息活动就不能通过法律得到保护或支持。从法律事实的角度来看，只有那些可以成为法律事实，能够引起信息法律关系产生、变更和消灭的信息活动，才承受信息法的规范作用，而不能作为法律事实的信息活动则没有进入信息法的调控范围。

第二，一般而言，立法程序具有一定的滞后性，即通常是先有某种行为，然后才可能有针对这种行为的立法。立法的这种滞后性尤其明显地表现在信息活动领域之中：信息活动领域是一个全新的领域，各种各样的新的信息行为层出不穷，故就目前的情况而言，信息立法从世界各国来看都是滞后的。因此，若以信息法为唯一的调控手段，则尚未有相应的法律进行规范的信息行为就会完全失控。

既然仅靠信息法的作用还不够，那么，对于那些在信息法调控范围之外的信息行为，那些尚未有相应的法律进行规范的信息行为，又依靠什么手段来加以制约？人们知道，伦理与法律一样，是社会控制的一种重要规范手段。因此，对于信息法鞭长莫及的那些信息行为，人们就可以诉诸伦理的规范力量。这样，信息伦理便应运而生了。

第二节　信息伦理：信息行为主体的意志自律

信息伦理与传统伦理一样，必须设定一些可行的、合理的道德规范，这些道德规范最初是以他律的形式对信息行为主体的行为发生作用的。但信息伦理不能仅仅满足于规范的设定，而是应当促成个体逐渐产生内在的道德自律。外在规范的他律实际上是作为道德主体的自律的生成条件而存在的，真正的道德行为最终必须依赖于行为主体的道德自律。与传统伦理相比较，信息伦理更注重以"慎独"为特征的道德自律。

诠释"慎独"一词，一般以《礼记·中庸》中的一段话为依据："莫见乎隐，莫显乎微，故君子慎其独也。"郑玄注曰："慎独者，慎其闲居之所为。"闲居，即独居、独处。所谓慎独，就是指一个人在独居、独处之时，在自己的行为不为他人所见之处，要做到谨慎有德。

　　关于"莫见乎隐，莫显乎微"，朱熹注云："隐，暗处也。微，细事也。"① 朱熹之注，或容有疑。"隐"指暗处不谬，但以"细事"来释此处之"微"，则不甚准确。古书中的"微"字，既可用以指称"细小"，如慎微之"微"，又可包含"隐匿"之意。《左传·哀公十六年》载："白公奔山而缢，其徒微之。"此处之"微"，即是"隐匿"之意。结合上引《礼记·中庸》中所言的上下文分析，不难判定其中的"微"字实与"隐"字同义。在"莫见乎隐，莫显乎微"之前，有"君子戒慎乎其所不睹，恐惧乎其所不闻"之文字。"不睹""不闻"之处，皆指隐蔽场所。慎独之德，出自"莫见乎隐，莫显乎微"的要求。"隐"与"微"的意义关联，对应上文"不睹"与"不闻"的关系。从逻辑上看，若此处"微"字做"细事"解，那么推出的就不仅仅是"慎独"，而是还要加上与"慎独"有所区别的"慎微"。另外，参见《礼记》中另外两处"微"字，也可说明此问题。《礼记·礼器》云："礼有大有小，有显有微"；《礼记·中庸》云："知微之显，可与入德矣"。这两处的"微"字，皆与"显"相对，可以"隐"字代之而无损于句子之原意。此外，许慎在《说文解字》中亦以"隐行"来解释"微"字。

　　慎独实质上重"隐"，即慎重对待在不为人知的隐蔽之处的行为，这与慎微重视"微"（细小）是不同的，这在《礼记·大学》中表达得更为清楚："所谓诚其意者，毋自欺也。如恶恶臭，如好好色，此之谓自谦。故君子必慎其独也。小人闲居为不善，无所不至，见君子而后厌然，掩其不善，而著其善。人之视己，如见其肺肝然，则何益矣。此谓诚于中，形于外，故君子必慎其独也。"凡立一德，必有其所直接针对的问题存在。慎独之德，针对"自欺""闲居为不善"等问题；慎微之德，则往往并不直接针对这些问题。或者说，未能慎独者，必定"自欺""闲居为不善"，而未能慎微者则不一定如此。

　　在中国古代，人们还以"不欺暗室""不愧屋漏"来表达慎独之德的实质。所谓"暗室"，是指幽暗、无光亮或隐秘、无人之处。《梁书·武帝纪下》载："性方正，虽居小殿暗室，恒理衣冠。"至清代，《庭训格言》

----

① 朱熹. 四书章句集注［M］. 北京：中华书局，1983：1580.

曾对"暗室"的含义做过归纳："所谓暗室，有二义焉：一在私居独处之时，一在心曲隐微之地。"古人称心地光明、暗中不做坏事为"不欺暗室"。骆宾王的《萤火赋》中有："类君子之有道，入暗室而不欺。"君子之道，不仅表现为大庭广众之下的显行为，而且表现为"暗室"中的隐行为，甚至显行为还不足以区分真假君子，只有"不欺暗室"方显君子本色。

与"不欺暗室"相类似，有"不愧屋漏"一说。所谓"屋漏"，本指古代室内西北隅施设小帐的地方，后转义为隐蔽之处，与"暗室"相当。"不愧屋漏"一语出自《诗经·大雅·抑》："相在尔室，尚不愧于屋漏。"郑玄《毛诗传笺》注解："屋，小帐也；漏，隐也。"后世以"不愧屋漏"指称心地光明、不在暗中做坏事，即蕴含了"不欺暗室"之义。张载《西铭》载："不愧屋漏为无忝，存心养性为匪懈"；《庭训格言》亦称："战战栗栗，兢兢业业，不动而敬，不言而信，斯诚不愧于屋漏而为正人也夫"。

传为北齐刘昼所撰的《刘子》一书专设"慎独"一章，曰："人在暗密，岂以隐翳而回操？是以戒慎所不睹，恐惧所不闻，居室如见宾，入虚如有人。故蘧瑗不以昏行变节，颜渊不以夜浴改容。勾践拘于石室，君臣之礼不替；冀缺耕于垌野，夫妇之敬不亏。斯皆慎乎隐微，枕善而居，不以视之不见而移其心，听之不闻而变其情也。"作者不仅阐说慎独之理，而且示以慎独之例。从古人奉行慎独的典范中，更可见如何具体运用慎独之德。"昏行""夜浴"是为他人所不知的行为，而"石室""垌野"则与"暗室""屋漏"的情形相当。作者以"居室如见宾，入虚如有人"来提示人们，把无人处当有人处对待，视"暗室""屋漏"为光天化日之下，就可以达到"慎独"的境界。

强调"不欺暗室""不愧屋漏"的慎独之德，似乎仅仅表现为对隐行为、人所不知之行为的注重。但是，注重隐行为的目的恰恰在于更有效地实现对所有行为的自我制约，即其意义不限于隐行为。《礼记·中庸》曾引《诗经》中的"尚不愧于屋漏"一语，孔颖达疏曰："言无人之处，尚不愧之，况有人之处，不愧之可知也。"既然处"屋漏"而可以"不愧"，那么处在众人监督之下就更可以"不愧"了。《梁书·简文帝纪》载："弗欺暗室，岂况三光。"据《白虎通·封公侯》载："天有三光，日、月、星"。既然处"暗室"而能"不欺",那么处在光天化日之下就更可以"不欺"了。这里的意思都是说,只要能够谨慎对待隐蔽之处人所不见的行为,那么在众目睽睽之下,行为就更不会越出法度、规范了。控制隐行为的难度大于控制显行为的难度,因为隐行为没有显行为所受到的外部压力。一个人既然在无外部压力的场合中能凭借自己的道德力量而达到对行为的自我控制,那么在有外部压力的情况下就更易于控制自己的行为了。曾有人问"慎独"于朱熹,答曰:"是从见闻处至不睹不闻处皆戒谨了,又就其中于独处更加谨也。"[①] 由此可知,慎独并非意味着只谨慎对待独处之时的行为,而是要求特别谨慎对待独处之时的行为,其原因盖如上述。

慎独之德的最终依据,按《礼记·中庸》的说法,全在于一个"道"字:"道也者,不可须臾离也,可离非道也。""道"之须臾不可离,意味着无论在明处、显处,还是在暗处、隐处,都须循"道"而行。仅在明处、显处循"道",而在暗处、隐处却背"道",实质上并未得"道",或曰"非道"。"道"之未得,意味着德之未成。基于"道"与"德"的这种关系,可以认为:道之须臾不可离,意味着德之须臾不可离;不仅可离非道,而且可离非德。《刘子》之"慎独"章亦云:"善者,行之总,不可斯须离也,可离若,则非善也。"因此,一个真正具有德性的人,不仅在明处、显处有德,而且在暗处、隐处亦有德。又由于暗处、隐处最易离德,故古人特别强调"君子慎其独也"。

传统的伦理关系大多为面对面的直接关系。在这样的关系中,"慎独"固然重要,但实际上对个体行为起重大作用的往往是强大的道德舆论压力。然而,在以信息技术为基础、以数字化的信息为中介的现代社会,人与人之间的关系凸显出间接的性质。在这种情况下,直面的道德舆论抨击难以进行,于是个体的道德自律成了正常的伦理关系得以维系的主要保障。特别是在互联网世界,不少网络行为主体是匿名的,是带有"面具"的,故而道德舆论的承受对象变得极为模糊,对道德自律的强调就显得更

---

① 朱熹. 朱子语类卷六十二 [M] // 朱子全书:第 16 册. 上海:上海古籍出版社,合肥:安徽教育出版社,2002:2030.

为重要，"慎独"的意义也就不言而喻了。

为了构建数字化生存的道德空间，我们应当在深入进行理论研究的基础上，设定涉及信息活动领域的各个方面、各个环节的行为的伦理准则。虽然信息伦理主要诉诸个体的自律，但个体的自律是在他律的指引下逐渐形成的。如果缺乏清晰的伦理准则，那么大多数个体仍然会在面对多种行为选择时茫然不知所措。只有借助于伦理准则提供的行为指导，个体才能比较容易地做出何种行为正确、何种行为错误的道德判断。个体在反复践履外在的伦理准则的过程中，就可能将这种外在的伦理准则化为自觉的道德意识，他律便转化为自律。而且，个体一旦将外在的伦理准则化为自觉的道德意识，他就可能推而广之，即使在没有外在的伦理准则指导的行为选择中，也能根据那些已经熟知的伦理准则，推断出何种行为正确、何种行为错误。

信息伦理尽管是一种新型的伦理，但它的出现却并不意味着传统伦理的断裂，而是传统伦理在以信息技术为基础的现代社会中的发展。对于已经具备传统伦理素质的个体来说，信息伦理是一种道德新知。传统伦理的道德已知既可能有利于人们接受信息伦理的道德新知，又可能使人们排斥、拒绝这种道德新知。这取决于个体是否能将自己内在的道德认知结构调整到"藏"与"虚"平衡共存的临界状态。"藏"，是已有的道德知识；"虚"，就是虚怀若谷，就是不用已有的道德知识去妨碍纳入新的道德知识。《荀子·解蔽》云："不以所已藏害所将受谓之虚"。有"藏"而无"虚"，就不能容纳道德新知。将"藏"与"虚"有机地统一起来，则道德已知不仅不会成为接受道德新知的障碍，反而会成为理解道德新知的基础。信息伦理的道德新知，其实不少内容就是传统伦理的道德已知在新的社会条件下的推广和运用，即道德已知与道德新知具有内在的一致性。把握住"藏"与"虚"的正确关系，认识到这种内在的一致性，就可能顺利完成由传统伦理的道德已知向信息伦理的道德新知的"迁移"。

应当指出，在全球化趋势日益明显的今天，信息伦理可以具有普遍伦理或全球伦理的价值。信息本身具有普遍性和共享性。信息的无国界传播现象，或越境数据流的出现，更是空前地彰显了信息的普遍性和共享性。信息在具有不同文化背景的国与国之间传播，势必引起不同文化的碰撞，其中就包括不同伦理的碰撞。通常认为，生长于不同文化背景中的伦理往往往具有不同的性质，即具有文化上的异质性。但若局限于、束缚于伦理的异质性，则显然不利于信息的无国界传播。信息的无国界传播，要求同质性伦理的支持。今天人们谈论较多的普遍伦理或全球伦理，即是"底线"的同质性伦理。信息是世界各国公认的普遍价值，信息资源是世界各国的共同资源，因此，与信息的普遍性和共享性相适应的信息伦理必然会包含某些普遍伦理或全球伦理的成分。在信息伦理的基本准则上达成全球共识，求同存异，有利于信息的无国界传播，有利于信息的全球共享。此外，建立普遍的信息伦理，还可以在一定程度上消解"信息帝国主义"的话语霸权，因为在普遍的信息伦理面前，各个国家都是平等的主体，企图以一国的信息优势来践踏他国的信息权利是难以得逞的。

第三节　信息法与信息伦理的协同

信息法与信息伦理虽然是两种不同的规范手段，但二者的根本目的是一致的。信息伦理是一般伦理在信息活动领域中的特殊表现形式，其目的在于通过道德规范对信息活动进行调节和控制，来保障信息行为主体之间的正常关系，维护信息活动领域的正常秩序，并以此促进信息经济与信息社会的良性运行和协调发展。信息法的目的集中反映在对信息法的宗旨的规定中。所谓信息法的宗旨，就是"通过规范信息活动，来不断地协调和解决信息不足与信息过滥的矛盾，以及个体营利性和社会公益性的矛盾，从而兼顾效率与公平，保障国家利益、社会公共利益和基本人权，进而促进经济与社会的良性运行和协调发展"①。从这一宗旨可以看出，信息法的最终目的是促进经济与社会的良性运行和协调发展，这与信息伦理的目的并无二致。既然信息法与信息伦理在根本目的上具有一致性，那么，信息法与信息伦理就应是相互配合、相互补充的，而不应是相互对立、相互否定的。因为二者若相互对立、相互否定，就不利于共同的根本目的的实现，相互对立、相互否定就会相互削弱，在相互削弱对方的规范力量的同

---

① 张守文，周庆山. 信息法学 [M]. 北京：法律出版社，1995：51.

时，由于根本目的其实是一致的，故同时削弱了实现自身目的的可能性。

既然信息法与信息伦理之间应当是相互配合、相互补充的关系，那么这样的关系如何才得以建立？

第一，要为信息法设定正确的伦理基础。任何法律实际上都源于一定的伦理原则。所谓"良法"与"恶法"的区别，并不意指"良法"有伦理原则方面的根源，而"恶法"则不以任何伦理原则为基础。"良法"与"恶法"的内在差异实质上在于，"良法"源于正确的伦理原则，而"恶法"则源于错误的伦理原则。信息法作为法的一种特殊形态，若要成为"良法"而不是沦为"恶法"，就必须以正确的伦理原则作为创设的重要基础。具有"良法"性质的信息法，因为其内蕴有正确的伦理原则的实质含义，故不会与一般社会伦理相冲突或相对立，也不会与符合一般社会伦理要求的信息伦理相冲突或相对立。当然，即使具有"良法"性质的信息法，也可能与某些悖逆于一般社会伦理的所谓"信息伦理"相冲突或相对立。但是，在这样的冲突或对立中，要改变或消除的不是信息法，而是那种悖逆于一般社会伦理的所谓"信息伦理"，因为前者是"良法"，而后者是"恶德"。

第二，要使信息伦理与一般社会伦理的根本要求相一致。这里所谓一般社会伦理，是指不带有行业、职业、身份等特殊属性的普遍道德要求。一般社会伦理是在人类社会的长期发展中逐渐积累起来的，它对于社会关系的维系作用已为历史所证明，否则它就会被历史所淘汰。信息伦理不应当是一般社会伦理的对立面或否定者，而毋宁看作一般社会伦理在特殊的信息活动领域的运用。虽然信息活动领域有着不同于其他领域的特殊性、信息活动有着不同于其他活动的特殊性，但不能借口这种特殊性而践踏一般社会伦理的根本要求。只有将一般社会伦理的根本要求与信息活动领域的特殊性、信息活动的特殊性结合起来，才可能建立正确的信息伦理。否则，若以信息活动领域的特殊性、信息活动的特殊性来否定一般社会伦理之根本要求的普遍性，那么就不仅会损害一般社会伦理，而且会导致信息伦理与具有"良法"性质的信息法的对立。

一份《赛博空间独立宣言》如此宣称："你们不知道我们的文化、我们的伦理，或那些已经使我们的社会更有序的未成文的法律，它比你们所强加的任何秩序都更有序";"我们正在形成我们自己的社会契约。这种统治不是根据你们的世界,而是根据我们的世界的条件而产生。我们的世界是不一样的"①;"你们的关于财产、表达、身份、迁移和范围的法律概念不适用于我们。它们建立在物质的基础上,但这里没有物质"②。这样的宣言,在突出"我们的世界"与"你们的世界"之根本不同的基础上,不仅拒斥了一般社会伦理的要求,而且拒斥了法(包括信息法)对所谓"赛博空间"的干预。这一宣言从反面告诉我们,信息伦理如果与一般社会伦理之间缺乏一致性,那么就不可能与信息法形成相互配合、相互补充的关系。

　　一旦信息法具备了正确的伦理基础,而信息伦理又符合一般社会伦理的根本要求,信息法与信息伦理就可以发生良性的互动关系。一方面,信息法为信息伦理提供强有力的法律支撑,并为信息伦理发挥其作用创设适宜的社会土壤和社会环境。如果信息法与信息伦理有了根本上的一致,那么信息法所不允许的行为就是信息伦理中被界定为不应当的行为,即不道德的信息行为。信息法依凭国家强制力这一后盾,对信息活动领域中的违法行为进行严厉惩处,既能有效地减少这样的违法行为的发生,也在客观上形成对信息活动领域中的不道德行为的强力阻止。对信息活动领域中违法行为的惩处,向所有人发出了明白无误的信号:在信息活动领域中走不道德的路是行不通的!信息法的这种作用,在一定程度上遏制了不道德的信息行为,同时也是对人们从事道德的信息行为的鼓励和支持。如果缺乏信息法的这种作用,那么缺乏自觉性的信息行为主体就可能肆无忌惮地做出大量不道德的信息行为。在这种情况下,道德的信息行为主体就可能会越来越感到"吃亏",而这样就会逐渐衰减信息行为主体继续做出道德的信息行为的可能性或积极性。另一方面,信息伦理为信息法提供深层的精神动力,并为信息法的实施创设良好的社会心理氛围。如果信息伦理能够深入人心,那么就为人们在深层次上认同信息法奠定了必要的心理基础。信息伦理的价值观念,同时也是信息立法的重要依据。人们有了对信息伦理的深刻认识,并接受了相应的伦理价值观念,就不但不会对信息法产生

---

① 陆俊. 重建巴比塔——文化视野中的网络 [M]. 北京:北京出版社,1999:236.
② 同①237.

抵触和对抗情绪，而且会意识到信息法与自己的信息伦理观念的内在和谐性，进而肯定信息法的合理性和必要性。这样，对于那些已经接受信息伦理的信息行为主体来说，信息法就并不意味着一种简单的外在强制，而是一种合于自身理性的规范要求；遵守信息法的行为不再是一种被迫的、无奈的行为，而是一种基于信息伦理的价值观念的自愿选择。如果信息行为主体都能达到这样的认识高度，那么信息法的实施无疑便有了适宜的社会心理氛围。在这样的社会心理氛围中，违背信息法的行为就会大大减少，而信息活动领域中的合法行为就会变得十分普遍。

信息法的强制性与信息伦理的自律性的结合，从外在与内在两个维度产生一种规范性合力，可以最有效地维护信息活动领域的正常秩序，并促进信息社会沿着善的方向发展。

第四节　信息活动领域中执法者的伦理考量

信息伦理不仅是信息立法的合理性基础，而且渗透于信息执法行为过程中。伦理价值在执法中的渗透，主要体现在执法者的伦理考量中。这里的伦理考量，不是指执法者依据现成的法律条文直接做出评价的情况，而是指当没有现成的法律或有现成的法律但因法律存在内在的缺陷而难以作为依据时，执法者依据基础的伦理价值对执法案件所进行的道德衡量和评价。

伦理考量在执法中应该是客观存在的。历史上除了实证分析法学派以外，大多数法学派都承认伦理考量在案件审理等过程中的存在。有法学家说："当法院因宣布一个先例无效而背离遵循先例的原则的时候，也有可能发生依赖道德观念的情况。"还有法学家认为："当法律出现模糊不清和令人怀疑的情形时，法官就某一种解决方法的'是'与'非'所持有的伦理信念，对他解释某一法规或将一条业已确立的规则适用于某种新的情形来讲，往往起着一种决定性的作用。"[①] 日本一位学者在研究法的价值时

---

① 博登海默. 法理学：法律哲学与法律方法 [M]. 邓正来，译. 北京：中国政法大学出版社，1999：378.

说："我们经常可以看到，有许多案件仅依法律条文的字句进行逻辑推论是无法解决的。为什么会产生这种现象呢？因为条文中使用的概念通常由内容（含义）不甚明确的日常用语所构成。即使赋予某一技术概念以特有的含义，亦无法覆盖具体生活中的方方面面（……）。在这种情况下，仅依条文的字句进行逻辑推理是不可能导出审判的结论的。它要求，法官在具体的事件中必须依据各种事实关系与条文规定的内容进行对照，自己去做出价值判断。总之，在审判的过程中，法官的确是进行了价值判断的，而且这种作为审判依据的价值判断往往与审判的逻辑说明同时或先于逻辑说明进行，二者在现实中相互交错，相互影响。"① 历史上伦理道德对案件审理起重要作用的案例有很多，典型的如对二战的战争罪犯的审判。美国历史上还有一个著名的案例，伦理道德的作用甚至超越了法律的规定。这个案件是这样的：原告亨宁森夫妇依合同购买了作为被告的一家汽车公司的一辆汽车。一天他们开汽车出去，汽车因零件的毛病而失控，致使原告夫妇受伤，于是他们将汽车公司告上新泽西州高等法院。汽车公司坦然应诉，并十分自信能胜诉，因为购车合同上规定的被告责任只限于更换有瑕疵的汽车零件，其他责任概不负责。根据当时法律的具体规定，亨宁森夫妇是无法打赢官司的，但法院仍然判决他们胜诉。法院的理由是：（1）契约自由并非不受限制；（2）对复杂的、有潜在危险的商品，商号应负有特殊的责任；（3）法律不能被当作不公平和不公正的工具使用，法律的目的在于公正，而不在于法律本身。因此，当法律不能实现公正时，公正本身便是超越法律的判决依据。②

综上可见，伦理考量在执法中客观存在，并与自由裁量有密切的联系。自由裁量是指在法律没有规定或规定有缺陷时，法官根据法律授予的职权，在有限的范围内按照公正原则处理案件的权利。这个定义包含五个命题：（1）法律无明文规定的案件法官也要做处理；（2）法律规定不具体、不明确时，法官按自己的解释——个案或类案解释——处理案件；

① 川岛武宜. 现代化与法 [M]. 申政武，等译. 北京：中国政法大学出版社，1994：245-246.

② 一正. 西窗法雨 [M]. 广州：花城出版社，1998：58-59.

（3）法律规定明显不合时宜时，法官可以避开字面含义而以法的总原则和精神做出适应社会发展的解释；（4）法律无规定或有缺陷时，法官处理的依据是社会的公正原则和主流道德的要求；（5）法官自由裁量的权利是按权利分立、制约的原则由国家基本法律授予的，是有限的。①由自由裁量的含义可以看出伦理考量与它的密切联系：首先，自由裁量的过程中往往包含伦理考量过程，而伦理考量的发生也往往体现于自由裁量的过程中；其次，自由裁量并非绝对的自由决定，一般要受到法的总原则和精神以及社会的公正原则和主流道德的限制。所以，伦理考量对自由裁量就起了一定的限制、指导的作用，伦理考量的结果在很大程度上决定自由裁量的正确与否。当然，伦理考量与自由裁量毕竟属于两个不同领域，一个是伦理道德的衡量与评价等活动，另一个是法律判决的自主决定，因此，它们的区别是很明显的。

与传统的伦理考量对自由裁量及其价值实现的作用相比较，信息伦理考量对信息法的执法自由裁量及其价值实现所起的作用更大，其原因在于：（1）信息法具有伦理化的特征。与传统法律相比，信息法的伦理化的特征更强，这是由它所处的时代和它广泛的调整对象的特点决定的。信息法的加强个体心理认同的因素，信息法重视伦理目的和基础价值等，都是信息法的伦理因素加强的表现。现有的信息法就具有伦理化的特征，如宪法和相关法律中的信息传播自由原则、信息行为主体平等原则、信息活动公正原则等以及《消费者权益保护法》中的公平获取信息原则、《反不正当竞争法》中的信息正当原则、《知识产权法》中的信息公平合理保护原则等，都是信息法之伦理化特征的表现。既然信息法具有这样的伦理化的特征，那么就更需要有正确的伦理考量。（2）信息法具有滞后性。法律都具有滞后性的特点，信息法也不例外。但从现实情况来看，信息法的滞后性特点较其他法律来看显得更加突出，信息法的立法大大落后于人类信息活动的进展。人类信息活动呈几何数的增长，而信息立法虽然加快了步伐，但与人类对信息活动进行规范的实际需要的距离却不是缩小了，而是

---

① 陈兴良. 刑事司法研究——情节·判例·裁量·解释［M］. 北京：中国方正出版社，2000：443.

扩大了。信息立法要么没有对相关的信息活动做出规定，要么就是做出规定时，相应的信息活动已经发生新的变化。在我国，利用计算机犯罪的案件出现了多起之后，我国现行刑法才对此类案件做出规定。互联网上的各种侵权事件已是数不胜数，如何对互联网上的各种权利做出有效的保护，至今还没有哪个国家能制定出较为完善的法律。在处理这些案件的时候，执法者只好利用传统法律中的公正等基本伦理价值原则。上述种种现象都反映了信息立法的严重滞后，法律规定明显不合时宜。（3）信息法的调整范围广泛。信息法的调整范围很宽，适用的地域很广，各个地方、各个人对法律的理解很容易出现不同。（4）信息法的空缺结构特征更明显。法律的空缺结构是指：任何选择用来传递行为标准的工具——判例或立法，无论它们怎样顺利地适用于大多数普通案件，都会在某一点上发生适用上的问题，表现出不确定性。法律的空缺结构与语言的不确定性有关，然而更重要的是与我们对事物的相对无知和我们对目的的相对模糊有关。人类立法者根本不可能有关于未来可能产生的各种情况的全部知识。这种预测未来的能力的缺乏又引起关于目的的相对模糊。法律都有空缺结构，信息法的空缺结构特征则更明显。信息立法者的认识能力虽然有了很大的提高，但相对于信息活动的更快发展来说就显得更为落后，因此他们对人类信息活动的发展变化的预测能力并没有任何提高，这导致信息法的空缺结构特征更加明显。信息法的上述缺陷，要靠执法者的正确执法来弥补，而正确的执法离不开正确的信息伦理考量，因此，执法者的信息伦理考量在执法过程中所起的作用很大。

执法者的信息伦理考量，要依据基础的信息伦理价值来进行，因为基础的信息伦理价值就是社会的主流道德要求，与立法的指导思想和原则是内在一致的。因此，依据基础的信息伦理价值进行考量，可以保持信息法的整体价值的一致性，体现现代法治的精神。现代法治的精神不仅仅是指依法办事，更重要的是指以法的价值观作为行为的依据。

执法者的信息伦理考量要依据基础的信息伦理价值来进行，因此，对于执法者同样有基础的信息伦理道德素养的要求。执法者没有这样的道德素养，就难以有效地维护信息法的整体价值。

第二章 信息权利的伦理反思

信息技术的飞速发展极大地冲击着现代社会，数字化的革命正迅速改变着人们的行为方式、思维方式，改变着经济和社会结构，推动着全球范围内社会生产力的巨大进步，但与此同时，也在信息权利领域内引发了一系列前所未有的新问题。这些问题甚至超越了伦理学和法律的发展速度，对社会规范体系、传统道德提出了严峻的挑战。因此，对数字化环境下的信息权利问题进行深入全面的探讨就显得尤为重要。

第一节 信息权利及其道德价值

一、信息权利界说

在众多关于信息权利的讨论中，除了"信息权利"之外，"信息产权"也是屡被提及的概念。信息产权侧重于指向权利人对信息应该享有的财产权利，尤其强调权利人对信息所拥有的与经济内容相关的权利，而信息权利中同样重要的人格权和身份权却并未在信息产权中得到充分的体现与重视。所以，我们有必要使用一个比信息产权的外延更广的概念，这就是信息权利。

信息权利，作为法律用语，它与义务相对，指信息行为主体依法可以行使的权利和应当享受的利益。从伦理学的角度看，信息权利作为一种伦理权利，是指信息行为主体在信息的获取、发布和传播等一系列活动中应该具有的尊严和应该享有的利益。

在现代社会，信息价值日益彰显。伴随着信息社会进程的不断推进，信息已经逐渐成为最重要的资源形态，公众信息权利的内涵也在数字化环境下不断得到丰富和发展。但是同时我们也看到，社会信息化的发展对传统法律所确认的信息权利确实造成了很大的冲击，各种侵害信息权利的不道德现象此起彼伏，严重地破坏了数字化环境中的信息生态平衡。具体说来，社会的信息化所带来的信息权利问题主要表现在以下几个方面：

第一，人们对信息资源迫切的共享需求与现实中各行各业或多或少存在着的信息垄断之间形成了冲突。在信息社会，人要想有质量地生活，就必须有效地拥有信息资源，必须掌握必要的信息技术，必须充分发挥信息的价值，自觉能动地用信息资源丰富自己的生活。拥有更多的信息，往往就意味着拥有更多的选择权，也就更有可能把握住好的机遇。所以，信息已经成为与人之生存和发展密切相关的最基本的资源、财富。人们对获取信息有着强烈的需求，迫切需要实现对各类信息的共享。然而，目前在经济、政治、文化、信息产业与战争等方面存在的信息垄断现象，却已日益成为当代社会的一个很严重的社会问题。尤其是政府信息，我国政府信息资源封闭和闲置浪费情况仍然比较严重。如果不能从法律上尽快对此做出合理的界定，那么行业垄断、不正当竞争以及信息腐败案件就极易由此滋生，并将阻碍对信息资源的充分利用，国家的信息安全和信息产业发展必然会受到不利的影响。

第二，信息载体和传播方式的变革对信息权利的界定提出了新的要求。在信息时代，信息的存在形式与过去不同，它是以声、光、电为介质而存在的。这个特点使它极具脆弱性，很容易被修改、窃取或非法传播和使用。事实上，信息的完整性、真实性、机密性目前确实正遭遇着前所未有的挑战。如果相关的信息权利得不到法律的有效保障，那么为了争夺利益，很多人将不得不诉诸不正当手段来争夺信息控制权，从而极大地破坏信息社会的平衡。

第三，法律主体和信息之间联系方式的复杂化为信息权利的确认带来了很多困难。大量的信息资源不仅分散无序，而且其更迭和消亡也无法被准确预测。此外，正式出版物和非正式信息交织在一起，使传统人类信息交流的格局被彻底打破，各方在信息网络上既可以是信息的生产者、发布者，也可以是信息的传播者和使用者。信息权利的法律确认，如今变得更加错综复杂。

总之，介于信息在目前资源体系中的主导地位，界定与保护信息权利的法律规范将如何进行协调和完善，这已经上升为一个战略性问题。各国对相关法律法规正在频频进行修改或补充，但就现状而言，要使权利人在伦理尺度上的应有信息权利得到充分有效的法律保护，还远未见成效。信息时代需要法律对信息的全方位关注。当然，在呼吁增强和保护公众信息权利的同时，一定不能忘了强化公众对信息义务的履行意识，通过道德自律，提高人的思想境界，构造信息道德环境和信息文明。按照信息经济学的理论，信息的传播和信息权利的维护都是有成本的，所以信息权利的获取必须建立在相关人对信息义务的充分履行之上。事实上，权利与义务本来就是一个问题的两个方面，没有无权利的义务，也没有无义务的权利。如果说权利从道德上来说意味着一种自由，那么义务则意味着主体要获得这种自由就必须承担相应的代价。二者兼顾，才能实现信息权利与信息义务的协调统一。

二、信息权利诸向度

信息权利包括多个子权利，比如信息所有权、发布权、知情权、隐私权等方面。

（一）信息所有权

信息的生产需要创造性的发挥和投入，信息传播也需要大量的投资，所以，信息发布者和传播者遵循相关规范，尊重信息首创人或所有者的应有权利，保障其收回成本，获取利润，这在道德上符合公平的价值诉求。信息权利主体所拥有的对信息产品的各项所有权理应受到保护。以往法律规范体系对信息所有权的保护多散见和隐含于少数几个法律法规之中。最重要的自然要算知识产权法。但知识产权法只能对符合特定条件的部分信息提供保护，并且其保护力度在权利内容和保护期限等方面存在着明显的局限。因此，如何真正切实地保障信息权利主体对信息的所有权，同时处理好信息所有权与信息共享的关系，使整个社会能够有效地利用信息资源，在信息时代已经成为亟待处理的一个重大课题。

在信息社会，通过信息共享可以使信息这种重要的社会资源得到充分利用，极大地降低全社会信息生产的成本，推动社会的共同进步。从有效利用资源、社会共同进步的角度看，信息应该共享，即信息共享是合乎道德的。然而，也正是信息的共享性和日益增多的信息技术手段，使得一些专有性信息资源的保密、保护和专有权利受到了更多的新挑战。尤其是"信息高速公路"的兴建，为人们提供了全新的信息获取方式。一方面，人们可以充分利用复印、录像、复制等多种多样简单易操作的技术手段，未经许可便轻而易举而又不露痕迹地借用、移植、复制他人的程序或其他信息。这就为专有信息盗窃者创造了极大的便利条件，使信息所有权保护问题变得更加复杂和尖锐。这种信息偷窃行为由于其自身的隐蔽性，现在已经蔓延成一种普遍现象。这毫无疑问是一种不公平、不道德的行为。另一方面，随着信息技术的发展，人们处理信息之能力的增强，部分信息行为主体有能力通过垄断一些重要信息而在信息交换中谋取更加丰厚的利润。可是，涉及社会大众公共利益的、应公开的信息被个人垄断，就必然妨碍社会进步，这同样是一种不公平、不道德的行为。

（二）信息发布权

所谓信息发布权，是指公民可以利用各种信息渠道自由发布合乎法律、合乎道德的信息的权利。公民发布的信息不仅包括公民自己创立或加工的信息，而且包括公民无偿或有偿从信息渠道获取的其他信息。在现代信息社会，一般将信息发布权视为公民言论自由权的衍生权利。人生来就长有眼、耳、鼻、舌，生来就是一部"信息机器"。任何公民在合乎法律、合乎道德的前提下，都可以按照自身意愿来表达自我，进而与人沟通，赢得他人的理解和社会的尊重，从而实现自我的需要。因此，对自由表达和发布权的保障，是信息社会对基本人权起码的尊重。

当然，任何权利和自由都是有限制的，片面夸大信息发布权必定会造成很多问题。毕竟"应该"和"能够"是两个不同的概念，能够做的不一定应该做。在现实生活中，垃圾信息、色情信息、电脑手机病毒等有害信息愈演愈烈，信息污染正大量发生在信息发布过程中。正因如此，在信息发布过程中，公民更应从不同的层次来考虑和履行自己的伦理责任。

首先，从信息发布与人类整体利益的关系来看，公民行使信息发布权，以不损害人类社会的整体利益为前提，不仅应具有无害性，而且应尽量有益于人类社会的整体进步与发展。其次，公民发布的信息不能损害民族的、国家的利益，不能任意发布反对宪法、危害国家主权统一和领土完整，以及危害国家安全、侵害少数民族风俗习惯、破坏民族团结等损害公众利益的信息。最后，从人与人之间的相互关系来看，在发布信息时，公民不得损害他人利益，不能发布侮辱、诽谤他人的信息，不能发布不健康的色情信息，不能发布和传播计算机病毒，不能发布虚假信息，未经授权不得发布涉及他人隐私的信息，等等。

（三）信息知情权

信息知情权是一种信息自由权，它主要指"自然人、法人及其他组织依法享有的获取、接收并知悉与法律赋予该主体的权利相关的各类信息的自由和权利"①。一般认为，"知情权"一词最早正式出现在美联社编辑肯特·库勃 1945 年 1 月的一次演讲中。库勃在演讲中鉴于政府在二战中实施新闻控制而造成民众了解的信息失真和政府间的无端猜疑，指出一个国家如果不尊重知情权，就不会有政治的自由，因而主张用"知情权"取代宪法中的"新闻自由"规定，以表征和揭示言论自由的新内涵。② 在此之后，"知情权"一词逐渐受到世人重视，并且从新闻界蔓延至法律界，被很多国家写入宪法和法律。

从国内外有关讨论来看，知情权既应该包括公法方面的政治权利内容，也应该包括私法方面的人格权，此外还涉及国家权力的问题。它的内

---

① 周昕，向敏. 论知情权的概念及法律特征 [J]. 重庆广播电视大学学报，2013，25 (4)：32.

② 张琼. 论宪法学视野下的知情权 [J]. 武汉大学学报（哲学社会科学版），2007，60 (5)：699-704.

容应该至少包括三类：（1）知政权。指公民、法人及其他组织依法享有的知悉国家机关及其工作人员的活动和相关背景的权利，了解国家所颁布的法律、法规和政策的权利。在这个意义上，知情权不是一种民事权利，而属于政治权利，是一种基本人权。（2）社会知情权。指公民依法享有知晓各种非保密性社会现象和商业信息的权利，如公众对社会新闻、消费者对商品相关信息、股东对股东会议记录及公司财务状况的知情权，等等。（3）个人信息的知情权。指公民有权了解各种涉及本人的信息，或者法人及其他组织有权了解其工作人员或者即将为其工作的人员的有关信息。

很多人曾认为，信息技术的飞速发展必然推动信息知情权的进一步实现，这能帮助人们获得更多有益的信息和知识，使人们能够更多地共享这些宝贵的资源。但是现在，我们却不得不承认，在实现知情权这个问题上，信息社会仍然存在着巨大的不平等现象。实际生活中物质水平的不同或信息技术掌握程度的不同，造成了信息访问中的事实不平等，信息社会正逐渐分化为两大对立阵营：信息富人和信息穷人。信息富人可以尽情享用信息带来的价值，而信息穷人很多时候却无法获知自己感兴趣的信息，甚至在知情权受损时也无法得到法律的有效保护。我国法律在对知情权的保护方面还有很多不尽如人意的地方。长期以来，我国的宪法和相关法律缺乏关于知情权的明文规定。对知情权的确认往往是通过公民的参政权、言论自由权、监督权等权利形式予以间接确认的。在我国的法律体系中，只有1993年全国人大常委会第4次会议通过的《中华人民共和国消费者权益保护法》，第一次明确规定了公民与社会组织以消费者身份所享有的对商品和服务的知情权，在该法的第八条第一款中，第一次明确规定了属于民事知情权的"消费者知悉权"："消费者享有知悉其购买、使用的商品或接受的服务的真实情况的权利。"此外，信息知情权的普遍实现，还往往与信息行为主体的知识水平和信息技术能力密切相关。一般来讲，知识水平和信息技术能力较强者，更能对纷繁复杂的信息进行去伪存真、由表及里的理性筛选，从而获取更多积极的信息资源；而整体素质较低者，则更容易在各种杂乱的信息中失去自己的目标和重点，甚至在诸多虚假信息的误导下做出错误的判断和行为选择。由此可见，对信息知情权的保护和完善，绝不是一朝一夕就能奏效的，这是一个艰巨的工程，依然任重道远。

社会越发展，人们获得的自由应该越多，权利的种类也应该越丰富。我们期待，有更多像知情权这样的应然权利最终能明确转变为法定权利。因为只有在法律的强有力保障下，从应然到现实的路途才能缩短。这正是法治追求的目标之一。因此，首先应该将知情权作为一项重要的基本权利纳入宪法，这样它才有可能更快地转变为现实生活中人们真正享有的利益。这应该是解决知情权问题的重中之重。

（四）信息隐私权

信息在我们这个时代的巨大作用是有目共睹的。在高速发展的信息网络技术条件下，信息毫无损坏地复制和迅速传播的能力几乎是无限的。正是基于此种情况，产生了许多新兴的行业。对于这些行业来说，信息流动越是畅通无阻，越是频繁，就越有利可图。所以，在信息时代，信息和人才、资金、原料等基本元素一同成为社会最重要的资源。隐私，作为信息的一种，时刻处于被觊觎的境地。所谓信息隐私权，即公民对自己的隐私信息享有独有的权利，未经允许，不能被任何个人或机构擅自泄漏和公开。虽然当前受保护的个人信息隐私范围在我国法律上还没有明确规定，但其所涉及的范围应该至少包括：个人简历、病历、婚姻家庭状况、社会关系、外表特征、心理属性与行为、隐蔽性生理缺陷、住宅地址、电话号码、银行账户记录、保险情况、经济状况、特殊的生活习惯和嗜好、感情或政治观点、未来打算以及弱点、错误、犯罪记录、遗嘱内容，等等。对个人隐私的不正当或恶意使用，不仅会使当事人受到伤害，而且会给信息传播活动本身乃至整个信息社会的发展带来严重的负面影响。美国《商业周刊》1999 年做的一项抽样调查表明，消费者之所以选择不在网上购物，首要原因就是担心隐私受到侵犯，其戒备程度远远高于他们对信用卡欺诈和计算机病毒的关注程度。[①]

_____

① 沙勇忠，谢峰梅. 现代信息活动中的道德问题 [J]. 兰州大学学报（社会科学版），2004，32（1）：89—94.

信息隐私权和个人自由、个人尊严是紧密相连的，每个个体的自由与尊严都理应得到他人和社会应有的尊重。因此，保护个人隐私信息应该属于一项基本的伦理要求，也是人类文明进步的重要标志。但在信息时代，对个人隐私信息的保护却可以说几乎已经完全失控。信息隐私权正遭受着前所未有的巨大挑战，人的自由与尊严也受到潜在的巨大威胁。尤其是互联网的日益扩展，更为某些用心不良的人获取和传播他人隐私提供了相当的便利。个人隐私信息未经允许就在网上被他人肆意传播和曝光的案例比比皆是。此外，来自工作场所普遍采用的电子监控设备和程序，成为对信息隐私权的另一个巨大威胁。在记录员工工作效率和工作习惯的同时，员工的很多隐私信息也变得完全透明。员工在工作中的一举一动无时无刻不在全景监视之下，这样的监视事实上限制了员工的行为自由，而且也使其人格与尊严受到一定程度的损害。

我国在制定《民法通则》时没有明确规定信息隐私权，因而目前保护手段非常有限，亡要以保护公民名誉权的方式对个人隐私信息进行保护。实践证明，对信息隐私权采取的这种间接保护方式是不完整的，更是不周密的，所以保护效果自然大打折扣。按照我国相关司法解释，只有擅自公布、出于恶意的动机宣扬他人隐私，并造成名誉损害后果的，才能被认定为侵害名誉权的侵权行为，追究行为人的民事责任。对于其他大量侵害信息隐私权的行为，例如刺探他人私人情报信息、擅闯他人私人住宅、跟踪他人私人活动以获取他人隐私的行为，都无法可依，故而无法追究相关责任人的民事责任。2009年全国人大常委会在《中华人民共和国刑法修正案（七）》中新增了两项关于侵害公民个人信息罪的规定，即出售或者非法提供公民个人信息和窃取或者以其他方法非法获取公民个人信息，这在当时引起了社会的广泛关注。将侵犯公民个人信息纳入犯罪，使我国在保护个人信息方面向前迈进了一大步。但在这个"无隐可藏"的信息时代，我们要走的路仍然很长很长。

一方面，我们极度迫切地呼吁加大对个人信息隐私权的保护力度；另一方面，我们也应关注，有的信息可能既属于个人隐私信息，同时也对社会大众具有重大意义，理应公开，最具代表性的应该算政府官员的个人财务信息。所以，保护信息隐私权也会面临冲突。在"信息隐私"和"信息流通"之间可能经常出现矛盾，但矛盾双方必然还会有互相联系、互相促进的一面。我们既要保证公民的隐私信息和基本尊严不受不合理的侵犯，又不能妨害对社会具有重要意义的信息自由流通。唯有在二者之间找到一个恰当的平衡点，才能最大限度地实现双赢。

三、信息权利的道德价值

美国学者彼彻姆（Beauchamp）指出："道德理论即使不以自然法、人性观念和尊重观念为根据，它无论如何也总是可以以权利为基础的。"① 可见，信息权利具有重要的道德价值，内含多重的道德理想。

第一，公民信息权利是基于人对自由的道德理想追求而设立的。自由意味着突破限制，摆脱外在不合理的约束。自由是人之为人、人异于其他动物的质的规定性，是每个人与生俱来的权利，更是公民享受其他一切权利的前提。剥夺人的自由，无异于剥夺其为人的资格。所以，"不自由，毋宁死"的怒吼才会久久回荡在我们耳边。无论是公民的信息所有权，还是公民的信息发布权、知情权、隐私权，其设立之初的伦理使命都在于确保每个公民能真正成为自己的主人，在无害的合理范围和限制内自主自由地选择自己的信息行为，实现自己人之为人的意义。

第二，公民信息权利的实现状况深刻地影响着社会公平、平等、正义等道德价值的实现。"平等是人在实践领域中对自身的意识，也就是人意识到别人是和自己平等的人，人把别人当做和自己平等的人来对待……表明人对人的社会的关系或人的关系。"② 每个公民都是生而平等的，在实现个体的自由意志时，公民自然而然会逐渐意识到，作为一个信息时代的公民，对于信息这种重要的资源，自己理应享有哪些权益、自由或资格，这就是信息权利意识，继而通过推己及人，关注并尊重他人的同等信息权益、自由或资格，从而推动公民信息权利得以全面、有效的实现。

---

① 汤姆·L. 彼彻姆. 哲学的伦理学——道德哲学引论 [M]. 雷克勤，等译. 北京：中国社会科学出版社，1990：321.

② 马克思恩格斯全集：第 2 卷 [M]. 北京：人民出版社，1957：48.

　　平等或公平的反面是歧视。"歧视，作为一种社会人际关系的产物和状态，是指人对人的一种不应有的不平等的低下看待。"① 受歧视者的公民信息权利将得不到他人的认可和尊重。在现代信息社会，这种歧视除了来自作为个体的其他公民之外，主要来自国家权力，即公权力。当前，信息权力对信息权利的僭越或侵害现象并不少见，有些领域甚至到了"非常严重"的地步。另外，信息霸权、信息鸿沟、信息歧视、信息欺诈、信息不对称等现象的存在，已造成信息强者与信息弱者、信息富人与信息穷人之间的严重不平等，对公民信息权利的全面、有效实现形成严峻的挑战。按照罗尔斯的观点，正义是整个制度的首要道德价值。因此，为保障公民信息权利的有效实现，首先要求具体行使权力的政府应对信息权利制度做出公正的安排，以使权力切实保障并服务于权利，尽量消除信息不平等现象，同时更有效地对弱势群体实施权利救济。目前这已成为政府公共权力很紧迫的任务之一。只有对公民信息权利做出公正的安排，才能有效地规范和引导公民的行为选择，培育公民公正的道德良知，这不仅深刻地关系到社会正义与公平的体现，而且为整个社会道德风尚的优化与社会公平的实现创造了条件。

　　第三，公民信息权利是信息社会实现对公民尊重的重要条件。尊重作为基本的道德价值，它必然是与权利相关的。正如康德所说，人应该永远把自身看作目的，而不只是手段。人的尊严是超过一切价值、无等价物可替换的东西。② 对公民的尊重应被看作信息社会最基本的也是底线的道德价值。对公民的尊重具有普遍性，需要国家和社会给予每个公民应有的和合理的信息权利利益分配。公民信息权利保障的正是每个公民在信息时代理应享有的最基本的权利。这些基本的权利神圣不可侵犯、不可剥夺。只有不断地健全公民信息权利制度，并有效地确保其充分实现，才能实现人所需要的最基本的尊重，才能使公民在自身人格与尊严得到尊重和保护的环境下自由生存、和谐发展。这不仅有利于公民个体，而且有利于整个信息社会。

---

① 卓泽渊. 法的价值论 [M]. 北京：法律出版社，1999：429.
② 康德. 道德形而上学原理 [M]. 苗力田，译. 上海：上海人民出版社，1986：87.

第四，公民信息权利能够保障公民共享更多的信息资源。从效果上看，公民信息权利能够保障公民共享更多的信息资源，保障更多的智慧信息被自由发布和获取，保障公民能够安全地使用信息为自己谋取福利。因此，从效果上看，公民信息权利的设立和明晰，除了完成其保护公民的基本信息权利和自由的伦理使命之外，同时，还可以创设与维护使公民在信息社会追求幸福和实现自我全面发展的种种条件，显然这能积累很大程度的善，促进信息社会之良好道德秩序的形成，并且推动信息社会的可持续性的、良性的发展。

信息时代是一个崭新的时代，很多方面都尚处于探索阶段。尽快明晰公民的具体信息权利，并将之完整、明确地纳入信息伦理规范和信息法律规范体系加以有效保护，这无疑将有利于规范和引导公民的行为选择，推动公民树立正确的信息伦理观念、选择道德的信息行为。此外，通过公民信息权利的明晰，公民、企事业单位和社会组织以及国家之间在信息活动中的权责利关系才能得以明确，使人们明确了解哪些是自己的权利，是可以利用和争取的，哪些是自己的责任，是应该承担和履行的，哪些是自己的利益，是可以获取和享用的。这样，人们就不会因为权责利不清而发生不应有的争夺或越轨，就能够比较清楚地预期自己行为选择的后果，由此做出相应的调整，从而减少信息传播活动中的不道德现象。

近些年来，在信息活动领域出现了种种道德失范现象，主要原因之一就是信息权利关系不够明晰，责权利关系没有理顺。应该说，人们的行为选择有时背离道德原则和规范，并不一定就是因为内在的恶意冲动，而很可能是外在不明晰的权利关系诱使其做出不明智的选择。有些人选择了不道德行为，则是因为其遭遇的情景中缺乏明确的外在约束，因而放纵了自己盲目的利欲冲动，使一些潜在的恶的种子外化为一种现实的恶行。因此，通过明晰公民的信息权利关系，可以有效地规定和约束人们的求利行为，减少败德现象的发生。可见，公民信息权利显然是符合社会公众利益的，它能推动信息的迅速流通，增进信息传播的效率，使信息资源最大化地发挥价值，从而促进良好信息秩序的最终形成。

由以上分析可知，公民信息权利的进一步明晰和有效实现，将对信息社会伦理体系的建构和完善起到积极的作用。

第二节　信息权利行使的伦理原则

一、信息无害原则

在我们已知的伦理学文献中，任何时期、任何社会的道德准则都毫无例外地明确反对伤害他人，强调行为对他人的无害性。虽然有关伤害的具体观念和尺度，随着时间、地点、人群的不同而时常变换，但是"无害"这个伦理原则却始终存在。所以，斯皮内洛（Spinello）在构建计算机道德的规范性原则时将无害原则位列其一。他在《世纪道德》一书中引用了其他学者的如下言论："据人类学或比较伦理学的文献，我们知道没有任何社会的道德准则不包括某种反对伤害他人的强制令。有关伤害或社会危害的观念可以变化，纠正和赔偿的方式也可以有所不同，但是这一强制令却是存在的。"[①] 他认为，"人们不应该用计算机和信息技术给他人造成直接的或间接的伤害"[②]，"这一原则对分析信息技术领域里出现的道德两难的困境是很有帮助的"[③]。事实上，无害原则的确是一般伦理体系必然包含的最基本的道德标准，它常常被视为该体系中的底线伦理原则。其强制的道德律令一般可表述为：不能对他人造成伤害。

无害原则的伦理行为是双向的，也就是说，这种无害既包括对他人，也包括对自己。因为人归根到底是一种社会动物，每个个体都是社会的一个组成部分，所以对自己的伤害同样是对社会的伤害。因此，无害是善待他人与善待自己的统一。一般说来，人类具有趋利避害的本能，其行为通常不会主动伤害自己。但在追求利己的行为过程中，有时常常会造成损人利己的客观行为结果。因此，强调无害原则是对人性的损人利己倾向予以必要限制的道德要求，是解决人性中利与害、己与他双重矛盾的基本道德

---

① 理查德·A. 斯皮内洛. 世纪道德：信息技术的伦理方面 [M]. 刘钢，译. 北京：中央编译出版社，1999：54.

② 同①53.

③ 同①.

途径之一。在信息伦理原则体系中，无害原则是对人们信息传播行为的最基本的道德要求，其责任要求具体体现在以下三个方面：

第一，信息行为主体对信息内容负责。信息行为主体无论是发布原创信息，还是对已有信息进行处理和再次传播，均对自己的信息传播行为负有无害的道德责任。最基本的要求是，在信息传播过程中，信息行为主体既不应制造有害信息，也不应传播有害信息。

第二，信息行为主体对信息传播对象负责。信息交往活动是一个双向互动过程，其结果体现在交往双方的行为改变和利益得失上。从信息行为主体的角度出发，信息传播者不仅要对信息接收者因信息内容的作用而产生的即时反应负责，而且要对其可能产生的行为后果负责。

第三，信息行为主体对信息传播的社会影响负责。无害原则要求信息行为主体在进行信息处理之前，首先应对自己所传播的信息内容可能产生的社会影响进行道德分析。信息传播者不能使信息内容在传播扩散之后，对他人和其他机构形成间接伤害，更不能损害社会整体利益。

信息资源是信息社会必不可少的财富，有的信息甚至已成为信息社会正常运转的核心。对信息的破坏就是对社会正常秩序的破坏，会危及全人类的共同利益。从这个意义上说，就个体而言，信息行为主体应严格遵守无害原则，对自己的信息行为采取审慎态度，做出正确的道德取舍。

但遗憾的是，目前的信息伦理现状无疑是令人非常担忧的。信息大爆炸，一方面为社会发展提供了巨大的信息动力，另一方面又使人们寻找到真正需要的有用信息变得日渐困难。信息大爆炸在带给人们信息过剩的同时，制造出巨量有害的信息污染，使人们无所适从。层出不穷的不道德行为正向我们敲响警钟：人类在享受信息技术恩惠时，如果不能使信息技术的发展时刻遵循无害原则的指导和检验，那么最终将受制于技术，沦为技术的奴隶，在不断的异化中付出巨大的代价。

二、信息自由原则

自由与权利是相辅相成的关系。自由的本质就在于权利，没有权利就没有自由。所以，英国著名学者哈耶克（Hayek）认为，权利就是获得或实现自由的方式，只有获得权利才能得到自由，权利是争取自由的结果和争取自由的依据。① 所以，信息自由原则必然贯穿于公民行使信息权利之过程的始终。

信息自由，是人类自由理想与诉求在信息活动领域中的体现，它是指人类在合理限度内自由地进行信息创立、发布、获取和使用的一种状态。有时信息自由又被称为信息自主，侧重强调在不违反法律与道德的情况下，公民有权自主选择自己的信息行为，可以在合理限度内自由创立、发布、获取和使用信息，自由地进行信息传播。信息自由原则尤其强调公民信息权利不被信息权力侵犯、非法强制，因为从权力和权利的正当关系来看，权力由权利赋予，权力的任务就是保障权利。因此，信息自由的形成和实现，既包括保证"去做……的自由"的环境，又需要"免于……的自由"的社会保障。

当然，我们强调信息自由，并不意味着公民可以绝对自由地行使信息权利，而无须承担社会责任。自由，作为一种权利的同时，也意味着公民应当承担相应的责任和义务。从信息活动的四个环节来看，自由呈现出不同的责任要求，需要公民在行使信息权利的时候严格遵守。

第一，信息自由创立。信息是信息社会发展所依赖的最主要的资源。信息的自由生产和创造，正是保证信息生产最大化的基本前提。信息创立的结果就是信息产品。只有先确保信息产品的所有权，让信息创立人的劳动得到合理回报，才能充分调动人们创造有价值的信息产品的积极性。但是，信息技术的发展使盗版等侵犯公民信息所有权的行为变得越来越猖獗，信息创立人的利益越发不容易得到保障。因此，在信息创立阶段，信息自由原则显得尤其重要。它促使人们享有自由创造信息作品的权利，并对其作品享有所有权。这种权利理应受到严格的保护，并排斥一切不合理、不合法的外部限制。

第二，信息自由发布。信息自由发布，是指在一定限度内，公民自由地从事信息的表达和传播活动的状态。信息发布自由是保证信息效用最大化的重要环节，因为只有通过无阻碍的、流畅的信息发布过程，信息的效用才能被充分挖掘和利用。文明程度越高的社会，越鼓励和保证信息发布

---

① 哈耶克. 自由秩序原理 [M]. 邓正来，译. 北京：三联书店，1997：15.

自由。当然，信息发布自由也不是绝对的、无边际的，它必须受到一定原则和规范的约束。任何人都不能借自由之名发布信息侵害他人的正当利益，玷污他人的名誉，伤害他人的感情或破坏社会秩序，更不得泄露国家秘密，发布煽动危害国家和社会安全的言论。

第三，信息自由获取。获取信息是每个人融入社会、实现社会化的必经之路。从某种意义上说，人只有获取信息，才能了解环境、适应环境，进而有效地生存和生活。所谓信息自由获取，就是指公民以合理、合法的方式自由地获取所需信息的状态，它源于公民扩大自由空间的基本需要。自由都有一定的边界，任何人都不能在非授权的情况下突破这种边界。对于公民而言，必须保证自己的行为合理、合法，且无害于他人和社会。另外，因为政府是社会公共信息的主要拥有者，所以政府应广开信息获取渠道，最大限度地实现政务公开、透明，保障公民的知情权，反对信息垄断。

第四，信息自由共享使用。从有效利用资源、促进社会共同进步的角度看，信息共享使用无疑是符合道德的、符合公众利益的，因为信息能在多大程度上被人们共享使用决定其产生价值的大小。信息自由共享使用，意味着公民可以在一定范围内自由地使用、加工、组合和处理信息。信息自由共享使用也应当有一定的限度：（1）在对已获得的信息进行使用、加工、组合和处理时，不得对他人发布的信息进行任意篡改，以免损害公民所发布信息的完整性和真实性；（2）信息自由共享使用虽然已经成为信息社会的文化精神，但并不是所有信息都应该被无限制地共享，例如隐私信息。自由的范围和限度把握不当，就必然伤及相关人的隐私和尊严。所以，若想有效保护信息隐私、信息安全，公民就必须首先承担起相应的责任和义务。使用可能涉及他人隐私的信息，应事先得到相关人的授权和许可，这被称为知情同意；否则，就会逾越自由使用的合理限度，造成对他人的侵权。

三、信息公平原则

在信息社会，资源共享与产权保护的矛盾带来的伦理冲突日益激烈。一方面，在信息社会，信息是最有价值的社会资源，对信息的有效利用能使自己处于更有利的竞争位置。所以，从推动社会共同进步的层面来说，信息共享毫无疑问是符合道德的。另一方面，信息产权人对自己在信息生产过程中所投入的劳动、时间和金钱，无论从道德上还是从法律上都有权要求为此获得应有的回报，而信息社会奉行的信息共享概念却常常会使他们处于"血本无归"的尴尬困境。所以，我们在实践中既不能将信息共享的理念推至极端，也不能对信息的产权过度保护，必须为这对矛盾的解决设立一个合理的限度，这个限度即信息公平原则。

事实上，公平原则是人类一直追求和崇尚的重要伦理原则之一，它标志着人类社会理性的充分体现。信息公平原则要求人们在信息活动中能够享受自己应当获得的各种权益，同时承担自己应当承担的责任和义务。

在探讨公平伦理原则之前，首先应该区分几个相关概念，即公正、公平、平等。有学者撰文指出，公正原则就是要求人们进行等利或等害行为相交换的原则，侧重于利害行为在性质上的判定，如善有善报、恶有恶报；公平原则也是要求人们进行利害行为平等交换的原则，侧重于利害行为在数量上的判定，如多劳多得、少劳少得；平等原则是要求人们享有相同的利益来源和利益分配的原则，包括享有完全相同的基本权利和享有与个人贡献成正比关系的非基本权利两个方面。所以，平等原则从属于公平原则，是一种特殊的公平原则。由此可见，公平原则所要求的个体行为，在道德境界上并不是很高，但它对保障社会和谐有序的效用却很大；同时，要求等量交换利害行为的公平原则，比要求等质交换利害行为的公正原则，更加符合道德对人们善的行为的引导。因此，公平原则是在应用伦理学中起到支撑作用的重要伦理原则。①

根据公平原则，我们可以制定并采取一些具体有效的措施，避免资源共享与产权保护之矛盾的激化。比如对于一些特定信息，我们可以规定通过付费的方式才能合理使用，不经过信息权利主体的同意，他人无权擅自使用这些信息。未经允许、不付费就擅自使用或复制、传播这些信息，这是直接损害信息权利主体利益的行为，必须受到道德的谴责和法律的严厉

---

① 曹劲松，宋惠芳. 信息伦理原则的价值取向与责任要求 [J]. 江海学刊，2004 (5)：57-63.

制裁。与此同时，在保护信息权利主体之合法利益的前提下，要尽可能地实现资源共享，最大限度地发挥信息的使用价值。

此外，目前信息社会中数字鸿沟日益凸显，一个重要原因就是某些发达国家对部分重要信息形成了一定程度的垄断。尽管从技术上说，信息网络的建设本质上的确具有一种能够让不同文化处于同等地位的特性，但是，它发端并兴盛于美国，其技术构造方式乃至信息传播格式等始终带着美国文化的烙印。今天美国政府有意利用自己在信息传播方面的优势在全世界推行"信息霸权"。我们从1964年美国第28届国会外交委员会的第二次报告中就可以清晰地看出这一倾向："有些外交政策的目标是能够直接对付外国人民而不是他们政府的。通过应用现代新闻工具的器械和技术，就可能联系一国人口的大部分人或有影响的部分——向他们报道，影响他们的态度，有时甚至诱导他们到一个特定行动的方面。这些行动反过来就能够对他们的政府施加明显的甚至是断然的压力。"[①]显然，这种"信息霸权"政策与信息公平原则是相悖的。信息垄断不仅阻碍公平的实现，而且不利于人类的共同发展。我们应该使各种信息资源的分配、使用格局日趋合理化，让落后的国家和地区能平等地享有信息。

信息公平原则对人们信息交往活动的责任要求包括三个方面：

第一，对信息渠道的公平使用权。信息在不同的信息渠道传播，对信息交往双方的利益乃至整个社会的利益都会产生影响。为了保障信息公平原则的充分实现，每个个体对信息渠道都应拥有公平使用权。尽管当今的信息技术可以不断提高信息渠道的容量，但这种提高并不是无限的。因此，人们对信息渠道的使用还不能完全实现免费共享，仍然需要通过支付一定的报酬才能使用，任何组织和个人都不能剥夺他人对信息渠道的合法使用权。

第二，自觉维护开放性信息渠道的畅通。一般说来，开放性信息渠道，如报刊、广播、电视等大众传播渠道，都有一定的容量限制，而人们

---

① 常梅. 从苏联解体看国家文化安全的重要性——兼论我国加入 WTO 之后传媒面临的挑战与对策 [J]. 采写编，2001（3）：16.

在信息交往活动过程中要占用其部分容量，由此形成矛盾冲突关系。开放性信息渠道是社会公众实现信息交往活动的最重要的公共通道，每个个体都对维护开放性信息渠道的畅通负有道德责任。一些不道德的信息行为，比较典型的如滥发垃圾信息的行为，将对开放性信息渠道造成堵塞，严重时甚至会使信息渠道中的信息传播发生中断或丢失。显而易见，这对信息公平原则的实现会产生消极的负面影响。

第三，保障封闭性信息渠道的使用安全。封闭性信息渠道是人们用来传递具有隐私性内容的信息通道，如书信、电话、短信、电子邮件和一些即时通信软件等。对于这些信息渠道，除了畅通性的要求之外，还由于其传递内容的隐私性，更有着安全性的要求。在信息交往活动过程中，保障封闭性信息渠道的使用安全，对于每个个体来说都十分重要，它不仅体现了对信息渠道使用权的公平，而且包含着对人的信息隐私权的尊重。

第三节　面对信息权利保护危机的伦理对策

一、信息权利保护危机出现的原因

人类已经由工业时代跨入信息时代，这个变革比以往的任何变革都更为惊人。不论是法律还是传统伦理规范，在此巨变面前都显露出滞后的一面。信息技术带来的诸多伦理问题表明，依靠传统伦理已无法有效地解决不断涌现的新问题，这对社会发展和信息文明建设带来了诸多的负面影响。系统地考察其原因，并有针对性地寻找到相应的伦理对策，就显得必要而迫切。

（一）在伦理意识方面，道德相对主义盛行和无政府主义泛滥

信息环境为道德相对主义提供了最适宜的土壤，助长着道德相对主义的盛行。在 20 世纪的西方，道德相对主义思潮呈现出渐趋张扬之势，并且在与道德绝对主义或普遍主义的相互竞争和对垒中日趋占上风，以至于

有人将 20 世纪称为"道德相对主义的时代"。道德相对主义强调个体的独特性,强调个体对道德价值的自主选择、自由意志和主观能动性,认为一切都是没有客观根据的、不确定的,一切价值都是相对的、个人的、自主的。所以,它的口号是"你想怎样就怎样"或"怎样都行",主张个体是自主的、独立的,每个人只须考虑自己的意志、情感、兴趣和欲望,而无须对整体负责。道德相对主义怀疑权威,排斥传统规范和道德标准的统一性。信息网络的非中心化、多元化、表面化、无终极目标等特点,正契合了道德相对主义的观念诉求;其交互性、虚拟性和匿名性的特点,更使道德相对主义找到了最适宜生长繁衍的土壤。①

与道德相对主义相伴随的,必然是无政府主义和个人主义的流行。以信息的重要传播途径互联网为例。互联网当初的设计思想是一种开放式的无中心架构。这样,当网络的一部分遭到袭击时,其他部分依然能够正常运转。所以,作为一个自发的信息网络,它没有所有者,不从属于任何人、任何机构甚至任何国家。因此,就没有任何人、任何机构、任何国家可以左右它,操纵它,控制它。在这里,没有政府机构的监督和管理,所有用户都是自己的领导和主人,所有人都拥有信息网络的一部分;在这里,谁都没有绝对发言权,但同时谁又都有发言权。于是,互联网似乎成了一个容许"绝对"言论自由的地方,一个"彻底"民主(或无政府主义)的地方,抑或是一个无法无天的地方!在这里,任何人都可以按照自己的原则(或不要原则)说任何话、做任何事,并且不需要为此承担相应的责任和义务,这最终导致了无政府主义的泛滥。有学者甚至断言:"Internet 是历史上存在的最接近真正无政府主义状态的东西。"②

(二)在伦理规范方面,传统规范陷入困境,约束力逐渐减弱,
　　　而新的规范尚待形成

信息网络文化的快速发展,精神意识和文化习惯等方面的频繁变更,

---

① 杨新敏. 国外网络文化研究评介 [J]. 国外社会科学,2002 (3):74—82.
② 张爱军,姜帅. 试论网络对公民政治参与的双重影响 [J]. 美中公共管理,2005 (11):38.

使人们产生了普遍的文化不适应感，甚至使人在精神上经历着文化的震荡。新旧伦理规范的并存、交替，对传统伦理规范的内容有着很大的冲击，旧的伦理规范逐渐失去约束力，新旧衔接脱节。人文精神的危机，将导致传统的理想、道德和价值观在部分人群中被抛弃。

正是由于信息伦理意识和规范的滞后，所以信息权利的保护遭遇了极大的挫折，由此出现了大量的道德失范行为，小到肆意滥发垃圾信息，大到信息犯罪，无所不及。对应信息权利的四个向度，当前信息权利保护危机体现为四个方面：

第一，信息所有权保护问题。信息所有权长期以来在所有者的经济权益和公众信息获取之间保持平衡的传统，在信息网络空间中遭到很大的颠覆。随着信息复制技术尤其是信息网络技术的发展，信息产品往往可以很容易地被大批量复制，并且其方式极其分散、隐蔽。这些都使得信息所有权的保护进一步复杂化。在现实信息活动领域，受经济利益的驱使，信息所有权被侵犯的现象比较普遍，屡禁不止，如对信息的大量非法复制、剽窃与拷贝，未经许可非法入侵他人信息系统，查看、篡改数据，甚至窃取并贩卖他人的保密信息，等等。如果对信息所有权缺乏有效保护，那么在信息的数量、质量与传播速度方面都会出现人们不愿见到的问题。要处理好信息所有权保护与信息资源共享及合理利用之间的矛盾，需要根据信息活动的实践发展，持续深入地探讨和寻求解决之道。

第二，信息发布权保护问题。信息行为主体发布怎样的信息才是合乎道德的？有统计数据称，在现代社会信息流中，实际上无用甚至有害的信息不少于50%，在个别领域甚至达到80%。一些信息传播者有意地制造和发布有害、虚假信息以实现信息欺诈，从中牟取暴利；或者发布过时和无用的不良信息，堵塞信息流通渠道，大大降低信息活动的效率；甚至通过传播有害信息、电脑和手机病毒，牟取暴利。在信息资源的数据库化和网络化进程中，这些信息污染正在日益加深并诱发严重的信息安全问题，这已经成为当代很严重的社会问题。如何识别信息垃圾，防范信息污染？如何有效治理信息诈骗？如何保障社会公众的信息安全？这些都是信息发布权保护中亟待解决的重大问题。

第三，信息知情权保护问题。知情权保护现状不容乐观，公民知情权在现实生活中常常得不到应有的尊重和保障。一方面，政府机关垄断了大量信息，从源头上无法保证信息的通畅传播。政府的职能渗透于社会生活的方方面面，遍及经济活动、社会福利、教育文化等各个领域。政府控制和掌握着社会上大多数且最有价值的信息，成为信息最主要的来源者。然而，对于很多信息，政府部门还远未做到最大限度的公开，这严重妨碍了公民知情权的实现。另一方面，任何一种权利的扩大都是对政府既得权力的限制，所以即使最民主的政府，也可能对之表现出一定程度的反感。因此，知情权的发展将是一段与政府权力之间不断博弈的艰辛历程。在现实生活中，侵害公民知情权的事件仍然随处可见，但公民对此却已习以为常，麻木地听之任之。甚至对于自己的权利受损，很多人在发完牢骚之后，会忍辱负重、若无其事地继续自己的生活。因此，当前尤其需要培养和提高公民的权利意识，对权利主动争取、积极维护。但是，这肯定不是一朝一夕就能成功的事，需要长期努力。

第四，信息隐私权保护问题。信息技术的发展使人类的隐私权受到前所未有的侵犯和威胁。人们渴望作为人类基本权利的隐私权能得到应有的保护和尊重，因为它是人类走向自由全面发展的不可或缺的必要条件。一旦隐私这张盾牌遭到破坏，个人在掌握与处理自己大小私人事务的能力方面就将受到严重威胁。但信息时代中的人们，其隐私信息实际上已经面临"无隐可藏"的尴尬处境，隐私权在信息社会的冲击之下，似乎越来越像一件"皇帝的新衣"。在信息活动中，如何界定个人隐私的范畴？如何建立对个人隐私的有效保护？如何防止个人隐私信息沦为不法分子牟取暴利的工具？这一系列的相关问题都值得我们深思。

二、强化基于信息权利的法律保护措施

在信息时代，信息作为一种最有价值的权利资源，其有序流动对于社会发展具有基础性意义。正是基于信息资源的这种战略性地位，各种主体都会采取不同手段极力争夺信息权利优势，这就有可能导致权利失衡和秩序紊乱。由此，信息权利、信息资源如何公平分配，如何推动信息资源有序流通，就成为构建信息和谐社会的关键。法律作为一种有效的权利资源分配方式，其先天具有的规范性、普适性和强制性，可以有效化解因为信

息资源分配不公而产生的种种纠纷，其相关的法律条文可以在一定程度上画出一条底线，为信息环境下的伦理决策提供有力的依据，从而建立一个公平的基点，以确保社会正义的最大实现。

因此，在全球性的信息通道中，针对各种信息活动以及信息关系而制定的法律规范是不可或缺的。只有一个健全、明晰和公正的信息法律体制，才能确立一个公平的利益平衡点，最终实现信息资源流通与共享的有序、和谐、公平，为信息社会下的和谐创造必要条件。目前，我国保护信息权利的法律制度仍存在着很多薄弱环节，法制的不健全反过来又恶性循环地引发很多消极因素，同时也使信息技术的进一步发展遭遇越来越大的阻力。我们必须尽快加强信息立法与执法的力度，这样才能充分保障信息行为主体的各种权利。

(一) 信息所有权保护问题

对信息所有权的保护是维护信息权利主体的正当利益和促进社会繁荣与进步的重要手段。但随着信息技术日新月异的发展，大量信息几乎是无限制地被公众免费使用，其涉及的信息所有权保护问题越来越多、越来越严重。我们目前对信息所有权的保护主要是通过对知识产权的保护来完成的。但是，知识产权自产生以来，长期局限在一般工业产权和版权范围内，没有明确提到信息所有权的保护。虽然这些年我们一直在对传统的知识产权法进行修改，力图将信息所有权的概念纳入知识产权的范围，但这些努力还远远不够，纳入法律保护范围内的还远不是完整的信息所有权。尤其是网络信息著作权的保护问题，更是目前很突出的一个薄弱环节。人们越来越频繁地利用信息网络去创作、发布和记录自己的作品，对这类信息的著作权的保护，目前仍然处于艰难的摸索状态。此外，对知识产权更为严重的侵犯还表现在软件的盗版问题上。盗版软件成本低、获利大、市场面广，已经达到极度猖獗的地步。正所谓"法不责众"，目前法律的调控可以说几乎完全失效。这至少表明，信息技术的发展并不能必然带来信息伦理观念的进步。

信息作为一种资源，对其所有权从法律上加以保护，虽然大多数人都认为理所当然，但要真正做到这一点，尚有许多工作要做。目前，人们只能在有限范围内，对信息所有权保护进行立法，但还有大量信息没有找到可操作的立法保护途径。社会存在决定社会意识，社会意识能动地反作用于社会存在。作为观念意识形态的法律，绝不能一成不变，而应该与时俱进，随着时代的发展而做出相应的调整，否则将会阻碍信息社会的发展。一些专门性的法规，如"网络知识产权法"或"信息所有权法"应该成为今后信息立法的重要考虑目标。

（二）信息发布权保护问题

信息发布权是目前道德失范现象最严重的一环。一些缺乏道德自律能力的人通过传播电脑和手机病毒、垃圾信息、色情信息、仇恨的攻击言论等有害信息，从中牟取暴利，或希望以此达到自己不可告人的目的。也有人发布这些有害信息，从动机上说，可能仅仅是一种恶作剧，抑或只是想炫耀自己所谓高超的信息技术和能力。这些不道德现象正随着信息时代的进步而日益蔓延，它们对社会造成的危害已相当惊人。与此相关的法律法规虽然还在不断地制定、修改和完善，但总的来说，仍处于比较薄弱的状态。解决这些问题绝不仅仅是技术层面的难题，更是道德和法律共同面临的巨大难题。

以垃圾信息为例。人类需要信息，但信息过度膨胀并不一定就是好事，尤其是在这些信息以爆炸的方式迅猛增长，最后甚至远远超出我们的控制和管理能力的时候。当代的信息文明滋生出无数的垃圾信息，而且正日益演变为灾难性的信息污染。可叹！人类社会尚未摆脱生态环境污染的困扰，现在却又不得不面临信息污染的叠加挑战。很多垃圾信息都是有害的，它们宣扬暴力、种族歧视，甚至公然对他人进行人身攻击，负面作用显而易见。然而，对这一切的规范与控制在实践中却显得异常艰难。尽管世界上许多国家均采取了包括立法在内的各种措施，用以加强对垃圾信息的打击，但信息网络无国界，这个"最自由的地方"如今俨然成为垃圾信息最大的温床和避风港！

在我国，垃圾信息已经成为制约信息产业健康发展的不可忽视的问题。对此，我们曾寄希望于信息技术手段，如邮件服务器普遍都为用户设置了垃圾邮件过滤和拒收功能。伴随着智能手机的普及，如何才能有效过滤和拦截垃圾短信，已成为手机重点考虑的课题。无奈在泛滥成灾的垃圾信息面前，信息技术虽然快速发展，但却仍然疲于应付。于是，我们开始把目光急切地转向相关的法律法规。这些年我们陆陆续续制定了一系列相关的法律法规，对非法发布病毒信息、危害信息安全的行为加大了处罚。《中华人民共和国刑法》第二百八十六条有明确规定："违反国家规定，对计算机信息系统功能进行删除、修改、增加、干扰，造成计算机信息系统不能正常运行，后果严重的，处五年以下有期徒刑或者拘役；后果特别严重的，处五年以上有期徒刑……故意制作、传播计算机病毒等破坏性程序，影响计算机系统正常运行，后果严重的，依照第一款的规定处罚。"除此之外，《计算机信息网络国际联网安全保护管理办法》《计算机病毒防治管理办法》《互联网电子邮件服务管理办法》《互联网信息服务管理办法》《电信条例》《关于规范短信息服务有关问题的通知》《关于信息服务类用户申诉调查处理的实施细则》《关于进一步加强移动通信网络不良信息传播治理的通知》《关于禁止发布含有不良内容声讯、短信息等电信信息服务广告的通知》等一系列规范信息发布的法规也相应出台。尽管逐渐有法可依了，但很多规范性文件的规定过于简单，可操作性并不强，垃圾信息造成的污染依旧触目惊心！由此看来，立法上的这种落后，已经很难适应我国打击垃圾信息的需要。

也许，我们对待垃圾信息的态度应该稍做调整。在过度膨胀的信息海洋面前，一味烦躁不安、怨天尤人是无济于事的。既然技术手段和法律规范都相继失效，那么从公民的道德素质抓起，同时提高公民分辨和处理信息的技术能力，或许才是解决的唯一良方。如何提升人们在信息生活中的道德水准，如何有效地清除和阻止垃圾信息，这已成为一个国际性难题。

（三）信息知情权保护问题

为了保障公众知情权的实现，《中华人民共和国宪法》中的很多条款都体现出对知情权的保护。例如，第四十六条规定："中华人民共和国公民有受教育的权利和义务"；第四十七条规定："中华人民共和国公民有进行科学研究、文学艺术创作和其他文化活动的自由"；等等。另外，我国

《消费者权益保护法》《广告法》《反不正当竞争法》《产品质量法》《档案法》等很多专门法律和法规也都包含保障公民知情权的规定。但是，知情权的实现还隐含着另一个很重要的前提，即相应的权利相对人，尤其是政府及其相关组织，必须切实履行向公众公开相关信息的责任和义务。政府信息作为一种重要的国家资源，具有公共性质。出于公共利益的考虑，应当更加强调公开，使其在尽可能大的范围内为更多的人所利用。政府信息的公开，其重要价值就在于它尊重了公众的知情权，增强了现代行政的透明度，实现公共信息共享，使得公众可以根据公共政策信息的调整做出有利于自己的安排，从而使社会更加和谐、有序、安定、繁荣。但长期以来，我国的政府信息一直处于封闭、半封闭状态，造成信息资源的极大浪费，产生资源配置失调、经济成本增加、腐败和欺诈滋生等社会问题，这些都是与构建和谐社会背道而驰的。促进政府信息公开，不仅能够增加行政权力行使中的透明度，有效遏制各类腐败现象，而且可以改变不同部门之间信息传递不畅的现象，实现政府信息资源的共享，进而提高行政效率。只有这样，公民的权利才能得到充分张扬，信息资源也才能得到充分利用，行政效率也将得到提高，最终促进信息社会的和谐发展。

（四）信息隐私权的完善

自由高速的信息流动和最大化的信息共享让我们充分享受到其带来的便利与乐趣，但同时也为隐私信息的保护埋下了重大隐患，对信息隐私权的保护已经迫在眉睫。为了使信息隐私权的保护获得合法性或合理性，我们必须为之提供相应的伦理依据。在西方发达国家，不同的西方学者，由于思想体系、理论视角和研究取向的差异，对信息隐私权的保护给出了不同的伦理辩护。总的来看，这些不同的伦理辩护可以被归纳为两种类型：基于绝对价值或内在价值的伦理辩护和基于相对价值或工具价值的伦理辩护（以下分别简称为信息隐私的绝对价值观和相对价值观）。信息隐私绝对价值观的主张者提出，隐私权是一种相当于人类权利的基本权利，以此为基础，认为隐私权具有与其他一般人类权利相同的地位。例如，为中国学者广为熟悉的斯皮内洛就相信，隐私权确实是一种基本的权利。① 欧盟的一些文件，也明确地将隐私权规定为一种基础性的人类权利。与信息隐私的绝对价值观不同，似乎有更多的西方学者倾向于认为，信息隐私仅仅具有相对价值或工具价值。理查德·沃尔克曼（Richard Volkman）反对将隐私权当作人类的一种基本权利或自然权利，他认为隐私权仅仅是一种从基本权利中派生出来的权利。他说："只有当某些人通过侵犯我的其他权利来了解我的信息时，或某些人为了侵犯我的其他权利而以了解关于我的信息为手段时，才构成了对我的隐私权的侵犯。这说明了我所辩护的隐私权是派生的这一中心观点。隐私权不是基本的权利，因为对人的隐私权的每一次侵犯，已经是对某些其他权利的侵犯。"② 因为隐私权只是从某些人类的基本权利中派生出来的权利，所以隐私只有相对于某些人类基本权利才具有价值，这显然是一种相对价值或工具价值。理查德·沃尔克曼的上述观点，是大多数相对价值观的主张者为信息隐私权的保护进行伦理辩护的思想基础。西方学者从不同的角度对隐私权之伦理价值的论述，为隐私权保护的完善提供了比较全面、充分的伦理依据。在我们传统中，个人权利曾长期被忽视，造成个人信息被恶意侵害的情况屡屡发生。个人隐私信息，在本质上属于公民的私人权利范畴，国家立法应该给予更多的保护和尊重。立法保护个人信息，其重要价值就在于它突出了公民的信息自由权，凸显出和谐社会以人为本的理念。从现行法律保护来说，对隐私权的保护，不仅作为国家根本大法的《宪法》没有提及，而且连作为民法典的《民法通则》对隐私是公民的一项不可剥夺的权利也未予明确。我们只是将隐私权放在《民法通则》中，作为保护名誉权的一部分来加以间接保护。此外，对侵害隐私权行为的处罚，也只能比照《民法通则》关于侵犯他人名誉权所需承担的民事责任的相关规定来处理。一旦侵权行为造成特别严重的后果，往往无法用行政责任甚至刑事责任来加以惩戒。

　　现行法律条款中对隐私信息的间接保护，显然已无法适应人们对尊严

---

① Spinello. Case Studies in Information and Computer Ethics [M]. Prentice Hall, 1997：12-36.

② Richard Volkman. Privacy as Life, Liberty, Property [J]. Ethics and Information Technology, 2003（5）：199.

与权利的要求，中国社会迫切需要一部专门的、有针对性的《个人信息保护法》。早在 2003 年，《个人信息保护法》专家建议稿就已经开始起草，并于 2005 年递交相关部门。

法律，是一个国家的道德底线。只有明确的信息立法，再凭借国家强制力的威慑，才能有效地打击那些在信息活动领域造成严重恶果的行为者，为信息伦理的实现创造一个良好的外部环境。但由于立法程序的严重滞后，目前我们不仅不能有效保护公民的隐私权，反而使应当公开的一些信息，如官员信息，得以以"隐私权"为由拒绝公开。所以，信息活动领域的正常运转，不仅需要信息伦理的潜移默化，而且需要相关法律手段的坚实保障。只有信息立法与信息伦理齐头并进，彼此之间形成良性互动，才可能使信息活动领域、信息社会在有序中实现更好的发展。

三、内化信息权利行使的伦理准则

对于信息权利，我们已经从所有权、发布权、知情权、隐私权四个方面进行了详细的解析，这使我们能够基本了解信息权利所包含的内容。但同时我们也发现，这四种子权利在行使的过程中会产生一些尖锐的伦理冲突，知情权与隐私权的冲突就是最典型的例子。要调节这些冲突，要使信息权利意识内化于人心并得以全面有效的实现，单靠法律显然是不够的，还必须依靠相关的信息伦理。信息化建设是一个利弊并存的过程，单纯的法律和信息技术安全措施无法从根本上遏制不道德的信息行为，这不仅因为法律的共性原则不可能完全涵盖各种信息权利关系中的特殊性，而且因为人们若缺乏相应的信息权利价值观和伦理观，那么这种消极的态度就将使众多的法律条文最终变成一纸空文、形同虚设。所以，伦理层面的强化教育才是标本兼治的良方。我们迫切地需要在现实生活中设定并贯彻推行相应的伦理准则。当这些伦理准则大部分都内化于人心时，信息权利在行使过程中所产生的冲突便会迎刃而解！这是一项超级繁杂而庞大的系统工程，需要我们付出极大的耐心和努力，方能缓慢推进。

（一）培养自律意识

"道德的基础是人类精神的自律"①。人类在信息时代的数字化生存理想，不仅是一个技术问题，而且蕴含着复杂的伦理问题。如果不能为数字化生存构建合理的伦理空间，处在数字化生存状态的个体行为就会陷于无序之中，数字化生存就会发生危机。而道德上的自律就是信息时代维系社会正常运转的最根本的保障，同时也是其他伦理理念得以有效实现的基本前提之一。如果社会成员无法普遍培育出一定程度的道德自律意识，那么将没有任何一种制度机制可以完全规避和克服信息权利冲突中的道德风险。为此，我们必须尽快在全社会范围内努力培育公民道德自律的信息伦理意识，形成促进信息道德的舆论氛围，以此推动个体的道德自律。

中国传统社会的道德主要是一种依赖型道德，是一条由熟人的目光、舆论和感情筑成的道德防线。而信息社会能够随时随地为人们提供丰富的信息，这使得信息传播的自由度得到空前的拓展。人们正在广泛地利用这个高速电子信息系统，以实现新形式的信息交流。这种新形式使传统的道德关系发生了新的变化。信息发布者发布信息之后，往往无法确定信息将会在什么时候传递给什么人，无法确定信息接收者会对信息做何理解，发布者与接收者之间的关系呈现出明显的间接性。这样一来，传统直面的道德舆论评价与监督就难以进行，从而对人们发自内心的道德自律提出了更高的要求。可以这样说，信息伦理的形成和完善，对信息行为主体自觉严格遵循自律之道德准则的要求是非常严格的，甚至要求尽量达到传统伦理强调的以"慎独"为特征的高度道德自律。中国古人历来重视"慎独"的道德功能，甚至称之为"入德之方"②。在信息伦理环境下，强调人的自觉意识、理性选择、良心自省和自我责任，要求人们的道德行为必须具有更高的自律性，信息行为主体在处理彼此关系时，不是只顾自己的利益，而是同时考虑到他方的利益，发自内心地认同自己的道德责任和使命，从

① 马克思恩格斯全集：第 1 卷 [M]. 北京：人民出版社，1956：15.
② 张锡勤，柴文华. 中国道德名言选粹 [M]. 哈尔滨：黑龙江人民出版社，1990：232.

而将外在的道德准则转化为内在的道德意识，自觉地按照信息伦理准则来规范自己的行为，如此，才能在自己的行为中真正体现人格的尊严和高度的道德境界。

要达到自律，一是要尽快建立和完善信息伦理规范体系，为个体的行为选择提供明确的伦理指导，以免个体面对多种行为选择而茫然无措。如果我们能够尽快建立起清晰的信息伦理准则，那么个体就能比较容易地在行为选择中做出正确的道德判断，从而推进信息权利的全面实现。通过不断反复践行之后，个体最终会将这种外在的信息伦理准则转变为自觉的道德意识，他律便转化为自律。二是要加强信息伦理教育，指导人们学会选择、吸纳和认同理性的信息伦理价值观念，遵守信息伦理准则，提高防范意识。这样可以有效地避免人们在道德上的迷茫，帮助主体提高辨别是非、善恶的能力，使之真正地从内心认同信息伦理准则。三是信息行为主体要加强道德修养，增强对社会的道德责任感，从我做起，经常反省自己，发现并纠正自己的不道德行为，在实践中改造自身，自觉践履信息伦理准则。

如果社会成员普遍都能拥有这样的自律能力和意识，能够自觉地尊重和维护他人的信息权利，那么这将为人的自由全面发展提供最大的可能性，和谐美好的信息社会将指日可待。

（二）增强责任感

的确，信息技术的发展将我们带入了一个新的时代。在这样一个时代，人们随时随地可以利用便捷的"信息高速公路"，获得最新、最全面的信息咨询，这意味着人们在生活中可以把握越来越多的机遇，但同时也意味着人们拥有了对他人、对社会越来越强的干预能力。这种干预能力越巨大，其引发的后果就越危险。有时候，滥用信息或对信息进行不道德传播所造成的恶劣后果，甚至是无法挽回的。可见，信息技术的进步、科技创新的发展，可能远远高于我们这个时代的伦理水平，由此必然带来许多我们目前难以解决的问题。信息文明所引发的危机，迫使我们要尽快阐发并完备一种新的伦理、一种高度的责任意识。它要求人们对自己进行积极主动的责任限制，不仅对当前负责，而且要面向未来，以防止科学技术这把双刃剑形成的巨大力量最终摧毁人类自身。总之，道德的正确性取决于人类对长远未来所负的责任。在这样一个时代，我们非常有必要对人类的可持续性生存和发展进行深思，不断地深化责任意识。

责任原则要求信息行为主体在做行为决定时，不但要考虑行为的动机，而且要考虑具体行为与其后果之间的因果联系，并对行为产生的社会后果负责。信息行为主体不能利用信息的发布和传播从事有害于他人、有害于社会的活动，如：制造和传播电脑、手机病毒，以破坏他人的信息系统，侵害他人的信息所有权；发布和传播垃圾信息，制造信息污染；肆意占用和浪费通信资源；滥用信息的自由传播渠道来发布仇恨言论，以攻击、伤害他人；肆意搜集和传播他人的私人信息，侵犯他人的信息隐私权，等等。这些违反责任准则的行为会造成社会伦理危机，应该予以坚决的抵制和道德上的严厉谴责。

（三）学会尊重

尊重，意味着把自己和他人看成一个独立的、自由的、完整的，具有独特天性、人格和尊严的人。[①] 应该说，社会越发达，人们对尊重的呼唤就越迫切，对不尊重所导致的无序状态就越切齿、越不忍。一个理想的社会应当是宽容的，宽容的社会又应当是互相尊重的，只有互相尊重的社会才是真正自由的。

信息社会的有序发展和信息权利的有效行使，迫切地呼唤信息伦理，尤其需要我们每个人都能学会尊重。尊重是个体在信息交往活动中道德人格的集中体现。信息尊重的责任要求应该至少包括以下三个方面：

第一，信息行为主体首先应该尊重自己，即自尊。自尊者人恒重之。要想获得他人和社会的尊重，必须首先自己尊重自己。在伦理学中，自尊心是一种积极的行为动机。在自尊心的驱动下，人们会主动努力维护自己的尊严，不容他人歧视和侮辱，通过克服生活中的困难和自身的弱点，使自己不断实现更高的生活目标。新精神分析主义心理学家弗洛姆曾经指

---

① 陈会昌，马利文. 中小学生对尊重的理解［J］. 教育理论与实践，2005（6）：32-34.

出，尊重"就是指客观地正视对方的全部，并容纳对方独有个性的存在。还会努力地使对方能健康成长和根据自己的意图自行发展"①。一个人"只有当自己达到真正的独立时——在没有外力支援的情况下自由自在地走着自己的路，既不想去支配别人也不想利用别人——唯有此，尊重他（她）才成为可能"②。每个人都在追求自己的理想和目标，实现自身的价值。如果缺乏尊重自己的态度，则要么会把自己凌驾于其他信息行为主体之上，在信息交往活动中对他人横加指责、傲慢无礼；要么自己轻视自己、严重自卑，在面对西方强势信息文化冲击时，自我否定、自暴自弃；要么任"天马行空，我行我素"，不负责任地任意妄为，传播垃圾信息或者仇恨言论。这些行为都将对信息社会的稳定造成消极的影响。此外，尊重自己，还体现在尊重自己的民族、国家上。当某些西方国家利用信息传播推行文化霸权，强求一律、定于一尊时，我们更应自强不息，坚决维护民族和祖国的尊严。一个自我尊重的人，才能真正尊重他人。同时，一个自我尊重的人，也才能得到他人的尊重。

第二，信息行为主体必须学会尊重他人。尊重是彼此的，是相互的，它不是对他人的恩赐，而是信息社会中的每个人应该获得的一种权利。尊重他人与尊重自己在本质上是一致的。因此，信息行为主体想要获得他人的尊重，就要尊重他人。中国传统伦理中的道德金规："己欲立而立人，己欲达而达人"，"己所不欲，勿施于人"，是我们应该一直铭记于心的，这其中就蕴含着尊重他人的深邃思想。由此，每个信息行为主体在进行信息交往活动的时候，都应该把其他主体看作和自己一样具有独特天性、人格和尊严的人，尽量用接纳、理解和宽容的态度来看待他人的一切所作所为，尊重他人的人格、情感、宗教信仰以及隐私权等，不传播与之相违背的不良信息。

第三，信息行为主体必须尊重社会，对社会负责。人是社会的动物，脱离社会的、单个的个人是不可能存活的。因此，信息行为主体应该在无害于社会的大前提下合理调节自己的有关行为，并对自己的信息活动向社

①　弗洛姆. 爱的艺术［M］. 萨茹菲，译. 北京：西苑出版社，2003：39.
②　同①40.

会和国家承担责任。此外，尊重社会的内核更表现于人们对信息平等的诉求。只有信息平等的价值目标得以充分实现，才能反过来更好地推动信息行为主体对社会的普遍尊重。但是，我们遗憾地看到，目前信息霸权主义已经成为威胁信息社会和平安定地存续、发展的主要根源。既有信息资源的不平等所导致的数字鸿沟正在不断加深，信息富人与信息穷人在信息上的贫富差距也在持续不断扩大。显然，这种信息殖民化的行为缺乏对整个人类社会的起码的尊重，是不道德的行为。如何确保尊重准则的充分实现，从而使各个国家、各个民族在信息社会中平等和谐、睦邻友好，已经成为信息伦理学研究中十分重要的问题。

第三章　信息开发的道德制约

迄今为止，在对信息技术的伦理学研究中，有关信息开发的伦理问题的研究一直显得比较薄弱。即使在信息化起步较早的西方发达国家，也只有关于信息开发的个别的道德规定，例如著名的美国计算机伦理协会为计算机伦理所制定的十条戒律之第九条："你应该考虑你所编的程序的社会后果"①，而未见集中论述这类问题的专门文献。在我国，主要的研究大多集中于信息技术、信息产品的运用中的伦理问题，信息开发中的伦理问题尚未引起研究者的注意。然而，如果不解决信息开发中的伦理问题，那么有关信息技术的伦理学研究就是不充分的、残缺不全的。本章所论，当为这方面的研究提供一个可资参考的理论框架，并希望作为引玉之砖，使得信息开发中的伦理问题能够为更多的研究者关注，能够促进对这类问题的更深入的研究。

第一节　信息开发中的伦理问题

所谓信息开发，是指增加信息量、丰富信息资源或为信息活动提供新的手段、方式等的各种行为。发掘新的信息，构造新的信息通道，研制新的信息产品，都属于一般意义上的信息开发。

---

① 陆俊，严耕. 国外网络伦理问题研究综述 [J]. 国外社会科学，1997 (2)：15.

西方发达国家在信息化过程中，一方面，出现了所谓的信息爆炸现象，信息量越来越大；另一方面，人们对信息的消费越来越多，消费需求也越来越高、越来越多样化。信息化过程中的这种客观局面，推动着信息开发活动本身在规模品种、技术基础、开发方式、组织运作等方面都发生了很大变化。一般而言，这种变化的方向是：由小规模、少品种的信息开发，向大规模、多品种的信息开发发展；由文本介质、手工作业的开发技术，向多种介质、使用电子手段处理和存储、用电子网络传输的方式发展；由事业性、封闭式开发为主，向产业性、开放式、市场化的方向发展。相比之下，我国的信息开发虽然近年来发展有所加快，但就总体水平来看，还远不能令人满意。首先，我国的信息开发明显落后于网络建设，使"路"多"车"少的矛盾日益突出；其次，较之信息化水平较高的国家而言，我国的信息开发与之还有相当明显的差距。[①]

发展信息事业，促进社会的信息化，无疑离不开大量的信息开发。在现代社会，人们对于信息方面的需要在与日俱增，要满足这样的需要，当然就离不开信息开发。然而，并非所有的信息开发都有利于信息事业的健康发展和社会的信息化的正常进行，也并非所有的信息开发都可以用来满足人们正当的信息需要。因此，我们不仅要加快信息开发的速度，优化信息开发的方式，以赶上西方信息化水平较高的国家，而且要善于区分具有不同价值含量的信息，以保障信息开发始终沿着正确的轨道发展。

信息开发是通过信息劳动者的劳动活动实现的，它的成果一般表现为各种各样的信息产品。信息产品至少具有两个方面的价值。一方面，信息产品具有实用价值，没有实用价值的信息产品不能满足社会需要，就不会为人们所接受，因而也就不是名副其实的信息产品。例如，一个新的软件，只有当它能够解决某些实际问题时，或者比旧有的软件更方便、更好用时，人们才乐于使用它。另一方面，信息产品会产生一定的道德价值，它总是可能造成这样那样的道德后果。信息产品的道德价值，是与它所满足的人们的信息需要的正当与否密切相关的。如果新的信息产品能够满足

　　① 汪向东. 信息化：中国 21 世纪的选择 ［M］. 北京：社会科学文献出版社，1998：163-164.

人们正当的信息需要,那么它就会造成正面的道德价值。如果新的信息产品只能够满足人们不正当的信息需要,那么它就会产生负面的道德价值。信息需要有着正当与不正当的分别,并非所有的信息需要都是正当的、无可厚非的。低级趣味的、有损于国家利益和他人利益的信息需要,在道德上都是不正当的,因而也是不应予以满足的。

从信息产品所可能造成的道德价值的角度,大致可以将所有的信息产品划分为三大类:第一类,是只能或主要造成正面道德价值的信息产品;第二类,是只能或主要造成负面道德价值的信息产品;第三类,是既可能造成正面道德价值又可能造成负面道德价值的信息产品。其中,第一类和第二类在数量上都比较少,大多数信息产品属于第三类。因为第三类信息产品的道德价值是不确定的,所以不能简单地将其扼杀或阻止其出现,如果那样做的话,就会在避免负面道德价值的同时丧失许多生成正面道德价值的机会。这样看来,第三类信息产品的道德价值问题不是取决于信息开发过程,而是在这一类信息产品的使用过程中形成的。这样的问题虽然重要,但已超出本章的讨论范围。第一类信息产品,虽然其道德价值主要是由信息开发过程决定的,但由于它只能或主要造成正面道德价值,故而不存在道德方面的问题,所以本章亦不予讨论。本章讨论的重点是第二类信息产品。对于这一类信息产品,为了从根本上防止其产生负面道德价值,只能诉诸在信息开发过程中采取必要且有效的道德制约。

就实际情况来看,之所以在信息开发过程中会出现某些只能或主要造成负面道德价值的信息产品,是因为有以下这些道德方面的问题:

第一,道德不新。现代意义上的、大规模的信息开发,开启了一个新的行为域。在这一新的行为域中,如果缺乏与之相适应的新的道德规范,只是机械地沿用旧的行为域中现成的道德要求,那么就可能造成旧道德与新行为不相适应的矛盾局面。道德是一种实践精神,它归根结底要落实在人们的行为之中。但如果道德一成不变,老是以一副旧面孔来对待新事物,那么它就可能在新的行为域中丧失其作为实践精神的本性,因为它根本无法解释、无法指引新的行为。信息开发领域中的许多新的具体行为,需要有新的道德规范的指引;如果没有与之相适应的新的道德规范的指引,而旧有的道德规范又缺乏足够的针对性,那么许多新的信息开发行为就可能偏离道德的轨道。

第二，道德不清。在一个新的行为域中，有时虽然也提出了新的道德规范，并试图以之来指引新的行为，但由于新的道德规范尚不成熟，可能存在着某些不清晰的地方，故其对行为的指引作用就显得比较模糊。如果以这样的新道德规范去指引信息开发行为，那么就可能出现一些模棱两可的情况。也就是说，如果新的道德规范的要求是模糊的，那么信息开发人员有时就似乎既有理由这样做，又有理由那样做，其结果必然是既可能倾向于开发会导致正面道德价值的信息产品，又可能倾向于开发会导致负面道德价值的信息产品。更进一步说，某些信息开发人员甚至还会钻模糊的道德规范的空子，从而肆无忌惮地开发可能导致负面道德价值的信息产品。

第三，道德不力。虽然已经有了关于具体的信息开发行为的各种道德规范，但若这些规范还未转化为人们的内心信念，或者因为缺乏与之配套的制度措施，致使有人即便违背了这些道德规范，也未承担相应的责任，未承受任何外在的或内心的压力，那么在这种情况下，关于信息开发的诸种道德规范实际上就处在无力约束或约束乏力的状态，功能废置，形同虚设。尽管在任何新的行为域中，道德规范的作用都有一个从不力、乏力到有力的过程，但如果不正视这一问题，不以积极的态度尽快解决这一问题，那么它所造成的负面影响就可能旷日持久、积重难返。

第四，道德不从。即使在道德规范系统很健全的旧行为域中，也总会有人试图违背甚至践踏道德规范，因为道德规范毕竟主要诉诸个体的自觉，没有如法律规范一般的外在强制力。在信息开发这一新的行为域中，当然也就更有可能发生这样的现象。总会有人为了一己私利而明知故犯，明明知道开发某种信息产品是不道德的，但还是要偷偷做这样的事情，或者干脆公然藐视共同的道德规范的约束，以某种曲解了的"自由"为自己的行为辩护。

为了使信息开发始终保持正确的方向，为了切断可能导致负面道德价值的信息产品的产生根源，对于上述四种道德方面的问题，我们必须有清醒的认识，并探索有效的道德应对途径。道德之病，最终须以道德之药来治疗。发生于信息开发领域的上述四种道德方面的问题，其最终解决只能诉诸有针对性的道德举措。

第二节　确立信息开发的道德原则

信息开发领域中的行为具有多样性，形形色色，不一而足，而且新的具体行为层出不穷。因此，人们不可能一下子就提出一个无所不包的道德规范体系，用以指引信息开发领域的各种具体行为。对应于各种具体的信息开发行为的具体道德规范，只能在信息开发的实践中一项一项地拟订，并逐步加以完善。有具体的、明晰的道德规范的指引，当然就使得具体的信息开发行为具有了道德上的确定性。但是，在还没有拟订具体的道德规范之前，信息开发人员是否就完全不能确定信息开发行为的道德方向？或者说，如果暂时还没有具体的道德规范的指引，那么信息开发人员应该如何把握某种信息开发行为的道德性质？这里，一条可行的途径就是：信息开发人员依据信息开发的道德原则，诉诸自己的道德推理能力，自主地推断、确定某种具体的信息开发行为的道德性质，自觉地选择道德上正当的信息开发行为。

道德原则与道德规范是一般与个别的关系，道德原则的根本要求必须贯穿于各种具体的道德规范之中，各种具体的道德规范必须与道德原则保持一致。在信息开发活动中，信息开发人员把握了基本的道德原则，就等于把握了各种具体的道德规范的灵魂；相反，如果对基本的道德原则缺乏认识，那么最多就只能机械地搬用具体的道德规范，当某种具体的信息开发行为尚无具体的道德规范指引时，就会无所适从。此外，具体的道德规范的制定必须以基本的道德原则为基础。如果缺乏这一基础，那么各种具体的道德规范就没有内在的一致性，甚至可能彼此冲突，形成难以协调的矛盾。

就信息开发活动而言，人们应当掌握的基本道德原则主要有维护公共利益原则，尊重个人权利原则，纯洁、健康、向上的原则等。

第一，维护公共利益原则。维护公共利益原则要求信息开发促进公共利益的发展，至少不能造成对公共利益的损害。对公共利益有所促进的信息开发行为是善的、正当的行为，对公共利益造成损害的信息开发行为在道德上被判定为恶的、不正当的行为。

有些信息开发人员为了谋取个人利益，竟然想方设法刺探国家机密，即发掘那些不应为其所知的信息；有的信息开发人员所研制的新的信息产品，是用来侵入国家安全系统或国家金融系统的软件，这样的信息产品只能满足非法需要；还有人热衷于开发有百害而无一益的病毒软件，以使大批计算机受到病毒感染为能事；……诸如此类的信息开发，都可能对公共利益造成损害，在道德上应当予以禁止。

公共利益实际上是每一个个体的共同利益之所在，损害公共利益，也就损害了个体的正当利益的基础。如果信息开发人员试图通过损害公共利益的途径来满足自己的个人利益，那么他的这种个人利益的满足在根本上就具有不道德性，是应当受到道德谴责的。维护公共利益，是每一个公民义不容辞的道德责任，任何信息开发人员都不例外。信息开发人员如果藐视这种道德责任，那么就没有资格成为社会的成员、国家的公民。因此，任何社会、任何国家都不会允许有人损害公共利益，任何信息开发人员都没有损害公共利益的自由。

第二，尊重个人权利原则。尊重个人权利原则要求信息开发人员在行使自己的权利的同时，充分尊重他人的权利，至少不侵犯他人的正当权利。

有的信息开发人员或出于险恶用心，或出于幼稚的技术炫耀，专门开发一些破译他人密码的信息产品。在这一类信息产品的设计动机中，就已经隐含着对他人权利的粗暴践踏，因为如果不是无视他人的隐私权、合法财产权等的存在，那么就不会研制这一类足以对他人的这些权利构成实际威胁的信息产品。

在现实生活中，这些以践踏他人权利为基本用途的信息产品所造成的危害有时是十分惊人的。例如，"1996 年 11 月，台湾人林翰斌等利用体积只有月饼盒大小的高科技侦码器，对正在使用模拟移动电话网某基站某信道通话的移动电话信号实施拦截，并读出该手机占用信道的识别码和电子串号，在显示器和打印机上显示与打印，从而盗取移动电话用户的手机资料。至侦破时，他们共窃得涉及全国 27 个省、142 个城市的 1.05 万部移动电话的代码"①。这个所谓的高科技侦码器,主要用于满足某些人盗用他人移动电话号码的需要,它的道德价值的负面性质是十分明显的。这样的信息产品,不只是不应当使用,而且是根本就不应当研制,不应当让其"问世"。

还有的信息开发人员,将他人的信息产品做一点改头换面的变动,然后冒充为一种新的信息产品推向市场。这样的行为,名为"开发",实为剽窃,严重侵害了他人的权利。这样的信息"开发"行为,无论其实际效果如何,在道德上都应当加以坚决的否定。

第三,纯洁、健康、向上的原则。纯洁、健康、向上的原则要求信息开发人员有良好的道德素养,其研制的信息产品有助于社会道德水平的提高,而不是相反,对社会道德状况造成腐蚀和毒化。

纯洁的反面是肮脏,健康的反面是病态,向上的反面是堕落。如果信息开发人员没有良好的道德素养,他们就会与纯洁、健康、向上的原则背道而驰,他们研制的信息产品就可能是用于肮脏目的、造成社会病态、促使人们堕落的信息产品。

在信息产品的开发中,电脑黄色软件(包括软盘和光盘)一直是屡禁不止。这些黄色软件主要有三大类:(1)单纯的色情画面,其内容无非是一些美女、明星的裸体照片,或其他不堪入目的春宫照片;(2)色情游戏,即将淫秽内容掺杂于游戏之中,随着游戏的难度增加,色情内容越来越露骨、越来越有刺激性;(3)色情光碟,利用电脑上的光盘驱动器,光碟上的黄色内容就在电脑屏幕上赤裸裸地展现出来,就像小型的"色情电影"。电脑黄色软件之所以泛滥,是因为它迎合了一部分人的低级趣味和阴暗心理。黄色软件的研制者的目的就在于,利用人们的低级趣味和阴暗心理大发其财。可想而知,如果让这样的信息产品源源不断地开发出来,到处泛滥,那么纯洁、健康、向上的社会风气迟早会被肮脏、病态、堕落的社会悲剧所取代。

以上所论之信息开发的基本原则,只是信息开发活动所应遵循的最基本的道德要求。针对每一具体的信息开发行为,还可以制定相应的具体道

① 张彦. 计算机犯罪及其社会控制 [M]. 南京:南京大学出版社,2000:7.

德规范。但任何具体的道德规范都应与这些基本原则保持一致,这样才能将基本的道德要求在信息开发领域贯彻到底。明确了信息开发的基本道德原则,并在此基础上逐步拟定出信息开发的具体道德规范,"道德不新""道德不清"的问题就可以逐渐得到解决。而在暂未制定出具体的道德规范之前,信息开发人员则应凭借自己的道德理性能力,以上述道德原则为基础,推断出某种具体的信息开发行为的应当与不应当。这就是说,信息开发的基本道德原则与信息开发人员的道德推理能力相结合,亦能有效地解决"道德不新""道德不清"的问题。当然,在条件成熟时,还是应当适时地制定出诸种信息开发行为的具体道德规范,因为这样可以使信息开发人员更方便、更容易地做出道德选择,特别是对那些道德推理能力不强的信息开发人员来说,更是如此。

第三节　信息开发中的伦理关系

在信息开发过程中,信息开发人员的工作不是在封闭状态下进行的,而是可能与其他人发生各种各样的联系,这样,就在信息开发过程中形成了多重伦理关系。在这样的多重伦理关系中,有许多特殊的伦理问题需要具体分析和解决。

第一,与雇主的关系。信息开发人员既然受雇于某个企业,那么就必然要受到雇主的制约。为了实现企业的利润目标,雇主可能给他下达开发某些信息产品的任务。但是,并非雇主下达的任何任务在道德上都是不成问题的。有些雇主唯利是图,只要能带来丰厚的利润,就可能不顾任何道德,甚至不惜冒将会受到法律制裁的风险,而下达开发会造成社会危害的信息产品的任务。有些雇主尽管主观上并不愿意违背道德或法律的要求,不想给社会带来危害,但由于雇主自身可能不太清楚信息技术方面的专业问题从而未能明确意识到其所欲开发的信息产品的不良道德后果,故其所卜达的信息产品的开发任务在道德上就可能是可疑的。因此,信息开发人员在接到雇主下达的工作任务时,不能简单地唯命是从,而是应当自主地对下达的任务进行必要的道德审查。如果雇主要求开发的信息产品将会对社会造成危害，那么信息开发人员就有责任予以坚决拒绝。从义务论的角度看，这样做，是信息开发人员的道德义务；从效果论的角度看，这样做，是基于信息开发人员对不良信息产品可能造成的社会危害后果的担心；从美德论的角度看，这样做，是信息开发人员从事其专业工作所必备的职业美德使然。对于那些有意通过开发危害社会的产品而牟利的雇主，信息开发人员要勇于与之做斗争，即使面对被解雇的威胁；而对于那些并没有意识到其所欲开发的信息产品的社会危害性的雇主，信息开发人员通过详细说明其所欲开发的产品可能导致的社会危害，则可能使雇主自动撤销其下达的开发任务。在信息开发人员与雇主的关系中，信息开发人员当然对雇主有忠诚的义务，但是，当信息开发人员遇到对雇主的忠诚与对社会的责任的冲突时，信息开发人员应当始终将对社会的责任置于优先地位。

第二，与顾客的关系。有时信息开发人员不是受命于雇主来开发信息产品的，而是直接面对顾客，这时的问题是，要不要满足顾客的需要以及如何满足顾客的需要。如果顾客要求开发的信息产品有可能造成社会危害或者具有肮脏的、病态的、堕落的性质，那么，即使顾客给出的报酬十分丰厚，信息开发人员也应当坚决拒绝顾客的这种要求。如果顾客要求信息开发人员仿照他人有知识产权的信息产品进行开发，信息开发人员也应当予以拒绝。只有在顾客所要求开发的信息产品不违反信息开发的道德原则的前提下，信息开发人员才可以按照顾客的要求开发这样的产品。一旦满足了信息开发的基本道德前提，信息开发人员在开发过程中就要本着对顾客负责的态度，高质量地完成开发任务。信息开发人员要特别注意自己开发的信息产品的安全问题，因为软件之类的信息产品不同于其他产品，稍有疏忽就可能因安全问题而导致顾客的利益受损。如果按照当时的技术条件，某些安全问题是不可避免的或不能完全解决的，那么信息开发人员不能有任何隐瞒，应当如实将这些情况向顾客予以充分说明。信息开发人员不能因赶时间而取消或缩短信息产品的安全测试期，这样做是对顾客的极端不负责。此外，信息开发人员在按照顾客的要求开发顾客所需要的信息产品时，还应当充分尊重顾客的信息隐私权，不能未经顾客许可而擅自发布、泄露顾客在商谈过程中向自己提供的隐私信息。如果顾客并不是要求信息开发人员开发某种信息产品，而只是希望信息开发人员利用掌握的先进信息技术来帮助自己获取某些信息，如果获取这样的信息的行为在法律上是可疑的或在道德上是不正确的，那么信息开发人员就不能帮助顾客做这样的事情，因为根据信息开发的道德原则进行审查，这样的事情会引起与开发不道德的信息产品的行为相类似的社会后果，与之具有相类似的不道德性。

第三，与同事的关系。有时信息开发人员在进行信息产品开发时，需要其他同事的合作；或者，有时信息开发人员应其他同事的邀请，参与其他同事主持的信息产品开发工作。在这种情况下，就可能发生信息开发人员与其同事之间的伦理关系问题。当信息开发人员需要其他同事的合作来一起完成信息产品的开发时，信息开发人员可能需要向同事提供一些自己开发的信息产品的相关信息，在提供这样的信息的时候，信息开发人员要注意信息披露的适当性，因为有些信息可能涉及顾客的隐私或信息产权方面，这样的信息如果未经许可，即使对同事也是不能披露的。信息开发人员在受邀参加其他同事主持的信息产品开发时，应当注意对受邀参加开发的信息产品进行道德审查，不能仅依据一般的合作原则而贸然参与。互相帮助、相互协作在工作中固然是重要的，但信息开发工作中的互相帮助、相互协作应当以符合信息开发的道德原则为前提。进一步说，如果有同事邀请信息开发人员参与开发某些不符合信息开发的道德原则的信息产品，那么信息开发人员就不仅要拒绝，而且有义务向有关方面揭发这样的不道德行为。同事之间固然应当讲友谊，但遵守信息开发的道德原则比友谊更重要。

以上三种类型的伦理关系，既涉及专门的信息开发的道德原则的制约，又涉及在其他非信息开发领域也起作用的具体的道德规范的影响。这里，要特别强调信息开发的特殊性。如果具体的道德规范不妨碍信息开发的特殊要求，那么信息开发中也可以运用具体的道德规范。当具体的道德规范不适应或不足以满足信息开发的特殊性时，应突出信息开发的道德原则。

第四节　信息开发道德的实现途径

信息开发行为可能是公开的、实名的，也可能是隐蔽的、虚名的或匿名的。信息开发人员在主要从事开发一些将导致负面道德价值的信息产品时，其开发行为更多是隐蔽地、匿名地进行的。这是因为，信息开发人员如果公开进行将导致负面道德价值的信息产品的开发活动，就会遭遇到社会的强大阻力，社会有关方面将予以干预，最后使得这样的开发活动难以进行下去。此外，这样的信息开发人员还可能匿名发布将导致负面道德价值的信息产品或信息研究成果，因为只有采取匿名的方式，他们才可能避开本应由他们承担的社会责任，才可能逃脱与他们的行为后果相称的社会惩罚。

正因为信息开发行为，特别是会导致负面道德价值的信息开发行为，可能采取隐蔽的、匿名的方式，所以，社会的道德舆论监督对此类行为就难以发挥直接的作用，社会道德的外在压力对于这样的信息开发人员几乎无济于事。在这种情况下，尤其有必要强调道德的内化。信息开发的基本道德原则和具体道德规范，只有转化为信息开发人员的道德信念，才可能真正发挥指引信息开发行为的道德功能。

能否解决信息开发中的"道德不从"问题，与能不能实现道德的内化有着密切的关系。可以认为，只有真正实现有关信息开发的道德要求的内化，使信息开发人员从内心深处认同信息开发的基本道德原则和具体道德规范，才能真正杜绝"道德不从"现象的发生。所谓"道德不从"，表现为两种情况：（1）明目张胆地违背有关道德规范，公开地进行开发可能导致负面道德价值的信息产品的活动；（2）表面上对有关道德规范没有异议，但却在背地里进行违反有关道德规范的信息开发活动。无论哪一种情况，从根本上说，都是有关道德要求没有内化所导致的结果。第一种情况是直接拒斥有关道德要求，使这些道德要求无法内化；第二种情况是表面上接受了有关道德要求，然而由于这些道德要求尚未内化，故即使迫于舆论压力而未敢公开做出违背这些道德要求的行为，但却可能在独处时、在隐蔽处将这些道德要求抛诸脑后。

对于第一种情况，应当首先弄清楚信息开发人员拒斥有关信息开发的道德要求的具体原因。如果是因为不理解有关信息开发的道德要求而形成拒斥，则应向其说明这些道德要求的来源和根据，特别是要重点阐明信息开发的基本道德原则的重要性和科学性。通过这样的工作，一般可以有效地化解信息开发人员对有关信息开发的道德要求的心理阻抗，打通道德内化的关口。如果信息开发人员是由于履行有关信息开发的道德要求会造成自己的某些利益受损，或不履行这些要求比履行这些要求对自己更有利，因而产生对有关信息开发的道德要求的抵触情绪，那么就应帮助其正确处理社会利益与个人利益的关系问题，使其认识到离开社会利益去追求个人利益或追求与社会利益相冲突的个人利益，不仅在道德上是错误的，而且还往往会落得身败名裂的下场。在信息开发中要使个人利益与社会利益保持一致，并在此前提下追求合理的个人利益，就必须遵循有关信息开发的道德要求。弄懂了这些道理，摆正了这些关系，就不会拒斥有关信息开发的道德要求，就容易将这些要求内化。

对于第二种情况，则需更多地诉诸某些道德心理机制。那些表面上对有关道德要求没有异议但却在背地里违反之的信息开发人员，一般不是不懂这方面的道理，而是其内在贪欲的力量往往超过道德理性的力量。因此，对这样的信息开发人员，须结合具体事例，促使其逐渐加强"慎独"的道德修养功夫；不仅要晓之以理，更要动之以情，在道德理性与道德情感相互融合的基础上，强化个体良心的作用，启动内在道德法庭的功能。如果能注重"慎独"，注重良心的自我审判，那么表里不一的虚伪行为就会逐渐得到改变，道德的内化就能真正实现。

要实现对信息开发的道德制约，除了诉诸道德的内化之外，还必须有相关的制度措施。与个体良心、道德自觉相比较，制度措施是一种外在的道德强制力量。个体良心、道德自觉固然是道德运行的典型方式，但若没有一定的外在强制力量，那么个体良心、道德自觉等内在机制往往难以普遍建立，即使建立了也难以持久。

与信息开发道德相关的制度措施，主要是指能够影响信息开发人员行为的强有力的奖惩机制。奖惩机制是一种制度化功能，合理设定的奖惩制度可以有效地发挥控制人的行为选择的特殊作用。就信息开发领域而言，借助于有力度的、与信息开发道德相配合的奖惩机制，就能使得信息开发人员的行为逐渐被纳入正确的轨道。制度措施本身并不属于道德的范畴，但与信息开发道德相关的制度措施却是信息开发道德得以生存和发展的外部条件、支柱。与信息开发道德相比较，制度措施的长处在于它的强制性。正是借助于一定的强制性，与信息开发道德相关的制度措施才可以有效地阻止、减少或消除信息开发领域中的不道德行为。对于那些缺乏起码的道德自觉性的信息开发人员来说，既然他们的信息开发行为没有或不能得到内在的道德意识的自觉限制，那么就有必要通过制度措施从外部予以一定的制度强制。这种制度化的强制方式，不仅使得那些缺乏起码的道德自觉性的信息开发人员难以做出不道德的信息开发行为，而且在客观上还能起到激励信息开发中的道德行为的作用。

信息开发行为一般是由信息开发人员的内在利益需要驱动的。如果某种信息开发行为能够给信息开发人员带来利益的满足，那么信息开发人员就倾向于做出这种行为。相反，如果某种信息开发行为会导致信息开发人员的利益受损，那么信息开发人员就不倾向于做出这种行为。这是由人的行为的一般原理决定的。我们需要设计一种合理的外部机制：当信息开发人员做出的行为与有关信息开发的道德要求相符合时，就给予一定的奖励；而当信息开发人员做出的行为与有关信息开发的道德要求相违背时，则给予一定的惩罚。这样，信息开发人员的利益得失就通过奖惩制度与有关信息开发的道德要求联系起来了。符合有关道德要求的信息开发行为因受到奖励而增进了信息开发人员的利益，而违背有关道德要求的信息开发行为则因受到惩罚而导致信息开发人员的利益受损，这就促使信息开发人员更愿意做出符合有关信息开发的道德要求的行为，而避免或减少相反的行为。这是通过外在的奖惩措施，强制性地将信息开发人员引到遵守有关信息开发的道德要求的正确轨道上来。虽然这还不是道德的内化，它也不能取代道德的内化，但有这样强制性的制度措施，无疑可以为道德的内化助一臂之力。而且，运用奖惩机制，使有德者获利、缺德者失利，这是德福一致的具体表现。只有德福一致，才能使有德者更倾向于守德，使缺德者通过利益比较而逐渐向德。外部的制度措施可以为道德的内化提供易于生成的良好环境，而且在此基础上生成的个体良心、道德自觉才是不容易动摇的。

前述信息开发中存在的"道德不力"问题，借助于强有力的制度措施，就可以得到有效的解决。制度措施使道德增强了力量，这样，有关信息开发的道德要求就不仅能制约自觉性比较高的信息开发人员，而且能制约不那么自觉的信息开发人员。信息开发道德不能只对具有较高的道德自觉性的信息开发人员有效力，而对那些缺乏道德自觉性的信息开发人员的行为束手无策。通过强有力的制度措施的支持，信息开发道德才能逐渐成为所有信息开发人员的行动指南。

第四章　信息管理的道德责任

信息安全问题的发生，除了技术因素之外，从信息管理的角度看，主要是信息管理过程缺乏有效的道德约束以及信息管理者缺乏足够的道德责任所致。因此，明确信息管理的道德责任，对于保障信息安全、充分发挥信息资源的作用具有重要的意义。信息管理的道德责任主要涉及三个方面：信息资源管理的道德监控、信息安全管理的道德保障、信息管理者的道德责任。

第一节　信息管理及其伦理问题

信息管理由来已久，但信息管理中的伦理问题则是 20 世纪中叶以来，随着信息技术的广泛运用和技术支持系统的日益发达而产生的一系列意想不到的问题与利益利害冲突。

一、信息管理的含义与特征

（一）信息管理的含义

信息管理几乎与信息的产生同时出现。早在原始社会，人类就懂得以结绳记事来传递信息，周幽王的"烽火戏诸侯"就是一个典型的信息管理随意造成亡国的事例。封建帝王们为了记录自己的丰功伟绩，专门设有史官；为了传递朝廷的各种指示、政令，专门修建驿道和驿站，并设有专门的信使。但当时的信息管理工作主要使用纸笔记录，信息量极少，被称为手工管理时期。随着商品经济的发展，人们之间的信息交流愈来愈多，信息管理也就随之愈来愈重要。到 20 世纪 50～70 年代，由于现代技术特别是计算机技术与现代通信技术在信息管理中的应用，信息管理的手段发生巨大的变化，使信息管理进入一个新的历史时期。这就是信息管理学界常称的技术管理时期。在这个时期产生了三种信息管理模式：数据处理、系统管理、网络管理。随着信息在政治、经济、决策等领域中作用的日益凸显，到 20 世纪 80 年代，信息已被作为一种重要资源进行管理，这就是资源管理时期。它强调信息资源是一种重要的经济资源，是实现经济与社会发展的直接要素和直接生产力；信息资源也是一种重要的管理资源，在管理中具有决定性作用，各种管理都离不开信息管理的支持。[1]

信息管理的飞速发展引起了学术界的普遍重视，有关信息管理方面的理论研究工作得到大力开展。英国信息管理专家马丁（W. J. Martin）与美国学者霍顿（F. W. Horton）认为，信息管理包括数据处理、文字处理、电子通信、文书和记录管理、管理信息系统、办公系统、图书馆和情报中心等技术与要素，涉及信息科学、管理学、计算机科学等多门学科和多种技术领域。[2] 但关于"什么是信息管理"这个问题，学术界还没有完全一致的认识，目前主要有三种基本的观点：第一种观点认为，信息管理就是对信息的收集、整理、存储、传播和利用的过程，也就是信息从分散到集中、从无序到有序、从存储到传播、从传播到利用的过程。该观点侧重于对信息活动本身的管理，是一种微观层次上的含义。第二种观点认为，信息管理不只是对信息的管理，而是涉及信息活动的各个要素，对信息、人员、技术、机构等进行管理，实现各种资源的合理配置，满足社会对信息的需求。[3] 该观点侧重于对信息资源和信息活动的管理，是一种宏观层次上的含义。第三种观点认为，信息管理是个人、组织、社会为了有

---

[1]　谭祥金，党跃武. 信息管理导论［M］. 北京：高等教育出版社，2000：79-82.

[2]　柯平，高洁. 信息管理概论［M］. 北京：科学出版社，2002：43.

[3]　同[1]78.

效地开发和利用信息资源，以现代信息技术为手段，对信息资源实施计划、组织、指挥、控制和协调的社会活动。① 这一观点其实是将"管理"的概念引入"信息"这个新领域，把信息管理看作管理实践的一种。它概括了信息管理的三个要素：人员、技术、信息；体现了信息管理的两个方面：信息资源和信息活动；反映了管理活动的基本特征：计划、控制、协调等。因此，它较为全面地概括了信息管理的内涵。本章根据研究的需要，侧重于信息管理微观层次上的含义，即信息管理是指对信息进行收集、加工、组织，形成信息产品，并引向预定目标的活动。它包括信息收集与识别、信息加工与处理、信息储存、信息传输、信息利用等过程。

（二）信息管理的特征

信息管理的特征主要有：

第一，系统性。信息管理是人员、技术设施、信息、环境等构成的一个信息输入输出系统。系统各部分之间相互联系、相互作用，不断从外部环境收集信息，进行可控性处理后向环境输出信息，以此来影响环境并维持系统的生存和发展。信息管理的系统性特征，要求管理者在管理过程中综合考虑影响信息系统运行的人才、技术、政治、经济、文化等内外部环境的各种因素，这样才能顺利实现管理目标。

第二，过程性。信息管理是一种过程管理，它涵盖了信息活动的全过程。信息的产生、记录、传播、收集、加工、处理、存储、检索、传递、吸收、分析、选择、评价、利用等所有过程中都有信息管理融入其中。信息管理的过程其实就是一个"信息生命周期"，是信息资源的形成过程和利用过程。信息管理的过程性特征，要求管理者关注信息活动的每一个环节，不能有任何疏漏。

第三，人的主体性。人是信息活动和信息管理的主体，由人控制和满足人的信息需要是信息管理永恒的核心主题，在信息管理的各个环节（信息收集识别→加工处理→储存→传输→利用）中，都包含了人的主观能动性的作用。因此，信息管理不能单靠技术解决问题，信息技术只是信息管

---

① 柯平，高洁. 信息管理概论［M］. 北京：科学出版社，2002：43.

理中的工具性要素，只有将技术性因素和人文因素有机结合起来才能有效地解决信息管理中的问题，实现信息管理的目标。信息管理的人的主体性特征，要求管理者切实履行管理职能与应有的道德责任。

二、信息管理中的伦理问题及其成因

(一) 信息管理中的伦理问题

随着现代社会生活中人们对信息的依存度的日益提高，人们发现，信息管理中的伦理问题日益凸显出来，并严重影响到信息产品的质量。这些问题主要有：

第一，信息加工中的真伪不分问题。信息加工是指把信息从一种形式变换成另一种形式，同时在这一过程中保持一定的信息量的信息处理方式。① 一般说来，信息加工过程是一个不可逆的过程，即信息管理者为了满足用户的需要，在信息加工过程中会增加或减少信息量，从而使原有的信息内容发生变化。信息加工的目的是使杂乱无序的社会信息流变成有序的信息内容，并通过技术处理，排除信息障碍，疏通信息渠道，在信息产品与用户之间铺路架桥，并最终形成满足用户需要的信息产品。信息加工的一条最基本的要求是去粗取精、去伪存真，提高信息的精确度与可信度。因此，"真实可信"应是信息加工中要遵循的最基本的道德原则之一。但在实际生活中，经过信息加工传输出来的不一定都是真实可信的信息，真伪不分是信息加工中的一个应当引起人们高度关注的问题。目前网络上的虚假信息不断，错误信息、被人操纵带有倾向性的信息、以偏概全的信息、道听途说的信息甚至以讹传讹的信息（谣言）还有不少，这些都说明信息加工中存在真伪不分的问题。比如，2003 年 3 月 29 日，一家网站的编辑错把国外一个愚人节的玩笑"美国微软公司总裁比尔·盖茨遇刺身亡"当成境外权威网站的新闻，未经核实就在该网站迅速转发，此后该消息又被一些影响力较大的门户网站在第一时间以醒目标题转发，同时这一消息也被发送给成千上万的新闻短信定制客户。事后经微软公司出面澄

① 岳剑波. 信息管理基础 [M]. 北京：清华大学出版社，1999：5.

清，这一骇人听闻的重大新闻只是个谣言。应该说，信息加工中的真伪不分问题严重损害了网络媒体的公信度，它给人们的生活带来了许多不良影响甚至危害，也使人们对网络新闻的真实性大打折扣。2004年7月公布的第14次中国互联网发展状况统计报告表明，只有57.3%的网民对互联网持信任态度。①

第二，信息传输中的迟缓问题。信息传输是指将加工处理后的信息由时空的某一点转移到另一点的过程。一般说来，它是指信息管理者将加工处理后的信息传递给用户的过程。信息传输应该及时，"及时性"或"时效性"应是信息传输中要遵循的最基本的道德原则之一。具体来讲就是：对阶段性的信息要定期传输，对经常性的信息要随时传输，对已发布的具有时间性的信息要及时更新，对已过时的信息要及时进行删除或者修正。这是因为信息本身具有时效性，任何有价值的信息都是在一定的条件下起作用的，如时间、地点、事件等，离开了一定的条件，信息就会失去应有的价值。从某种意义上讲，信息的时效性越强，价值就越大；反之，信息就会失去作用。这还因为用户面对的决策问题在不断地发展变化，他们对信息的需要在不断更新，信息管理者必须把握信息传输的时机，即用户在决策活动中遇到某种问题时而产生了与解决该问题有关的信息需要这一时机，及时将信息传输给用户，否则的话，信息就会失去效用。但在现实生活中，信息渠道阻塞、信息发布时间延误、信息内容更新慢等信息传输迟缓问题时有发生，它不仅带来了信息冗余、信息陈旧过时、信息失效等不良后果，而且给人们的生活、行为决策等带来了诸多不便，有的甚至还影响到社会的稳定以及人们的生命和财产安全。比如，2004年12月26日发生在印尼的海啸给印度带来了巨大的灾难，就是信息传输迟缓带来巨大危害的一个有力例证。据媒体报道，印度在这次灾难中出现了三次失误：第一次失误是印度科学家预测到了印尼的地震但没有重视；第二次失误是忽视了地震的破坏力，据《印度时报》的报道，印度科学家监测到了这次海底地震，但考虑到地震发生在国外，就没把它放在心上；第三次失

---

① 警惕网络虚假信息［EB/OL］．（2004-11-10）［2017-04-21］．http://news. xin-huanet. com/newmedia/2004-11/10/content_2198292. htm.

误是海啸警报延误，据《印度快报》报道，26 日当天，印度当局其实早就得知发生海啸，但由于内部沟通问题，最终没有及时向沿海地区居民发出警报，从而酿成上万人死伤的重大悲剧。[①] 再如，2008 年 6 月 28 日贵州发生的"瓮安事件"，它起初只是一起简单的中学生溺亡事件，但由于当地政府没有在第一时间及时、全面、准确地发布事件真相的信息，正确地引导各种舆论，以致谣言跑到了真相前面，最终酿成一起严重的打砸烧的群体性暴力事件。

第三，信息储存中的安全问题。信息储存是指收到信息后以适当的方式将信息保留起来的过程。为什么要对信息进行储存？原因如下：(1) 一些信息的效用要通过一定的时间才能发挥出来，如果不储存起来就会失去价值；(2) 基于管理的便利，必须将有关信息储存起来；(3) 信息反映的是客观事物的运动状态，通过对一段连续信息的分析，人们可以找寻事物发展变化的规律。因此，对许多信息必须予以储存，以便深度开发和加工利用。在信息储存中，信息的安全应是信息管理者要考虑的首要问题，确保所储存信息的安全也是信息管理者应遵循的最基本的道德原则之一，因为这不仅牵涉到信息管理部门的利益，更牵涉到用户的利益。但在现实生活中，信息网络系统遭受病毒侵害、"黑客"攻击，网络信息被非法窃取、意外泄露等信息储存中的安全问题屡见不鲜，不仅给信息管理部门带来了巨大的利益损失，而且给用户的生活、财产安全等带来了极大的危害。这方面的例子不胜枚举。据美国有关市场调查公司的调查与预测，在美国大约有 60% 的电脑曾遭遇病毒侵害，其中 9% 的病毒案都有超过 10 万美元的损失。[②] 另外，德国汉堡一个叫"混沌"的网络"黑客"俱乐部利用汉堡的计算机渗入美国宇航局计算机网络系统，盗取了近 200 页的秘密文件，送到电视台播放，引起世界轰动。

(二) 信息管理中伦理问题的成因

信息管理中出现的大量伦理问题给经济和社会发展带来了巨大的负

---

① 印度此次灾难中体现出的三次失误 [EB/OL]. (2004-12-31) [2017-04-21]. http://news. qq. com/a/20041231/000182. htm.

② 严耕，陆俊，孙伟平. 网络伦理 [M]. 北京：北京出版社，1998：77.

面效应，也给人们的日常生活带来了诸多不便，这些问题产生的原因是多方面的，但主要可从主观和客观两个方面来分析：

第一，从主观因素看，信息管理中伦理问题的产生，一方面是信息管理者缺乏应有的社会道德责任与道德素质，职责履行不力，使管理存在漏洞，给了伦理问题的产生以可乘之机。在"美国微软公司总裁比尔·盖茨遇刺身亡"这条假新闻中，如果编辑进一步求证，那么就不会发生，而求证恰恰是这些重大事件发生时编辑要做的第一件工作，但编辑却没做。在印尼海啸灾难中，如果印度不出现前述的三次失误，也许后果就不会如此严重。另一方面是由于一些信息利用者或出于经济利益的驱动，或出于好奇心与制造恶作剧的心理，或为了证明自己有这种能力，从而实施有违道德的事。信息网络系统遭遇病毒侵害、"黑客"攻击，网络信息被非法窃取等伦理问题大多由此引发。

第二，从客观因素看，导致信息管理中伦理问题产生的主要原因除了信息技术的不足之外，更多是信息伦理和信息法制的建设滞后于信息技术的发展与信息社会的需要所致。随着信息在现代社会中的作用日益重要，信息被当作一种资源予以充分的挖掘，加上信息技术尤其是网络技术的飞速发展，信息交流虚拟化，原有的信息伦理和信息法制已难以适应当前的需要，在信息管理中出现了一些伦理"真空"和法制"真空"，许多信息伦理问题和法制问题还难以定性，许多人缺乏信息伦理意识，一些违法行为也得不到有效追究。这些都导致了信息管理中伦理问题的加剧。

第二节　信息资源管理的道德监控

信息资源包括信息、技术、资金、设备、机构、人、规程等各种要素。信息资源管理就是运用管理科学的一般原理和方法，对信息资源进行科学的规划、组织、协调和控制，以确保信息资源的充分开发和合理利用，从而有效地满足社会的信息需要，实现一定目标的过程。[①] 信息资源

---

① 张浩良. 信息管理新构架 [J]. 广东职业技术师范学院学报，1999（1）：55-60.

管理是信息管理的重要内容与环节，加强信息资源管理的道德监控，是构建完善的信息伦理体系、保障信息安全的基础性工作。

一、道德监控的尺度

第一，真实性。真实就是如实地反映现实，符合事物的本来面目，不弄虚作假、臆想造作。在信息资源的管理过程中，从信息源的搜集开始，就必须认真深入，认真核实，力保信息源的真实性；在信息加工、处理、传播的过程中，无论信息技术怎样发达，都必须保证技术工作无差错，保证加工、处理后的信息能够还原它的本来面目，而不能歪曲或过分地夸张。在现实生活中，因为信息源不真实，道听途说，或在信息加工、处理、传播的过程中故意歪曲信息的本来面目，以致造成不良影响的事例有不少。这些事例轻者造成约定双方信息不对称，影响一方的权益。企业之间的购销合同、人才市场的劳动合同等常因信息不对称，造成一方权益受损。重者涣散人心，影响社会稳定。在"非典"期间，一些人和媒体不负责任地夸大"非典"的传染性与危害性，在一些地方造成公众恐慌，严重影响了社会的正常秩序与人们的正常生活。这些都是有违信息伦理的。

第二，健康性。健康的伦理意义是指要有益于人的身心发展和精神完善，要有益于锤炼人的积极向上的精神品格。[①] 在信息资源管理中，一是要注重信息资源存储、加工和传输的社会效果。在信息存储、加工中，要把社会效果作为重要的参考依据与标准；在信息传输前，信息管理机构应考虑它对受众是产生积极的效应还是消极的效应；在信息传输后，应适时对其社会效应进行监控，如果出现偏差，应予以及时纠偏。二是要使信息资源的存储、加工和传输尽量满足受众的多层需要。不同的人有不同的需要，同一个人也有多层次的需要。在信息资源管理中，我们一方面要保证信息存储和加工的多样性，让受众有自主选择、自主鉴别的空间；另一方面要保证信息资源传输的有益性，使受众在信息资源消费中脱离低级趣味

---

① 曾钊新，涂争鸣，等. 心灵的碰撞——伦理社会学的虚与实［M］. 长沙：湖南出版社，1993：101.

与腐朽颓废，培养健康心智与精神品质。三是要引导受众积极进取，不断超越。在信息资源管理中，我们要保证所提供的信息产品具有前瞻性和激发性，不仅能让受众置身于昂扬向上的社会氛围之中，而且能引导受众不断超越现存环境，主动进取，自我实现。

第三，正义性。正义亦即公正、公道，它既能内化为个人的道德情操，构成个人的美德，同时也能成为社会制度的属性，构成社会制度的美德。因此，它就是社会的良心，它是"社会制度的首要价值"①。正义是真理的代名词，它反映事物的本质及发展的历史必然性。在信息资源管理中，一是要保证信息的存储、加工和传输符合现存社会制度的主流文化、主体价值观念的要求，不能逆现实与历史而行。同时，它提供的信息产品能引导、促进社会不偏离既定的价值目标，并能不断完善现有的社会价值目标。二是要保证信息的存储、加工和传输具有科学的视野，站在历史的前沿，能够预计历史的发展趋势，引导受众自觉追求真理。三是要保证信息资源享用方面的公平、公正，让人人都享有平等的使用权，并能防止信息垄断和信息霸权的产生。

二、道德监控的机构

第一，政府。政府在信息资源管理的道德监控中起主导作用。除了将道德监控的有关尺度融入相关的法律、法规，来指导、规范信息资源管理的有关行为外，政府还可以直接明确信息资源管理的有关道德原则。更重要的是，政府可以设立专门的监督、检查机构，及时监控信息资源管理中的伦理问题，如我国安全部门专门设立了网监机构，原信息产业部成立了互联网电子邮件举报受理中心等。同时，政府也可以采取强制性的手段对有违道德的信息产品、信息活动等予以惩戒，以防止信息资源管理中伦理问题的产生和蔓延，这是其他机构不具有的能力。从某种意义上说，政府作为道德监控的主体性机构，它的监控手段、措施、方法等是刚性的，是不容回避与抵制的。这是信息伦理得以建立并巩固的外在

---

① 罗尔斯. 正义论 [M]. 何怀宏，何包钢，廖申白，译. 北京：中国社会科学出版社，1988：1.

保障。

第二，信息资源管理机构。信息资源管理机构在道德监控中负有直接的责任，是道德监控的"值班人"与"守护者"。信息资源管理机构不仅应该自觉地将政府的有关规定、道德要求以及道德监控的有关尺度融入信息的存储、加工和传输之中，制定相关的信息伦理准则，而且要制定信息资源管理的相关制度，明确道德监控的自律规范，防止信息伦理失范行为的发生。中国互联网协会于 2006 年 4 月 19 日发布了《文明上网自律公约》：自觉遵纪守法，倡导社会公德，促进绿色网络建设；提倡先进文化，摒弃消极颓废，促进网络文明健康；提倡自主创新，摒弃盗版剽窃，促进网络应用繁荣；提倡互相尊重，摒弃造谣诽谤，促进网络和谐共处；提倡诚实守信，摒弃弄虚作假，促进网络安全可信，提倡社会关爱，摒弃低俗沉迷，促进少年健康成长；提倡公平竞争，摒弃尔虞我诈，促进网络百花齐放；提倡人人受益，消除数字鸿沟，促进信息资源共享。① 此外，信息资源管理机构还可以采取其他有效措施来加强道德监控，如：不少网络营运商研制"绿色上网过滤软件"，并在网络上安装这些道德监控软件；中国互联网协会成立违法和不良信息举报中心，倡导联合自律等方式抵制垃圾邮件，并定期公布垃圾邮件服务器；中国移动通信集团公司建设全国性垃圾短信举报中心，联合公安部门开设举报短信热线，配合公安部门做好垃圾和诈骗短信查处工作，并不断完善不良信息的用户投诉受理机制；等等。

第二，社会公众。社会公众是信息资源的有效需求者，是推动信息产业发展的原动力，同时也是信息产品的最终消费者。因此，社会公众有权对信息产品及信息资源管理"评头品足"。社会公众在信息资源管理的道德监控中起重要的辅助与补充作用，主要通过社会舆论、社会评价机制等来实施道德监控。我们知道，社会舆论在人们的道德生活中具有举足轻重的地位，它是公众、集体对某些人的行为施以道德影响和评价的手段，是对人的行为给予道德导向的社会机制，舆论监督也是最有效的道德监督手

① 中国互联网协会发布《文明上网自律公约》[EB/OL]. (2006-04-19)[2017-04-21]. http://news.xinhuanet.com/newscenter/2006-04/19/content_4449507.htm.

段。在现代社会，不管在现实生活中还是在网络的虚拟世界，社会公众的道德监控力量都不可小觑。正是公众对网络上的诸多不文明行为予以不断讨伐，才促成"文明办网、文明上网"主题活动的开展，促成政府下决心深入开展"阳光绿色网络工程"建设。此外，不少信息资源管理机构开始引入公众评议机制。为了把文明办网工作引向深入，2006 年 4 月 13 日，北京网络新闻信息评议会正式成立，专家学者、各界网民代表、16 家网站代表和 6 位管理部门人员共计 51 人组成了第一届北京网络新闻信息评议会。① 在文明办网中引入公众评议机制，这在全国属于首创之举，有力地推动了互联网站行业自律。当然，在现实生活中，社会公众的道德监控主要以自发为主，由于其作用巨大，还必须加以正确引导，并努力使社会公众自发的道德监控变成自觉而有效的道德监控。不管怎样，民心不可侮，众口能铄金，社会公众自觉自发的道德监控对信息伦理的建设将起到重要的推动与修正作用。

三、道德监控的实施

第一，监督。监督是指对涉及信息伦理的行为与现象的发现、督促过程，它是道德监控的第一个环节。没有调查就没有发言权，没有"发现"同样不可能实施有效的监控。要做好"发现"的工作，就必须设置专门的信息收集机构，安排相关的人员，运用必要的技术与手段，建立遍布信息资源管理各个环节的道德信息收集网络。发现了好的行为与现象就要大力弘扬，以树立道德正气；发现了失德问题就要把相关的情况记录在案并公之于众，让失德行为主体在社会公众面前曝光、出丑。当然，更主要的还是要借助于社会各方面的力量来督促失德行为主体改过，这才是监督的最终目的。

第二，治理。治理是指对信息失德行为与现象的分析、矫治过程。作为道德监控的一个深化环节，道德监控机构必须把信息失德问题放在信息资源管理、信息伦理建设的全局中加以分析和矫正治疗。要分析其成因、

① 徐文营，唐红杰. 北京大兴网络文明风［N/OL］. 经济日报，2006-07-18［2017-04-21］. http://news. xinhuanet. com/tech/2006-07/18/content_4847965. htm.

可能产生的不良后果，并提出预防其再次发生的可行方案。在此基础上，道德监控机构一方面要充分调动失德行为主体自我调节的积极性，提高他们自我认知、自我校正、自我教育、自我完善的能力，以实现自我矫治的目的；另一方面要提出改进方案，明确改进措施，加强疏导、引导、督促与复查工作，以外力来推动矫治目标的实现。在道德监控的实施中，监督只是对道德行为的观察和发现，矫治才是道德行为的新生和成长。① 因此，我们更应注重治理这一环节。

第三，惩戒。惩戒是指对信息失德行为与现象的惩罚、警戒，这是道德监控实施中最严厉的过程与手段。一般说来，惩戒的对象是那些严重违背社会主体道德、威胁到社会伦理秩序建立的失德行为与现象。惩戒的目的有三：（1）防微杜渐或"杀鸡给猴看"，以儆效尤；（2）表明态度，坚决不允许类似行为与现象的发生；（3）让失德行为主体受到教训，不再发生类似行为与现象。当然，惩戒的最终目的是整肃信息伦理秩序，防止信息伦理失序和失控。惩戒的方式主要有限定整改、追究责任、进行经济或刑事处罚、吊销营业执照等。惩戒在道德监控的实施中并不常用，但它是最具威慑力的监控手段，对于提高道德监控的实效性具有重要的保障作用。

除此之外，在道德监控的实施中，还必须建立有效的运行机制，明确各监控机构的相应职责，检验道德监控的成效。结合信息资源管理的实际，其道德监控应该建立政府主导、信息资源管理机构自觉参与、社会公众主动介入的实施机制。其中，政府负责明确信息资源管理的有关道德原则，制订整体的道德监控规划，建立整体的道德监控体系，并做好信息伦理的引导、传授以及信息失德行为的仲裁、矫治与惩戒等工作。信息资源管理机构负责建立行业道德自律规范，强化行业道德意识；约束自身行为，处理自身失德行为；建立自身道德监控体系，不断完善道德监控的技术、手段和方法；拓展道德监控途径，引入公众评议机制等工作。社会公众则主要发挥监督、评价、修正等作用。此外，在实施中，还要适时

---

① 曾钊新，涂争鸣，等. 心灵的碰撞——伦理社会学的虚与实［M］. 长沙：湖南出版社，1993：81.

地根据道德监控尺度的实现程度、道德监控机构履行职责的情况、道德监控对信息资源管理效率的作用、社会公众的评价高低等检验道德监控的成效。

第三节　信息安全管理的道德保障

信息安全管理是信息管理的首要职责，它是运用管理科学的一般原理和方法，在一定的技术、法律和道德保障下，对信息活动（收集、存储、加工、传输等）进行协调和控制，从而有效地保证信息产品的安全，不断满足社会的信息需要的过程。信息安全不仅需要技术、法律层面的保障，而且需要构筑必要的道德防线。加强信息安全管理的道德保障，是构建完善的信息伦理体系的核心内容。

一、信息安全问题

第一，意外泄露。由于计算机技术、远程通信技术的广泛运用，信息管理的手段发生了革命性的变化。但与此同时，由于不慎泄露引起的信息安全问题也日益变得严重。比如，现代社会有许多事项（如银行存款、人事档案等）需要提供个人信息，这些信息一般会被存入计算机数据库，如果信息存取人员或信息系统的使用者由于粗心、疏忽大意等原因，在操作中不慎损坏了信息系统的软件、硬件，或一些管理人员不负责任，不经意泄露了数据库中应该保密的信息，那么这些信息的安全问题就令人担忧，信息所有者的合法权益就可能面临被损害的危险。事实上，这类信息安全问题并不少见，比如：私人电话可以轻易地被查询到，然后电话所有者被不法者不断骚扰；个人的病史等隐私问题被医生不经意地说给了熟人，然后一传十、十传百，以致路人皆知；个人的银行账号因管理不严，不慎被泄露，结果被他人非法转账；等等。

第二，非法窃取。计算机技术给现代管理带来了极大便利，网络的发展使地球越变越小，但是，这些也给非法窃取信息者提供了可乘之机，并给信息安全工作带来了防不胜防的巨大压力。比如，自互联网迅猛发展以来，非法侵入信息网络系统窃取信息的事件频频发生，并呈不断增长之势。据有关资料显示，1988 年，美国芝加哥银行的信用网络系统遭"黑客"袭击，损失高达 7 000 万美元；1994 年，美国国防部信息网络系统被非法侵入的事件超过了 30 万起，1995 年，虽然采取了一系列防范措施，但企图渗透到美国军用信息系统的行为仍高达 25 万起，其中 65% 获得成功；在东西德合并之前，西德的几名学生利用电脑网络破译了美军的军用密码，并窃取美国军事机构的机密卖给苏联的情报机构；英国电信公司的一名电脑操作员曾通过网络窃取了英国情报机构、地下掩体和军事指挥部控制中心的电话号码，这一重大泄密事件使英国朝野震动。① 另据统计，韩国有网民 3 067 万，一年仅立案查处的窃取网络游戏账号的案件就有 6 万多起；而我国有网民 1 亿多人，据公安部有关官员估计，仅仅是窃取网络银行或网络游戏账号这类案件每年可能有上百万起；等等。②

　　第二，"黑客"攻击。"黑客"已成为信息安全的一大隐患。它是指利用通信软件，非法进入他人计算机系统，截取或篡改计算机数据，以及恶意攻击信息网络、金融网络资源和危害国家或社会公众信息资源安全的电脑入侵者或入侵行为。最早"黑客"的英文名为"Hacker"，其目的主要是追求一种自我表现的成功感，他们以发现计算机系统的各种漏洞为乐趣，以完善程序、完善网络为己任，以完美的编程为自豪，尽管有些"Hacker"也给信息安全带来了一定的破坏，但并不是恶意的攻击和侵害。现在，人们将恶意的"黑客"称为"Cracker"，其目的主要是通过恶意攻击、非法窃取信息等实现某种个人利益。他们或窥探他人在网络上的秘密，进行敲诈；或窃取军事机密出卖，以获取报酬；或截取商业秘密，要挟他人；或盗银行账号，进行非法转账；或盗用电话号码，使电话公司和客户蒙受巨大损失；等等。他们其实就是网络罪犯。另外，"黑客"对

---

① 刘大椿，等. 在真与善之间——科技时代的伦理问题与道德抉择［M］. 北京：中国社会科学出版社，2000：205.

② 郭高中. 公安部官员详解网络犯罪：黑客从破坏转向趋利［EB/OL］. 中国网，（2006-04-06）［2017-04-21］. http://news. xinhuanet. com/legal/2006-04/06/content_4390789. htm.

涉及国计民生的基础信息网络和重要信息系统的攻击破坏，已严重危害国家安全和重大公共利益。据有关资料显示，2005年1月，"黑客"对湖南省国税局电子税务申报系统实施攻击，致使全省1.5万用户无法电子报税。2005年全国接到报案的有9 100多个网站被恶意篡改，其中政府网站2 027个；2006年1月就有391个政府网站被"黑客"攻击篡改；等等。①

第四，病毒危害。随着互联网的快速发展，由计算机病毒引起的信息安全问题日益严重。所谓计算机病毒，是指编制或者在计算机程序中插入的破坏计算机功能或者毁坏数据，影响计算机使用，并能自我复制的一组计算机指令或者程序代码。计算机病毒产生的原因有多个方面：有的是某些人为了炫耀自己的技术和智慧编制出来的，如"蠕虫"病毒，其制作者当时并无恶意，只是为了展示自己的技术；有的是个别人在报复心理的驱动下制造的，如国外某公司曾有一职员在职期间编制了一段代码隐藏于公司的系统中，一旦检测到他的名字在工资报表中被删除，该程序就立即发作，破坏整个系统；有的则是为了保护自己的利益而制作出来附在产品中的一些特殊程序，如"巴基斯坦"病毒，其制作者是为了追踪那些非法拷贝他们产品的用户；等等。不管出于什么样的目的，计算机病毒的流行都有可能危害信息安全，有的甚至产生了巨大的危害和损失。1988年产生于美国的"蠕虫"病毒，是由美国康奈尔大学研究生莫里斯编写的，虽然编写时并无恶意，但当时"蠕虫"在互联网上大肆传染，使得数千台联网的计算机停止运行，并造成巨额损失。此外，计算机病毒也成为犯罪分子窃取国家秘密和商业秘密、进行网络盗窃、侵犯个人隐私等的重要手段。据有关资料显示，2005年，全国计算机信息系统的病毒感染率为80%，全年爆发的新病毒数量达到72 836个，遭受间谍软件袭击的用户达到90%。仅2006年1月就发现病毒43 667种，致使684万台计算机被感染。这些恶

① 郭高中. 公安部官员详解网络犯罪：黑客从破坏转向趋利［EB/OL］. 中国网，(2006-04-06)［2017-04-21］. http://news. xinhuanet. com/legal/2006-04/06/content_4390789. htm.

意病毒的传播最主要的目的就是窃取计算机中的信息。①

二、信息安全的技术与法律保护

第一，技术保护。基于前面所述的信息安全问题，要加强信息安全管理，信息保护技术要先行，只有信息保护技术先进，才有可能使各类非法侵入和攻击活动攻之不进、攻之不破。目前，我们采用的主要是"防火墙"、数据加密等技术手段来保护信息系统，也正在研制和开发用于杀灭病毒或增加信息系统对于病毒的"免疫力"的反病毒软件，还实行了用户上网身份认证制度，并根据信息源的性质，对公众信息和保密信息实施了不同的安全策略与多级别保护的模式，等等。这些信息保护技术与措施对提高信息安全系数都发挥了重要的作用。

第二，法律保护。法律法规以其强制性特点而成为保障信息安全的有力武器。事实上，信息立法的不少内容都涉及信息安全管理问题，如美国的《反计算机诈骗和滥用条例》、英国的《反计算机滥用法》《数据保护法》等。以法律为依据打击破坏信息安全的各类违法犯罪行为，可以明显减少对信息安全的威胁。在我国，有关信息安全的法律法规正在逐步健全，已经在施行的主要有《全国人大常委会关于维护互联网安全的决定》《计算机信息网络国际联网安全保护管理办法》《计算机信息系统国际联网保密管理规定》《互联网电子公告服务管理规定》，等等。另外，我国现行《刑法》对信息安全管理也有明确规定。《刑法》第二百八十五条规定："违反国家规定，侵入国家事务、国防建设、尖端科学技术领域的计算机信息系统的，处三年以下有期徒刑或者拘役"。第二百八十六条规定："违反国家规定，对计算机信息系统功能进行删除、修改、增加、干扰，造成计算机信息系统不能正常运行，后果严重的，处五年以下有期徒刑或者拘役；后果特别严重的，处五年以上有期徒刑。"《刑法》还对故意制作、传播计算机病毒等破坏程序，利用计算机实施金融诈骗、窃取国家秘密或其

---

① 郭高中. 公安部官员详解网络犯罪：黑客从破坏转向趋利 [EB/OL]. 中国网，（2006-04-06）[2017-04-21]. http://news.xinhuanet.com/legal/2006-04/06/content_4390789.htm.

他犯罪的各种行为，做出了相应的处罚规定。

虽然技术、法律的保护对于信息安全是必不可少的，但仅有这样的保护又是不够的。斯皮内洛指出："从某种程度来说，安全技术落后于计算机技术的发展。"① 相对于信息技术的突飞猛进，信息安全的技术手段总是显得不够完备。而且，安全与反安全的技术较量似乎不会止息：无论用于信息安全保护的技术手段如何改进，它总会遭遇企图破解或规避这种手段的不法分子的挑战。法律虽然是一种有力武器，但相对于信息活动领域日新月异的变化，相对于不安全因素的层出不穷，有关信息安全的法律保护往往因为立法程序问题而显得姗姗来迟。此外，信息立法只规定对于那些威胁信息安全的严重行为的惩处，而大量次一级的行为则可能游离于法律的边缘或在法律之外。因此，为了使信息安全能够获得更深层次的保障，以弥补技术保护与法律保护的不足，人们有必要诉诸道德，从道德层面来考虑信息安全的进一步保障问题。

三、信息安全的道德防线

第一，道德防线的部署。对于信息安全负有道德责任和义务的人员大致有三类：信息技术的使用者、信息技术的开发者、信息系统的管理者。为了保障信息安全，这三类人员都应履行特定的道德义务，并要为自己的行为承担相应的道德责任。根据其活动、行为的不同性质及其与信息安全的不同关系，可以为这三类人员拟订各自应遵守的主要道德准则，从而形成三个不同的道德准则系列（信息系统的管理者的道德准则在本章第四节专门述及），部署起较为完整的信息安全道德防线。其中，信息技术的使用者的道德准则主要有：（1）不能利用信息技术非法干扰他人信息系统的正常运行；（2）不能利用信息技术非法窃取他人财产、隐私信息、智力成果和商业秘密等；（3）不能未经许可而使用他人的信息资源。信息技术的开发者的道德准则主要有：（1）不能将所开发信息产品的方便性置于安全性之上；（2）不能为加速开发或降低成本而以信息

---

① 理查德·A. 斯皮内洛. 世纪道德：信息技术的伦理方面 [M]. 刘钢，译. 北京：中央编译出版社，1999：271.

安全为代价；（3）不能因自己的过失，无意或有意地给所开发的信息产品留下安全漏洞。当然，上述道德准则并不是一个封闭的体系，也没有穷尽信息安全中的所有道德要求。比如，信息技术使用者的三条道德准则主要针对引起信息安全的故意行为，而且大多针对那些给他人利益造成直接危害的行为，而对那些意外行为或间接给他人造成危害的行为却没有做出明确规定。因此，随着新的信息安全问题的出现，我们仍需要不断增加与之相应的新的道德准则，并在实践中予以不断完善，以确保道德防线随之扩大。

第二，道德防线的实施。部署只是前提，实施才是关键，只有将上述道德准则系列予以实施落实，信息安全的道德保障才能成为现实。道德的维系主要依靠个体良心、社会舆论和组织压力等。因此，要落实上述道德准则系列，需要做到以下几点：（1）对有关人员进行上述道德准则的专门教育，使这些道德准则逐渐深入人心，从而促使有关人员在信息安全问题上形成必要的道德自律；（2）努力营造对于违反这些道德准则行为者的强大舆论压力，使违反这些道德准则的行为者受到公众的监督和谴责；（3）使上述道德准则成为有关人员的职业要求，直接列入职业手册，对模范遵守者予以表彰，对违反者予以必要的惩处，以组织压力促使有关人员自觉遵守上述道德准则。良心的道德自律与强大的舆论压力、组织压力相结合，就可以使设定的道德准则真正成为信息安全的可靠保障，就可以弥补有关信息安全的法律规范之不足。

第四节　信息管理者的道德责任

信息管理者是信息管理三要素（人员、技术、信息）中活的要素，它在信息安全、信息伦理的建设中具有核心与能动的作用。明确信息管理者的道德准则，提高他们的道德意识，并使其道德意识转化为自觉的道德行为，这对强化信息管理的道德责任具有至关重要的作用。

一、信息管理者的道德准则

第一，确保只向授权用户开放信息系统。在现代社会，除了公共信息服务，还有许多是有偿信息服务。有偿信息服务是有特定的对象、特定的服务边界的。谁缴了信息消费费用，这些费用涉及哪些服务领域，这是有明确的协议规定的。在公共信息服务中，许多服务是有特定的对象或领域的，不可能完全是无对象限制、无服务边界的信息服务。如一些涉及安全、保密与国家利益的信息就可能只向相关人员与领域开放。这就涉及了信息服务中的"授权"问题。按照信息管理的规定，信息服务只向有限的对象与领域（缴费者或明确的群体与领域）授权开放。因此，信息管理者必须明确服务对象与服务边界，防止信息被非法滥用，这是他们最基本的职能，也是他们应遵循的基本的道德准则。"确保只向授权用户开放信息系统"这条道德准则的设定，就是为了防止信息被非法滥用。在实际工作中，信息管理者在道义上负有监控信息存取的责任，他们有义务拒绝那些未经授权的人访问信息系统。因为未经授权的访问者一般都缺乏足够的责任心，拒绝他们的访问，就堵死了非法滥用的一条可能途径，信息系统的安全系数就能提高一步。

第二，周密细致地管理、维护好信息系统。防止因工作的疏漏而给信息用户带来损害，这是信息管理者分内应做的事，是信息管理者应尽的责任，同时也是信息管理者职业道德的重要组成部分。在实际工作中，管理与责任紧密相连，任何不负责任的细小疏漏都有可能给信息用户带来巨大的损失。因此，信息管理者只有具有高度的责任心，周密细致地管理、维护信息系统，才可能防止出现工作疏漏，杜绝那些给信息安全带来问题的意外行为的发生，消除因粗心、疏忽而造成的信息安全隐患，这样才能有效地维护信息用户的合法权益。如果连这条起码的道德准则都不能遵守，那么信息系统的安全就无法保障，信息用户的合法权益就可能受到侵害，信息管理者就不可能成为合格的管理者。

第三，及时更新信息系统的安全软件。维护信息安全是信息管理者工作的主要目标，也是一种重要的道德责任。如前所述，信息安全面临的是一种动态的挑战：相对于信息技术的突飞猛进，信息安全的技术手段总是显得不够完备。而且，安全与反安全的技术较量似乎不会止息。因此，在实际工作中，信息管理者应积极面对这种动态的挑战，保持积极的进取之心与动态的安全意识，而不能固化于已有的安全保障措施。只有不断研制并及时更新信息系统的安全软件，才可能在与反安全的技术较量中占据优势，信息安全才可能得到有效保障，信息管理者才算履行了应尽的职责与应有的道德责任。1999 年 4 月 26 日 CIH 病毒的大发作，造成至少 70 多万台电脑受损。造成如此惨重损失的原因之一就是，许多信息系统的管理者没有及时将杀毒软件升级。所以，对于信息管理者来说，及时升级包括杀毒软件在内的安全软件，不是单纯的技术问题，而是一种重要的道德责任，因为这关系到某些合法用户的利益是否受损。

第四，确保信息服务的有益性。搞好信息服务是信息管理者的一个重要职责，保证信息服务的有益性是一条重要的道德准则。为此，在实际工作中，信息管理者一方面要保证信息的真实性、健康性、有用性等，确保所提供的信息产品符合社会与人的健康发展的需要；另一方面要对用户的信息消费过程进行必要的监管，防止用户因过度、过分消费等而导致无益身心健康的事件的发生。北京市少年劳动教养所的一份调查报告显示：在北京市劳动教养所的少年中，因在网吧玩网络游戏或浏览黄色网站而直接导致犯罪的占 33.5%，从小学就涉足网络游戏或黄色网站的占 37.7%，初中生占 49.2%。① 另外，目前网络痴迷成瘾者越来越多，并呈低龄化趋势，其导致的身体、心理、社会等问题日益引起人们的关注。因此，信息管理者确保信息服务的有益性应是题中之义。

二、信息管理者道德意识的强化

第一，提高道德认识。道德认识主要是指对于客观存在的道德关系以及处理这些关系的原则和规范的掌握。② 我们知道，给信息管理者设定的道德准则是外在的，要将它内化为信息管理者的道德意识与责任，首先必须提高他们的道德认识。结合实际，信息管理者道德认识的提高主要有以下几个环节：（1）学习。信息管理部门必须把相关的道德准则作为职业培训的重要部分，对每一位信息管理者进行专门的道德教育与培训，让道德

---

① 陈汉辞. 15 岁少年迷失网络事件：经历让 3 百网络编辑震撼 [EB/OL]. 新浪网，(2006-05-11) [2017-04-21]. http://news.sina.com.cn/c/2006-05-11/02229824422.shtml.

② 曾钊新，涂争鸣，等. 心灵的碰撞——伦理社会学的虚与实 [M]. 长沙：湖南出版社，1993：145.

准则人人知晓。信息管理者也要自觉地学习相关的道德准则，并把它作为自身职业素养的重要组成部分。（2）培育道德情感。就是通过培训、教育与自身的学习，要让信息管理者培育起对相关道德准则的肯定、喜爱与信奉之情，并能自觉地把这种情感化为行动的动力。（3）增强道德判断力。道德判断力就是用已有的道德准则、规范等鉴别、评价、修正现实生活中的道德关系、道德行为等的能力。只有道德判断力增强了，道德认识才能不断深化。

第二，树立道德理想。理想是以现实生活的发展规律为依据，经过努力就能实现的愿望。道德理想就是人们在道德生活中所追求并能实现的目标。在信息管理者的道德意识强化中，道德认识只是对现有的道德准则、规范等的认知与体悟，提高道德认识只是道德意识强化的基本前提，要达到巩固、强化的目的，关键是要让信息管理者树立信息管理中所应追求的伦理目标。结合实际，信息管理者的道德理想应该至少包含以下三个层面的内容：个人追求的道德境界、管理者应有的职业操守、信息社会应实现的道德目标。其中，个人追求的道德境界包括至真、至善、至美等，管理者应有的职业操守包括敬业、勤业、精业等，信息社会应实现的道德目标包括有序、有益、有效等。将个人、行业、社会的这些道德目标与要求有机融合起来，信息管理者所应树立的道德理想就可以概括为：合理开发信息资源，维护信息生态环境；全面保障信息安全，维护信息用户权益；有效防止信息污染，维护信息伦理秩序；不断完善信息伦理体系，促进信息社会和谐发展。

第三，扩展道德知识。拥有丰富的道德知识是信息管理者道德意识强化的有力保障。除了学习和掌握信息管理者应有的道德准则外，信息管理者还必须学习和掌握管理伦理、信息伦理、社会伦理、个人伦理等多方面的相关知识。只有道德知识面扩大了，个人的道德知识积累深厚了，个人的道德修养水平才能提高，而个人道德修养水平的提高会自然促进个人道德意识的强化。在现实生活中，信息管理者道德知识的扩展可以通过多种渠道来实现：（1）个人自觉的学习、践履；（2）管理部门专门的培训、教育；（3）社会的感染、熏陶；（4）榜样的示范、引导；（5）道德经验的交流、传播。总之，只有以深厚的道德知识为基础，信息管理者道德意识的强化才有足够的保障，信息管理者才能在管理中准确地履行道德之职、承担道德之责。

三、从道德意识到道德行为

第一，维护信息系统的正常运行。信息管理者的道德意识是内在的，要确认他是否履行了道德责任，关键是要看他是否把这种内在的道德意识化为了自觉的道德行为。结合信息管理的实践，信息管理者首要的道德行为是确保信息系统能够正常运行。如果连信息系统的正常运行都不能保证，那么信息管理者就是失职的，而失职是最不道德的行为之一。在实际工作中，要维护信息系统的正常运行，首先要进行合理的规划与组织，包括系统开发的目标规划，系统管理规划，人力和物力资源的组织与规划，信息资源的获取、处理与存储，等等；其次要搞好协调，包括信息系统内部各相关部门、人员、技术之间的协调，信息系统与外部环境（社会政治、经济、文化、技术等环境）之间的协调，信息载体与信息技术之间的协调，等等；最后要紧跟现代信息技术的发展，不断更新管理理念与知识，不断改善管理手段、技术和方法，包括树立和谐发展、知识管理、人本管理等理念，及时更新系统的安全软件，研究、开发防止信息污染的监控软件、加密技术与"防火墙"隔离技术，等等。

第二，维护信息用户的合法权益。信息管理者作为提供信息服务一方的主要代表，维护信息服务对象即信息用户的合法权益是其义不容辞的道德责任。在现实生活中，信息用户的合法权益主要包括：个人的隐私权，平等的信息获取权，合理的信息需要与利用权，个人的爱好、宗教、信仰等不受侵害的权益，信息消费中对信息产品的真实性、准确性、健康性等的诉求权，等等。信息管理者要维护信息用户的上述权益，就要做到以下几点：（1）要依法行事，防止信息生产、信息组织、信息传播过程中侵害用户个人权益事件的产生；（2）要依管理规范和道德规范行事，防止因管理不善或道德责任履行不力而导致的用户信息泄露、个人隐私权被侵害以及不准确信息、垃圾信息、有害信息盛行等事件的产生；（3）不断更新信息开发技术，为信息用户提供高质量的信息产品，不断满足信息用户的消费需求；（4）树立信息环境保护意识，不断更新信息安全保护技术与措施，给用户一个安全、健康、净化的信息生存环境。

第三，维护信息社会的正常伦理秩序。信息伦理可以指导和纠正个人、团体的信息行为，使其符合社会基本的价值规范和道德准则，从而使社会信息活动中的个人与他人、个人与社会的关系变得和谐、完善。① 在现代信息社会，网络的普及化不仅给人类提供了快捷交流的平台，构建了一个虚拟的世界，拓展了人类交往的空间，丰富了人类的生活，同时也给人类的道德生活带来了新的挑战，如网络婚姻可能给现实的婚姻伦理、家庭伦理带来挑战，网络交易可能给商业伦理带来挑战，等等。这些挑战，亟须构建起个人、组织、社会三位一体的信息伦理体系，以维护信息社会的正常伦理秩序。作为信息管理者，维护信息社会的正常伦理秩序，不仅是自己要认可、接受信息伦理的规范约束，而且要主动参与信息伦理的构建，防止一切违反信息伦理的行为与现象的产生。因此，信息管理者不仅要加强个人的伦理修养，自觉地形成新的信息伦理概念与准则，而且要自觉地遵守组织的各项信息伦理规范，主动使信息伦理发挥在信息社会中的调节、教育、价值评价等功能，防止和抵制一切冲击、危害、破坏信息社会之正常伦理秩序的问题的产生。

---

① 郭卫真，丛敬军. 信息伦理学研究中若干问题的思考 [J]. 情报理论与实践，2002，25（2）：88—91.

第五章　信息传播的道德过滤

通过互联网进行的信息传播，较之以往的信息传播具有更大的自由性。虽然不能再像以往那样实行过于严厉的信息传播管制，但仍然有必要对信息传播予以一定的道德限制。道德过滤是公共信息通道中的外在道德限制，尽管它由于具有外在性、他律性而不同于信息传播主体的自我道德限制，但却可以弥补信息传播主体的道德自律之不足，并能够促进道德自律的形成。构建道德过滤的一般模式，应当充分考虑分级、分类、分圈这三个方面的要求。

第一节　信息传播的自由品格

所谓信息传播，是指信息的发布和扩散。未经发布的信息，其影响和作用十分有限，其所能实现的价值便可想而知。信息一旦发布开来，就会在一定的空间内为更多的人所获悉，对更多的人产生影响和作用，也就可能实现更多的价值。一般而言，特定信息所可能实现的价值量总是与其扩散的范围成正比。扩散的范围越大，信息所积累的价值量越大；反之，扩散的范围越小，信息所积累的价值量越小。因此，在信息活动领域，信息传播是一个不容忽视的问题，甚至可以认为，不讲传播，空谈信息，是没有多大意义的。没有传播的信息，就像没有流通的产品一样，不会产生现实的社会价值。

　　信息传播可以采取各种各样的形式，而诸多的传播形式又可以归纳为三种主要的传播类型：信息的人际传播、组织传播和大众传播。

　　信息的人际传播，是指个人与个人之间的信息交流活动。信息的人际传播，既可以是面对面的，又可以借助于现代化的通信手段而非面对面地进行。在大多数情况下，这样的信息传播活动发生于有着亲近关系的人之间，如朋友之间、同学之间、同事之间、夫妻之间、父母子女之间，等等。

　　信息的组织传播，是指同一组织内部的成员与成员之间或不同组织之间的信息传播。美国学者戈德哈伯（Goldhaber）曾经给组织传播下过一个定义："组织传播系由各种相互依赖关系结成的网络，为应付环境的不确定性而创造和交流信息的过程。"① 这一定义虽然对组织传播的主体（成员、组织）语焉未详，但却极为明确地给出了组织传播中不可或缺的几个因素：过程、信息、网络、相互依赖和环境。信息的组织传播如何进行？其传播的效果如何？这些问题对于组织目标的实现会产生直接的影响，与组织的活力、功能有着密切的关系。

　　信息的大众传播，是利用大众媒介进行的信息传播。传统的大众媒介主要包括报刊、电视、广播这三大媒体，但随着互联网的出现和发展，又产生了所谓"第四媒体"——网络媒体。网络媒体具有传统的三大媒体无法比拟的优越性，它不仅在传播信息的速度上更为迅速、快捷，而且还彻底突破了地域的限制，并变传统媒体的单向传播为双向的信息交流。大众媒介本身并不是信息，但它却可以成为信息的有效载体。利用大众媒介特别是利用所谓"第四媒体"而进行的信息传播，在传播范围上远远超过信息的人际传播和组织传播。信息的人际传播和组织传播明显局限于一定的范围，而信息的大众传播至少在理论上是没有范围限制的。

　　无论是信息的人际传播、组织传播，还是信息的大众传播，除了作为基本内容的信息之外，都还包括信息的传播者与接收者。一般的信息传播，实际上就是传播者与接收者以信息为中介而发生关系的过程。传播者处于信息传播的首端，他所发出、传播的信息，构成接收者所面临的外部

---

① 居延安. 信息·沟通·传播［M］. 上海：上海人民出版社，1986：135.

刺激的可能性空间。在某种程度上，传播者的信息刺激的内容、强度，决定了接收者所受影响的性质、大小。接收者处于信息传播的末端，接收者的这一地位似乎造成了某种被动性，他似乎总是被动地接收来自传播者的信息刺激。然而，接收者对外部刺激的接收并不是完全被动的。接收者的主观状态及内在意识结构，往往会启动某种对于外部信息的选择机制。他不会不加区别地接收一切外部信息的刺激，他通常是在自有选择机制的作用下，对外部信息进行甄别和选择。因此，有些外部信息可能会对接收者产生较大的影响，有些外部信息可能会对接收者产生较小的影响，而另有一些外部信息则可能对接收者没有什么影响。

在某些信息传播过程中，传播者的信息刺激对处在末端的接收者的影响可能要经过一定的中介，因此，这样的影响可能表现出一定的间接性。卡茨与拉查斯费尔德曾经提出大众传播和个人影响的两级传播模式，他们认为，信息常常是从大众媒介流向舆论领袖，然后由舆论领袖流向人口中不太活跃的部分。① 舆论领袖是指经常使用大众媒介且能参与高层次的交往活动的那些人。大众媒介所扩散的信息对舆论领袖的影响是直接的，而对那些不经常接触媒介的人的影响则可能是间接的。但是，随着所谓"第四媒体"的兴起以及上网人数的急剧增加，舆论领袖的这种作用显然日渐式微，而大众媒介所传播的信息对一般人的直接影响则似乎日渐增大。

信息传播虽然既要有传播者，又要有接收者，但由于信息传播中接收者这一方的伦理问题多表现于信息消费活动之中，而本书另有专章对之予以讨论，故本章侧重于研究信息传播者这一方可能出现的伦理问题。而且，因为信息传播者是信息的发布者和扩散者，在信息传播中处于明显的主动地位，所以，研究传播者这一方的伦理问题，就抓住了信息传播过程中的伦理问题的主导方面。

在信息传播的三种类型中，人际传播、组织传播中的伦理问题有过很多研究。大众传播中传统的三大媒体可能产生的道德问题，亦有众多学者做过专门的探讨。因此，本章着重于提出并试图解决今天基于信息技术的

① 丹尼斯·麦奎尔，斯文·温德尔. 大众传播模式论［M］. 祝建华，武伟，译. 上海：上海译文出版社，1987：69.

高度发展而产生的利用"第四媒体"进行的信息传播中的伦理问题。

与传统的媒体形式相比较,"第四媒体"的自由性可谓更为充分,即它具有更为明显的自由品格。

"自由"一词源自拉丁文"Libertas",原指从束缚中解放出来,有冲破限制的含义。从某种意义上讲,自由与限制呈现出一种负相关的关系:人被限制得越多,人的自由就越少;限制被突破得越多,人的自由就越多。人的自由,就在于从束缚中解放出来,就在于走出异己的、外在的力量的限制。不同阶段、不同程度的自由,就是对限制的不同程度的否定。

自由是反映人的尊严的基本价值。人若没有自由,就无法以人的方式存在,就会丧失人所特有的尊严,从而等同于完全受制于外力的物的存在。因此,千百年来,人类一直在为争取自由、争取更多的自由而斗争。为了获得自由,人们不惜抛头颅、洒热血,因为如果没有自由,那么头颅与热血便失去了人的价值。

自由是人进行自主性活动的基本前提。如果没有自由,那么人的一切行为就只能是被动的、被操纵的或迫不得已的。被动的、被操纵的或迫不得已的行为,尽管表面上仍然是由人做出来的,但却不能体现人的意志,而是对外力的屈从,是非人的奴隶状态。人的自主性活动,是人所创造的一切美好事物的根源。丧失了自由,没有自主性活动,人的世界便会失色。

人的自由表现于人类活动的各个领域。在信息传播领域,自由也具有极为重要的价值。信息传播的自由,是人们从事信息传播活动的先决条件。正是因为有了一定的自由,人们才可能或可以发布和传播信息。如果连起码的自由都没有,那么信息传播就会被禁止,信息的发布和扩散就会变得不现实。但即使在信息传播领域,人们的自由的获得和提升也经过了漫长的历程。在中国古代,秦始皇的"焚书坑儒",实际上是对信息传播的一种残酷的禁止措施,也是对信息传播者的自由权利的野蛮剥夺。在欧洲中世纪,只允许虔诚地倾听神的声音,而反映平民利益的呼声到处被禁绝、被窒息,这也是对信息传播自由的强力压制。经过不懈的努力与长期的斗争,随着社会的变革与进步,人们逐渐获得了一些起码的信息传播自由。在一些现代化国家或正在向现代化社会转型的国家，言论自由、新闻自由、出版自由等信息传播所必需的自由权利，已经被写进法律，得到国家强制力的保障。尽管仍然有各种各样的检查制度，但人们运用传统的三大媒体传播信息的自由度却已经得到了很大的提高。尤其值得指出的是，随着基于网络的"第四媒体"的出现，信息传播更是获得了空前的自由领地，信息传播自由更是上升到一个前所未有的水平。

　　传统的三大媒体，无论是报刊、广播还是电视，其传播主体都只能是少数人，因此，就传统的大众传播而言，信息传播自由往往只是少数人的权利，大多数人只能作为接收者而存在，他们往往没有真正的信息传播自由，或者即使有这种自由也是十分有限的。基于网络的"第四媒体"的出现，使得信息传播自由有了可以广泛实现的有效途径。网络是一个可以向任何人开放的自由空间，而不是仅为少数人所把持的话语阵地。这里，我们以新闻传播为例，比较一下运用传统的三大媒体的新闻传播与运用"第四媒体"的新闻传播的区别。传统新闻是自上而下的：由几个编辑决定传播内容，由几个记者去收集事实材料，然后包装成新闻，再向广大受众发布。而基于网络的新闻传播则可以是自下而上的：它从网络新闻组开头，任何人在那里都可以报道他所认为的有价值的事件，然后再传播给广大受众。对新闻的看法或评论，不再是一家或几家的观点，而是各种观点的碰撞。显然，在网络上，利用现代化的信息工具，人人都可以享有充分的信息传播自由。传统的信息传播中由于客观条件限制所造成的信息传播自由无法充分实现的状况，在互联网迅速发展和普及的基础上，借助于"第四媒体"而得以彻底的改变。

　　在借助传统的三大媒体进行的信息传播中，尽管与古代相比人们有了较多的自由，但仍然有可能对信息传播施行严格的管制。而在互联网时代，人人都可以十分方便地利用的"第四媒体"却使得对信息传播的十分严格的管制似乎难以实施。使用"第四媒体"的传播者，甚至可以匿名发布自己的观点和自以为有价值的事实。对于匿名的信息传播者，即使想要对其予以惩罚，这种惩罚也难以落到实处。如果惩罚难以实施，那么就无法阻止其信息的发布和传播。如此程度的信息传播自由，在只能运用传统的三大媒体的年代是不能想象的。

在借助于"第四媒体"进行的信息传播中，传播者与接收者的界限往往成为相对的。在互联网上，一个人可能同时既是传播者又是接收者。接收者的被动身份已经不复存在，他只要愿意，就立刻可以成为主动的信息传播者。互联网提供的互动平台，使得信息传播成为真正意义上的双向互动。接收者不仅可以方便地接收信息传播，而且可以自由地表达自己这一方的信息，极为充分地行使信息传播自由的权利。因为广大的接收者亦可成为信息的发布者与扩散者，所以过去那种仅由少数人充当传播者、大多数人只能充当接收者的现象就不复存在了。这样，信息传播自由就真正成为人人都可能享有的权利。

第二节　传播自由的道德限制

利用所谓"第四媒体"进行的信息传播，尽管使得传播者获得了空前的自由，像过去那样严格的管制在互联网时代已经变得难以实施，但这并不意味着信息传播自由不需要任何限制，并不意味着这种自由达到了绝对的水平。为了正确理解和认识信息传播自由，有必要从总体上把握自由与限制的一般关系。

尽管自由表现为对限制的否定，但这种否定并不是任性的、随意的。人只能合乎规律地否定限制，只能否定那些已经丧失规律依据的限制。自由在其表象中展开的对限制的否定，即其形式上的非限制性，其实是有着深刻的内在依据的。这种深刻的内在依据，就是自由对限制之否定的合理性或合规律性。只有合乎规律地否定某些限制，才是自由的真谛之所在。只是片面地从形式上把握自由，就会囿于自由的非限制性的表层，把自由理解为单纯的任性或为所欲为。黑格尔曾经批评那种认为"自由就是指可以为所欲为"的看法，指责这样的看法"完全缺乏思想教养"①。在《哲学史讲演录》中，黑格尔指出："自由也可以是没有必然性的抽象自由。这种假自由就是任性，因而它就是真自由的反面，是不自觉地被束缚的、

①　黑格尔. 法哲学原理［M］. 张企泰，译. 北京：商务印书馆，1961：25.

主观空想的自由——仅仅是形式的自由。"① 尽管任性也具有自由的形式特征——非限制性，但任性由于纯属主观空想，往往悖逆于必然性、规律性，所以只是一种虚假的、形式的自由。

塞缪尔·P.亨廷顿说："人当然可以有秩序而无自由，但不可能有自由而无秩序。"② 在封建专制社会，虽然可能存在着与封建等级相适应的一般的社会秩序，但这样的社会秩序是以广大人民的自由权利被剥夺为代价而建立起来的。随着社会的进步，人民的自由权利的伸张，牺牲自由的秩序已经失去了存在的基础。但即使在现代社会，也不能无限制地夸大自由，使自由蜕变为秩序的对立面。这样的"自由"，其实就是任性妄为。而任性妄为的"自由"，由于其对社会秩序的严重破坏性，就只能对社会的存在和发展造成危害。

博登海默曾经指出："如果我们从正义的角度出发，决定承认对自由权利的要求乃是植根于人的自然倾向之中的，那么即使如此，我们也不能把这种权利看作是一种绝对的和无限制的权利。任何自由都容易为肆无忌惮的个人和群众滥用，因此为了社会福利，自由就必须受到某些限制，而这就是自由社会的经验。如果对自由不加限制，那么任何人都会成为滥用自由的潜在受害者。"③ 在这段话中，博登海默虽然肯定自由植根于人的自然倾向，但同时又提出必须对自由加以一定的限制，因为没有任何限制的自由容易为人所滥用，就可能造成对社会福利的危害。在自由稀缺、束缚重重的年代，人们向往无拘无束的自由，努力争取打破对自由的一切禁锢。然而，在自由已经成为一种现实的权利的社会，如果不对自由权利的行使予以一定的限制，那么自由就可能演变成任性妄为，就会泛滥成灾。自由过于泛滥之害，也许在程度上不亚于没有自由之弊。

真正的自由不是任性妄为，而是对不合理的限制、约束的合乎规律的

---

① 黑格尔.哲学史讲演录：第1卷［M］.贺麟，王太庆，等译.北京：商务印书馆，1959：31.

② 塞缪尔·P.亨廷顿.变化社会中的政治秩序［M］.王冠华，等译.北京：三联书店，1989：7.

③ 博登海默.法理学：法律哲学与法律方法［M］.邓正来，译.北京：中国政法大学出版社，1999：281-282.

否定。在一个现实的社会，要实现对不合理的限制、约束的正确的否定，就必须对这一否定本身加以合理的限制，即对自由加以合理的限制。没有合理的限制，自由就会沦为任性妄为。因此，现实的自由，只能是对限制的有限制的否定，只能在合理的限制中否定不合理的限制。

对于互联网时代的信息传播来说，依凭迅速发展的信息技术，人们已经在信息传播中享有高度的自由。虽然自由已经不成问题，但却出现了自由要不要有一定的限制以及实施什么样的限制等新的问题。有人把互联网看作绝对的自由空间，反对任何形式、任何程度的限制，甚至近似于主张一种网络无政府主义。然而，这样的绝对自由实际上是一种新形式的任性妄为，是对真正的自由的曲解。网上也许可以没有政府，但却绝对不能没有秩序。如果缺乏基本的秩序，互联网就会乱成一团，人们就无法进行正常的沟通、正常的信息交流。网上行为并不是孤立的个人行为，即使行为总是由个人做出的，但个人做出的行为却会对他人造成这样那样的影响。如果你可以任性妄为，那么你就没有理由禁止他人任性妄为。如果人人都可以任性妄为，那么每个人的任性妄为就势必会造成相互间行为的矛盾与冲突，最后导致相互否定，从普遍的任性妄为走向普遍的难以作为。因此，允许在互联网上任性妄为，就会逐渐消解互联网上的基本秩序，最终导致真正的自由在互联网上无法找到立足之地。要维护互联网上的基本秩序从而保证人们自由权利的实现，就必须对互联网上的自由给予一定的限制，把自由限制在合理的范围之内，以防止其演变为肆无忌惮的任性妄为。

对信息传播予以一定的、合理的限制，不但无损于自由的信息传播，反而有助于这种自由的信息传播持久地、正常地进行下去。信息传播自由是对信息传播限制的一种否定，但它只能是对那些不合理的信息传播限制的否定。如果信息传播自由不分青红皂白，企图否定任何限制，连那些合理的限制也被列为否定的对象，那么，信息传播自由最后就会失去自身存在的保障。试问：在这种情况下，如何能实现真正的信息传播自由？

对于信息传播自由，可以从法律和道德两个方面进行限制。而且，这两个方面各有自身的特点和功能。

法律是以国家强制力为后盾的规范体系。与其他规范体系相比较，法律依凭国家强制力，能够对个体的行为实施更有效、更有力度的规范作用。针对信息活动领域中出现的种种滥用信息传播自由的现象，不少国家已经或正在制定相关的法律，以维护基本的信息传播秩序。在信息传播活动中，有法可依是形成基本秩序的前提。通过制定和实施相关的法律，界定信息传播自由的范围，把行使信息传播自由的权利与承担行为后果的责任结合起来，打击那些任性妄为的信息传播行为，就可以极大地减少滥用信息传播自由的现象。

然而，因为借助于互联网的信息传播使用的是全球性的信息通道，而各国的文化背景、法律制度又存在着一些差异，所以，仅仅有各个国家对于信息传播自由的相关法律规定还远远不够，还必须妥善地解决各个国家相关法律可能出现的冲突问题。例如，有些国家的法律对信息传播自由的限制可能多一些，有些国家的法律在这方面的限制可能少一些，而借助于互联网进行的信息传播，往往是传播者在一个国家，接收者则可能在另一个国家。如果传播者所在国家的法律允许传播的某些信息，在接收者所在的国家会遭遇禁止，那么，此时究竟以何种法律为准？如果以传播者所在国家的法律为准，那么，接收者所在国家的法律就是不合理的限制，是对信息传播自由的不合理的否定；如果以接收者所在国家的法律为准，那么，传播者所在国家的法律就是不合理的，是对信息传播中的任性妄为行为的放纵。显然，在这种情况下，需要有一种能够得到世界上各有关国家公认的关于信息传播自由的国际性法律。这一普遍性法律的形成，有赖于世界上各有关国家的共同努力。

法律尽管是最强有力的规范体系，但对于那些主体不明确、事实根据不完全的行为却也有些无可奈何。在互联网上进行的信息传播活动，有不少是由隐蔽的行为主体做出的。此外，信息传播主体还可能根据自己对信息传播自由的理解，做出一些现行法律尚未来得及规定但却会造成某种危害的行为。因此，为了确保信息传播自由的正确行使，除了需要相关法律的明确限制之外，还必须从道德角度为信息传播自由的运用做出一定的限制。尽管道德作为一种软性的规范体系，缺乏法律那样的强制力，但道德通过运用个体良心、社会舆论等特有机制，却可以起到法律所难以起到的作用，可以在某种程度上规范法律尚未予以规范的信息传播行为，从而在更大范围内、更深层次上保障信息传播自由的正确行使，进一步减少或避免滥用信息传播自由的现象。

对信息传播自由进行道德限制，必须掌握一定的度，即必须适度地进行道德限制，既不能不足，又不能过度。如果道德限制不足，则信息传播自由就仍有泛滥的可能，信息传播的秩序就仍有濒于崩溃的危险。不足的道德限制虽然总比没有道德限制要好一些，但因其不足，还是不能从根本上解决问题。如果道德限制过度，则又可能导致某种程度的信息传播自由的牺牲。过度的道德限制，由于或多或少会在某种程度上形成对信息传播自由的损害，从而影响信息业的发展和信息传播的通畅，故显然是不可取的。事实上，某些国家固守传统的、与信息活动的客观规律不相适应的道德规范，对信息传播采取了过于严格的道德管制措施，从而在一定程度上阻滞了信息传播，延缓了信息业的发展。由此可见，要实现对信息传播自由的适度的道德限制，就必须建立新的道德视角，而不能以旧有的道德偏见来看待信息传播这样的新事物。否则的话，如果对信息传播的客观规律毫无所知，只是一如既往地套用旧的道德尺度来裁量新的信息传播，那么就有可能在某种程度上扼杀信息传播自由。

确定道德限制的度，必须弄清楚度的上限与下限。正确地行使道德传播自由的下限，就是不因信息传播自由之权利的行使而对他人造成损害，也不能只顾及自己行使信息传播自由的权利而否定他人行使这种自由的权利。如果信息传播主体在行使信息传播自由的权利时对他人造成了名誉或利益的损害，那么他就违背了最低限度的道德要求，他的信息传播自由就突破了应有的道德限制。信息传播自由不是少数人的权利，而是每一个进入信息通道进行信息传播的人都具有的权利。只肯定自己有信息传播的自由，企图剥夺他人的这种自由，就会造成道德上的不平等。正确行使道德传播自由的上限，可以根据各国具体的国情、特殊的文化背景来确定。从各国具体的国情、特殊的文化背景出发，可以为信息传播自由的行使规定一些高于下限的道德要求，但这些较高的道德要求不能形成对信息传播自由的扼杀，不能以牺牲正常的信息传播为代价。如果造成了对信息传播自由的不应有的伤害，那么就是过度的道德限制。

既重视对信息传播自由的道德限制，又为道德限制确立合理的上限和下限，就会形成对信息传播自由的合理的道德限制。信息传播自由的权利，只能在这一道德限制内行使。而且，因为法律总是以一定的道德为基础的，所以，在确立对信息传播自由的法律限制时，必须参照信息传播自由的道德限制。

第三节　道德过滤的必要性与可能性

对信息传播自由的道德限制可以通过两种方式进行：（1）信息传播主体的自我道德限制；（2）公共信息通道中的外在道德限制。

所谓信息传播主体的自我道德限制，是指信息传播主体基于其内在具有的道德价值观和道德规范，自觉地按照有关道德要求正当地行使信息传播自由的权利。信息传播主体的自我道德限制，能够最充分地体现道德的如下特点：主体性、自觉性、自律性。作为一种道德自律，信息传播主体的自我道德限制可以不需要外部的监督和强制。因为能够实现道德自律，所以，信息传播主体即使在无人知晓的情况下也能恪守基本的道德准则，而不至于滥用信息传播自由的权利，进行不道德的信息传播。

在缺乏外部的监督和强制的情况下，信息传播主体的道德自律主要是通过其内在的良心机制得以实现的。良心是个体的道德理性与道德情感的深度交融。良心不仅沉淀着经由道德理性所认同而内化了的社会道德规范的根本要求，而且伴随着与这些规范相适应的强烈的道德情感，如羞愧感、内疚感，等等。良心中强烈的情感因素强化了道德理性的作用，使个体具有了足够的自我控制力。黑格尔说，"一切外在的东西和限制都消失了，它彻头彻尾地隐遁在自身之中"，"在过去意识是较感性的时代，有一种外在的和现在的东西，无论是宗教或法都好，摆在面前。但是良心知道它本身就是思维，知道我的这种思维是唯一对我有拘束力的东西"①。凭借黑格尔在这里所说的内在"拘束力"的作用，良心可以自然而然地使个体自主地、自觉地实现对行为的道德限制。由于这种内在拘束力足够强

---

① 黑格尔. 法哲学原理［M］. 张企泰，译. 北京：商务印书馆，1961：139.

大，故无论外在控制力是否存在，个体都能做出合乎道德的行为。已经实现了道德内化的信息传播主体，凭借良心这样一种特殊的道德心理机制，就可以合乎道德地行使信息传播自由的权利，并能够防止这种权利的滥用及避免不道德的信息传播行为。

信息传播主体的自我道德限制，其先决条件是信息传播主体已经较好地完成了道德内化并因而建立了稳定、可靠的道德理性与道德情感交融的良心机制。然而，并非每一个信息传播主体都能够对自己的行为进行自觉的道德限制，因为有些信息传播主体可能还没有真正完成道德内化，或道德内化的程度还不够，故其良心机制要么还未完全建立，要么还不稳定、不可靠。因为存在着这样的现象，所以，除了诉诸信息传播主体的自我道德限制之外，还需要为信息传播主体的行为设定一种外在的道德限制。针对信息传播行为的外在道德限制，实际上就是利用各种现代化的信息技术手段，对信息传播主体发送到公共信息通道的信息进行过滤，清除其中的某些不道德信息，强制性地将信息传播自由的权利的行使限制在道德的范围内。因为过滤是这样的道德限制的主要功能，所以又可以将道德的外在限制称为道德过滤。道德过滤的特点是外在性和强制性。

道德过滤外在于信息传播主体，因此，它不为信息传播主体所控制。道德过滤的外在性，是其发挥特定作用的基础。正是因为道德过滤因其外在性而不为信息传播主体所控制，所以它才能发挥限制信息传播主体传播不道德信息的作用。本来，道德具有主体性，道德因其主体性而内化于行为主体自身，行为主体只有实现了道德的内化才能做出真正的道德行为。但在信息传播领域，如果信息传播主体缺乏内化的道德而又没有一种外部机制限制其不道德的信息传播行为，那么就会造成负面道德价值增加，造成不道德的信息传播行为泛滥。在这种情况下，通过外在的道德过滤的作用，清除那些进入公共信息通道的不道德信息，至少可以减少或避免负面道德价值的生成。从实际效果来看，有道德过滤显然比没有道德过滤更为可取。而且，信息传播主体的道德内化也是一个长期的过程。如果能够通过道德过滤，减少或清除公共信息通道中不道德信息的污染，为信息传播主体提供较好地实现道德内化的外部环境，那么这无疑有利于主体性、内在性道德的生成。

　　道德过滤的强制性，是其力量之所在。如果道德过滤没有强制性，那么它就不足以改变公共信息通道中滥用信息传播自由的权利以及不道德信息充斥的局面。正是因为道德过滤具有强制性，所以，不论信息传播主体意志如何，他所发出的不道德信息都将不被允许进入公共信息通道，或者将被不客气地清除干净。如果信息传播主体把信息传播自由理解为可以自由地传播不道德信息，那么，借助于道德过滤的强制性机制，就可以剥夺这种不正当的"自由"。在这里，受到强制的不是一般的意志自由，而是信息传播主体基于其对信息传播自由的错误理解而做出的不道德的信息传播行为。强制虽然不是道德的特色，但在信息传播领域，借助于必要的强制，却可以有效地减少不道德的信息传播行为，并维护对信息传播自由的权利的正当行使。通过道德过滤来强制性地阻塞那些不道德的信息传播，就可以促使人们将信息传播自由的权利运用于道德的方面。

　　与个体的道德自律相比较，道德过滤由于具有外在性和强制性而属于道德他律的范畴。任何道德自律的生成和存在都是以一定的道德他律为前提的，没有一定的道德他律，道德自律就没有必要的生成环境和客观来源。个体的任何道德品质，都不是主观自生的，而是在一系列的道德他律因素的作用下逐渐养成的。对于信息传播主体来说，要达到道德自律的高度，就必须从适应特定的道德他律开始。或者说，信息传播主体行使信息传播自由方面的道德自觉，往往要始于道德他律的不自觉。道德过滤作为一种重要的道德他律方式，其意义和重要性正在于此。当然，道德他律毕竟不是目的，道德他律的存在价值依赖于道德自律的最后生成。因此，道德过滤尽管十分重要，但却不能将其视作对信息传播自由的道德限制的唯一方式。

　　从互联网信息传播的实际状况来看，道德过滤确实具有现实的必要性。互联网作为一种现代化的高速信息传播通道，不仅可以被用来传播有用的、有利的、健康的信息，而且为形形色色的无用的、有害的、肮脏的信息打开了方便之门。互联网上充斥的不同程度的不道德信息，至少可以归纳为以下几种类型：

　　第一，色情信息。从色情文字到色情图片，从色情歌曲到色情影视，网络色情可谓无所不有。以往，一些国家的色情刊物可能只出版一两种版本，而且只在有限范围内发行，其传播面相对有限；现在，借助于互联网，这些色情刊物纷纷推出英文、法文、俄文、中文、日文、西班牙文和阿拉伯文等多种文本的电子版，向全世界传播。在互联网上，各种规格、各种形式的色情网站多如牛毛，每天向全世界发出的色情信息多得无法统计。

第二，诈骗信息。网上行为可以匿名进行，这就使一些心怀不轨的人有了进行诈骗的机会。美国人格雷·李·黑尔曾在互联网上做广告说，愿意以优惠价格出售"性能良好"的计算机，并在"网络拍卖行"里公开"拍卖"这些计算机。黑尔在网上向人们保证，只要往指定的账户寄去足够的钱，他的公司就会在第一时间将顾客订购的计算机发送出去。许多信以为真的网民向黑尔指定的账户汇去了现金，但却没有一个人收到黑尔的计算机。原来，黑尔只是用化名骗取钱财，从来不曾履行诺言向客户们发货物。①

第三，恐怖信息。利用互联网，"一些对他人、其他团体、种族等怀有仇恨情绪的人，如反犹太主义、阿拉伯主义、种族优化主义、白人至上主义，以及一些新纳粹分子，可能发出威胁和恐怖信息，从事某些恐怖活动。据统计，在因特网上宣扬种族主义观点的'种族仇恨网站'最近几年增加了好几倍。另一份非正式统计表明，网上至少有39个反犹太主义网址。一些美国新纳粹分子将德国同行推销给他们的信条输入了互联网：'暴力不只是必要的，甚至对人类进化来说是不可缺少的'，'黑人是劣等人种，犹太人是魔鬼的化身'"②。

第四，垃圾信息。所谓垃圾信息，是指那些为数众多而又没有什么价值的信息。对于个人来说，一方面，垃圾信息可能造成一种叫作"信息污染综合征"的疾病，即短时间内接收大量繁杂无用的信息，使大脑受到负面刺激和干扰，便会产生心理不适现象；另一方面，垃圾信息使人感到"信息饥渴"，因为数量巨大的垃圾信息会淹没有用的信息。此外，垃圾信

---

① 刘树秀. 信息霍乱——世纪末的冷面杀手 [M]. 北京：世界知识出版社，1999：283-284.

② 孙伟平. 猫与耗子的新游戏——网络犯罪及其治理 [M]. 北京：北京出版社，1999：170-171.

息还对信息环境产生不可低估的影响，它使得网络资源的整体价值大打折扣，造成网络通信的超载。①

第五，隐私信息。隐私是一种法律规定的权利，非法披露他人的隐私信息，不仅是一种违法的侵权行为，而且由于可能造成对他人的伤害，故在道德上是应当受到谴责的。在互联网上，有些个人或网站，为了不正当的目的，似乎热衷于挖掘和传播隐私信息，这不但引发了一些官司，而且引起了公众的普遍愤慨。

当然，互联网上传播的不道德信息五花八门，可能上述五种类型并没有穷尽。但最主要的、最常见的不道德信息，还是可以被大致地概括于上述五种类型。上述五种类型的信息之所以是不道德的，除了因为其手段、内容本身即具有不道德性之外，还因为它们往往造成他人的利益损失，或使他人的心理、精神蒙受某种程度的创伤。对于这样的信息，显然不能让它们在互联网上自由地传播，不能让它们肆无忌惮地危害他人。因此，对不道德的信息传播进行道德过滤刻不容缓。

对不道德的信息传播进行道德过滤，需要一定的技术支持。那么，在迅速扩展的互联网时代，道德过滤是否具备技术上的可能性？回答应当是肯定的。

1997年在全球范围内投入使用的、由国际环球网联合会研制成功的互联网网络监控软件"互联网络内容选择平台"，可以被用于加强互联网络的管理，以清除不良信息。世界不同国家的学校、家庭可以根据各自的特殊情况，利用这一软件，限制少年儿童调阅互联网的内容，并可根据不同的要求限制调阅不同的内容。此外，利用这种软件还可以在更大范围内实现对一些特定信息的监控，甚至可能在一个国家或地区对一些政治、宗教等特定信息实现有效的监控。这就可以阻断某些不道德信息向少年儿童传播的通道。1997年，美国太阳微系统公司开发出的"电子巡逻者"软件，也可以使家长们方便地根据需要将网址设为"禁止访问"的和"允许访问"的，从而限制少年儿童在网络上的访问权限，在

---

① 孙伟平. 猫与耗子的新游戏——网络犯罪及其治理 [M]. 北京：北京出版社，1999：160-161.

一定程度上减少不道德信息向少年儿童传播的可能性。另外，还有人为了过滤色情信息，专门研制出一套网络色情防范系统软件"网络色情锁"（X-STOP）和"网络色情闸"（X-SHADOW）。"网络色情锁"是安装于个人电脑上的软件，主要用于防堵色情及过滤脏话；而"网络色情闸"则是主机型网络色情防堵器，适合安装于学校、办公室或其他个人电脑使用较多的机构。①

不道德信息有不同的类型，因此，针对不同类型的不道德信息，道德过滤就要采取不同的应对措施。对于色情信息和恐怖信息，可以偏重于内容过滤。这里所谓的内容过滤，就是只要发现色情和恐怖的字眼、图片、影像，就通过道德过滤装置予以封杀、清除或关闭。色情信息和恐怖信息在内容上有比较明显的特点，因此，从内容上对这样的信息进行道德过滤已经不是十分困难的事情。对于诈骗信息、垃圾信息和隐私信息，由于难以从字眼、图片、影像上进行识别，故可能要侧重于网址过滤。这里所谓的网址过滤，就是一旦发现某个网址传播诈骗信息、垃圾信息和隐私信息，就通过道德过滤装置封闭这样的网址，使其再不能自由地传播诈骗信息、垃圾信息和隐私信息。

就目前情况而言，基于技术支持的道德过滤还有不尽如人意的地方，还须不断完善。此外，传播不道德信息的手法也在不断翻新。因此，为了最大限度地减少不道德信息的传播，还需要在道德过滤方面投入更多的人力、物力，以进一步提高道德过滤的技术水平，扩大道德过滤的涵盖面及增强其有效性、可靠性。

第四节　道德过滤的策略与模式

国际互联网将不同国家、不同社会的人们联结在一起，而不同的国家、不同的社会又有不同的文化背景、不同的道德规范要求，并且不同的

①　孙伟平. 猫与耗子的新游戏——网络犯罪及其治理 [M]. 北京：北京出版社，1999：144-145.

人们的道德标准也会有所不同。因此，互联网上传播的信息的具体内容，究竟哪些是道德的，哪些是不道德的？哪些信息是道德上可以允许传播的，哪些信息是不可以传播的？诸如此类的问题，可能会引起不同国家、不同社会间的争议。不同的人们之间，对于什么是道德的信息传播，什么是不道德的信息传播，往往也会有不同的看法。有些信息传播，在某些国家、某些社会被认为是符合道德的，至少没有违背当地的道德传统，而在另一些国家、另一些社会，则可能被看作不道德的，是与当地的道德规范体系相冲突的。还有一些在互联网上传播的信息，对成年人并无害处，不会造成不良的道德后果，但却可能对未成年人造成不良影响，会妨碍他们正常的道德社会化过程。即使在同一国家、同一社会，有些信息也可能只适合在具有特定身份的成年人群体中传播，而如果超出这样的成年人群体，把这样的信息传播到并未具备某种特定身份的成年人群体中，就可能变成不道德的信息传播。虽然对信息传播必须进行必要的道德限制，必须设立有效的道德过滤关口，但鉴于在互联网上进行的信息传播的上述种种复杂情形，人们又不能采取一刀切的简单方式对信息传播进行笼统的道德过滤，而应当制定应对各种复杂情形的关于道德过滤的正确策略。

制定关于道德过滤的策略，至少应当考虑以下几个方面的要求：

第一，分级的要求：根据信息传播的可能的接收者的年龄的大小、心理承受能力的强弱以及思想的成熟程度，将公共信息通道中传播的信息划分为不同的等级。最低等级的信息，可以向所有人开放，即无论年龄大小、心理承受能力及思想成熟程度如何，都可以接收这样的信息而无不良影响。等级越高的信息，要求的年龄越大、心理承受能力越强、思想成熟程度越高。通过明确、严格的分级，就既能满足那些可以接收某些信息的人的信息需要，又能防止这样的信息对不宜于接收的人产生不良影响。如果没有明确、严格的分级，则要么使得一些人正常的信息需要无法满足，要么会造成信息传播的不道德后果。

事实上，在互联网上传播的信息中，已经有一些标明了明确的等级，例如，一些涉及性方面内容的信息，一些传播性知识的网站，就有很多明确注明 18 岁以下不得浏览。但问题在于，这样的分级还缺乏有力的保障措施，致使信息的分级传播未能贯彻到底。一些年龄不到 18 岁的青少年，仍然可以自称已满 18 岁而方便地接收这样的信息。因此，有必要研制一种与分级制相配套的年龄识别系统。在接收这样的信息、浏览这样的网站之前，必须首先经过特殊技术系统的年龄鉴别，未达到一定年龄者一概拒之门外。研制这样的年龄识别系统在技术上应当是可行的，比如出示居民身份证，将身份证上的相片与本人相貌进行比照，然后按身份证上的信息算出年龄大小，给出"进入"或"退出"的指令。

第二，分类的要求：将在互联网上传播的信息划分为不同的类别，只允许特定类别的信息向适合于接收这类信息的人传播。例如，某些医用裸体照片，对于医生这一特定类别的人来说，具有很高的医学参考价值，而一旦传播到医生群体以外的某些人那里，就只能激起淫欲和非分之想；某些刑侦照片，对于刑侦人员这一特定类别的人来说，具有很高的借鉴价值，而一旦传播到非刑侦人员的其他人那里，则可能造成一些不良影响。因此，如果能对在互联网上传播的信息进行合理的分类，那么，就既能满足特定专业人士的业务需要，又能避免发生不道德的信息传播。分类的要求是针对某些不适于非专业人士、可能会在非专业群体中造成不道德后果的信息而言的，至于那些不会引起不道德后果的专业信息，则不必将其严格地限制在特定类别的专业人士中传播。这是因为，有些尚未成为某种特定类别的专业人士的人，由于可能正在学习这方面的专业知识，亦有对这方面信息的需要。

关于信息传播的分类要求的实施，亦可参照上述用于分级的年龄识别系统，研制一套专业身份识别系统，以确定特定专业信息的传播对象是否为特定类别的专业人士。在专业身份识别系统中，鉴定的依据可以是专业信息传播对象的工作证之类的证件。因为在工作证之类的证件中，既有本人的照片，又有其从事专业的记载。除了以个人为鉴别对象之外，为简便起见，还可以单位为鉴别对象。也就是说，道德过滤只允许特定类别的专业信息流向特定类别的专业单位，而禁止向非特定专业的其他单位传播。

此外，分类的要求还适用于对隐私信息的传播。在道德过滤中，可以将有关信息划分为公开信息和隐私信息两大类别。隐私信息只允许向与隐私有关的特定个人传播，这在某些案件侦查时是必要的；而公开信息由于没有隐私权的问题，可以面向所有人传播。

第三，分圈的要求：按照不同的文化背景，使具有特定的道德文化属性的信息只向特定的文化圈传播。在这里，所谓具有特定的道德文化属性的信息，是指那些只在特定的文化圈内才会造成正面道德价值、才会得到肯定道德评价的信息。超出特定的文化圈，这样的信息就可能被认为是不道德的，这样的信息传播在道德上就可能是不被允许的。

不同的文化圈，都有自己历史地形成的道德规范体系。尽管各个不同的道德规范体系之间都有一些相同、相近之处，特别在最为基本的道德要求方面，但它们之间的差异也是不容忽视的。例如，基督教文化圈、伊斯兰文化圈、儒家文化圈之间，就存在着道德规范方面的诸多不同。虽然由文化圈之间的差异而得出所谓"文明的冲突"不可避免的结论未必正确，但无视这些差异的存在或以一种文化圈的道德规范体系去代替其他文化圈的道德规范体系的做法却是错误的。在全球性的信息传播中，如果允许具有不同文化道德属性的信息毫无限制地自由流动，那么就有可能形成不同文化圈之间的道德干扰，并可能导致文化圈内部的道德混乱以及道德秩序的崩溃。因此，有必要按照分圈的要求，在文化圈设立道德过滤的关口，筛选那些适宜于在本文化圈传播的信息，而滤除那些虽然为其他文化圈认可但却可能对本文化圈的道德秩序造成危害的信息。

应当指出，任何一个文化圈的道德规范体系虽然是历史地形成的，具有一定的稳定性，但却不是一成不变的。社会的发展、文明的跃迁，必然要求相应的道德进步。有些来自其他文化圈的具有特定道德文化属性的信息，虽然暂时看来不容于本文化圈的道德规范体系，但从本文化圈变革的趋势来看，从本土道德进步的方向来看，却可能具有不可低估的价值。因此，一个文化圈对于外来信息的道德过滤，不能过于保守和苛刻，不能一味固守陈旧的道德观念，而要着眼于文化圈变革和道德进步的客观需要。

信息传播的道德过滤，不仅需要制定相关的策略，而且需要为之构建相应的模式。所谓模式，一般指可以作为范本、模本、变本的式样。信息传播中道德过滤的模式，是指对信息进行道德过滤的一般过程及其有组织的结构。为了构建信息传播中道德过滤的模式，有必要参考大众传播学中有关模式的一些成果。这里，我们主要关注"守门人"模式，因为信息传播中的道德过滤，在某种意义上就相当于为信息传播设置特殊的"守门人"。

"守门人"这一概念"源自库尔特·卢因所著关于如何决定家庭食物购买的一篇文章。他注意到，信息总是沿着包含有'门区'的某些渠道流动，在那里，或者根据公正无私的规定，或者根据'守门人'的个人意见，就信息或商品是否可被允许进入渠道或继续在渠道里流动做出决定。在一份附带的参考材料中，库尔特·卢因把它与大众传播中的新闻流动做了比较。怀特在研究美国一家非都市报纸的电讯编辑时采纳并运用了这个概念。这位编辑舍弃许多新闻的决定被视为最值得注意的守门行为"[1]。为了更直观地显示新闻传播中的守门行为，可以将怀特的思路用下述"守门人"模式表达：

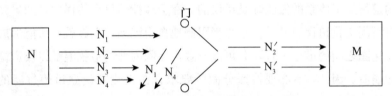

在上述模式中，N＝新闻的信源，N_1、N_2、N_3、N_4＝新闻，N_2'、N_3'＝选择的新闻，M＝受众，N_1'、N_4'＝舍弃的新闻。[2]

怀特的这一关于新闻信息传播的"守门人"模式清楚地表明，原有信源发出的新闻信息，在经过"守门人"之后，只有经过选择的一部分得以传播到受众那里，另一部分则被"守门人"过滤掉了。怀特的"守门人"模式，凸显出"守门人"在新闻信息传播中的作用和地位。但这一模式也有不足之处，如过于简单化、只有一个主要的"门区"，等等。后来的研究者或者对怀特的模式进行了一些修改，或者提出了新的更为复杂的模式以取代怀特的简单模式。虽然如此，但"守门人"这一概念对后来的大众

① 丹尼斯·麦奎尔，斯文·温德尔. 大众传播模式论 [M]. 祝建华，武伟，译. 上海：上海译文出版社，1987：134.

② 同①135.

传播模式的研究仍然有着深远影响，因为即使新提出的模式，也不能否定"守门人"的地位和作用。

　　信息传播的道德过滤，实际上就相当于为信息传播设置各种各样的道德"门区"。在经过道德过滤即经过一定的"门区"之后，有些信息因为合于特定的道德要求而被保留下来，另有一些信息因为不合于特定的道德要求而被清除或舍弃。显然，在全球性的信息传播通道内，不能只有一个"门区"，而应根据不同的区域、不同的情况、不同的要求设置多重"门区"。基于上述分析，我们给出信息传播中的道德过滤的一种总括模式：

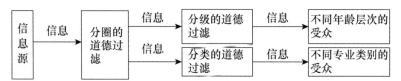

　　在上述模式中，不像怀特模式那样只有一个"门区"，而是有了各司其职的三个不同的"守门人"：分圈的道德过滤、分级的道德过滤和分类的道德过滤。分圈的道德过滤负责截留那些与本文化圈的道德规范体系相冲突且可能造成不良道德影响的信息，而让其他信息继续传播下去。分级的道德过滤将所接收到的信息分成不同的等级，分别传播到不同年龄层次的受众那里。分类的道德过滤将所接收到的信息分成不同的类别，分别传播到不同专业的受众那里。不同年龄层次的受众，要接收到相应的信息，必须经过相应的年龄鉴别，否则分级的道德过滤就会阻断有关信息向他们传播；不同专业的受众要接收到相关信息，就必须经过有关的专业身份鉴别，否则分类的道德过滤就会阻断相关信息向他们传播。

　　有了分圈的道德过滤、分级的道德过滤和分类的道德过滤这三个主要"门区"，信息传播中的伦理问题就大体上可以得到解决。当然，这还只是一个总括模式，它只能概略地描述在全球性的信息传播中道德过滤的主要流程和环节。在道德过滤的具体操作中，情况往往要比这个总括模式复杂。而且，随着信息业的发展，信息传播的广度和深度的变化也会给信息传播的道德过滤带来一些新的问题。因此，如何具体实施道德过滤，如何提高道德过滤的水平并使之逐渐完善，还需要进一步的深入研究。此外，作为信息传播过程中的"守门人"，分圈的道德过滤、分级的道德过滤以及分类的道德过滤，各自应当采用什么样的道德标准？这也是仅靠一种总括模式无法解决的问题，需要社会学、伦理学等不同学科进行相关研究。

第六章　信息消费的道德选择

面对丰富的信息资源和各种各样的信息产品，信息消费者往往依据自己的消费偏好进行自由的消费行为选择。消费偏好有两个基本向度：利益偏好和道德偏好。在信息消费活动中，利益偏好固然十分重要，但人们也不能忽视道德偏好的独特作用：一方面，道德偏好影响信息消费的性质；另一方面，道德偏好与信息消费行为之后果的道德责任相关联。为了使一般的道德偏好能够切实地渗入特殊的信息消费活动之中，有必要确定信息消费行为选择的具体道德指标。借助于具体道德指标的引导，信息消费行为就可能走上健康的轨道。

第一节　开放的信息空间与自由的信息消费

互联网的创立，"信息高速公路"的开通，为人们提供了一个极其广阔的信息空间，使人们可以极为方便、极为快捷地接触到各种各样的信息资源。这里所谓的信息资源，包括利用信息网络进行存储并供用户使用的所有信息内容。就目前情况来看，典型的电子信息资源有广播电视节目、各种脱机和在线的信息资源，其中特别是各种公用的和专用的数据库，在信息资源中占有重要地位，各种形式的电子出版物也是信息资源的重要载体。①

---

① 汪向东. 信息化：中国 21 世纪的选择 [M]. 北京：社会科学文献出版社，1998：13.

广阔的信息空间是高度开放的，它所拥有的丰富的信息资源能够为所有人共享。在广阔的信息空间内，人们借助于信息技术手段获得信息，并通过享用信息来满足自身物质和精神方面的需要，这样就形成了信息消费。消费作为一个经济学概念，其原义一般是指人们消耗物质资料以满足物质生活和精神生活需要的过程。信息虽然与物质有着密切的关系，但它却不能被等同于或还原为物质，因此，原有的消费概念并不必然包括信息消费。然而，对信息的享用，又确实可以满足人们在物质和文化生活方面的需要。也就是说，它既可以发挥消费的功能，又实现了消费的目的。因此，我们完全有理由提出信息消费概念，用以指称基于信息、在信息空间内展开的特殊的消费活动。

在整个社会日益走向信息化的今天，信息消费在人们生活中所占的比例越来越大，其重要性越来越明显。据报道，我国城乡居民信息消费的需要明显增长。例如，近年在新增电话中住宅电话平均保持在70％左右，电脑开始进入家庭（特别是在大城市），在新增移动电话和互联网用户中，个人用户所占比例开始上升，我国家庭的电视普及率已经达到较高水平；另外，电子货币、远程医疗、电子出版、多媒体教育、电子商务、电子娱乐等这些在发达国家流行的新事物，也已经开始在我国出现，并悄悄地改变着国人的生活方式。[1]

面对广阔的信息空间所提供的丰富的信息资源，信息消费者获得了空前的消费自主性和消费自由度。在几乎无所不有的信息空间内，信息消费者几乎是要什么有什么，想消费什么就可以找到什么。与人们生活于其中的现实社会相比较，数字化信息空间内的管制、监督相对弱化。在现实社会，并非所有东西都能在市场上流通，消费者也并不是只要有钱就能买到自己想要的任何东西。为了国家的安全、社会的安定，一个国家或一个地区总是要对流通领域实行一定的监督和管制，以禁止某些可能对国家、社会造成危害的物品进入市场。在广阔的数字化信息空间，由网络本身的特性所决定，实行像现实社会中那样严格的监督和管制已经成为不太可能的事情，于是，形形色色、五花八门的信息就都有可能涌现出来，信息消费

---

[1] 汪向东. 信息化：中国21世纪的选择［M］. 北京：社会科学文献出版社，1998：57.

者的各种需要也都可能找到满足的途径。这样，从信息消费者的角度来看，他们的消费自由较之于从前是极大地增加了。

然而，在消费自由极大地增加的同时，信息消费者的社会责任也随之加重了。任何自由都与责任有着不可分割的关系。甚至可以认为，不愿承担相应的社会责任，就意味着丧失享有自由权利的资格。从伦理学的角度来看，自由与责任是一种相互依存、互为条件的关系。个体如果没有充分的意志自由，他的行为就可能不是出自他本人的意愿，而可能是被迫的、强制的行为，在这种情况下，就没有理由要他为自己的行为后果负责，即没有理由追究他的道德责任。而如果个体的行为完全出自他本人的意愿，即他的行为选择是他自由地做出的，那么他就必须承担其行为后果的道德责任。个体的自由度越大，他所享有的自由越充分，他要承担的道德责任就可能越重。在数字化的信息空间，来自监督和管制方面的外部强制力大为衰减，因此，个体在享有更充分的消费自由的同时，也意味着要承担更多的、更重的道德责任。获得信息消费的自由，是以承担相应的道德责任为前提、为条件的。

此外，为了实现数字化的信息空间内消费行为的有序化、健康化，防止产生这样那样的不良后果，就只能在给予信息消费者更多消费自由的同时，更多地强调其道德责任意识的觉醒，通过诉诸个体的道德责任意识，才可能避免信息消费走入邪途。信息消费者当然不能没有信息消费的充分自由。但是，自由是极其可贵的，信息消费者不能只要信息消费的自由，而逃避应承担的道德责任。在数字化的信息空间，虽然没有强如现实社会中的那样外在的监督和管制，但却可以通过诉诸信息消费者自身的道德责任意识，建立一种消费监督和消费管制的内在机制。信息空间的消费秩序，只有依凭这样的机制，才能最终建立和维系。

当然，我们强调信息消费者自身的道德责任意识，并不意味着要否定外在的监督和管制。应当说，只要有可能，在数字化的信息空间内也应建立与健全一定的监督和管制机制。但是，信息消费往往是通过国际互联网而实现的，而国际互联网涉及诸多国家，各个国家在监督和管制的尺度、标准、内容等方面又难以统一，例如，作为管制手段之一的法律就存在着国际应用范围的问题，因此，试图像在现实社会中那样对信息消费者实行全面的、细密的监督和管制，不是不应该，而是有很大困难，有的情况下甚至还不可能。正是由于这种情况，我们才更倾向于诉诸个体内在的道德责任意识，才特别强调信息消费者自身道德责任的重要性。至于有条件、有可能实行的监督和管制，我们不但不否定，而且还应尽力发展和完善，因为可行的监督和管制，不仅是一种对信息消费行为的有效的外在控制手段，而且是对信息消费者之道德责任意识的强有力的外部支持。

第二节　信息消费者的道德偏好

以国际互联网为基础的信息空间，是信息资源的汪洋大海。如此丰富的信息资源，不可能做到纯洁无比、整齐划一，往往呈现出鱼龙混杂、泥沙俱下的态势。从道德上进行分析，可以将信息空间内各种各样的信息概括为三种类型：（1）道德的信息。这样的信息本身具有一定的道德含量，它们的传播和利用，会有助于道德价值的提升，会促进个体和社会的道德进步。（2）不道德的信息。在这样的信息中，充斥着形形色色的不道德因素。它们的传播和利用，会造成道德价值的跌落和毁灭，会导致个体的道德败坏和社会的道德堕落。（3）非道德的信息。非道德不等于不道德，非道德的信息本身不具有任何明显的道德性质。也就是说，就其内容而言，非道德的信息既无所谓道德，也谈不上不道德。对于信息消费者而言，既可以出于道德的目的使用非道德的信息，也可以将这样的信息用于不道德的方面。

面对广阔的信息空间和丰富的信息资源，信息消费者选择、利用什么样的信息，以及利用这样的信息来达到什么样的目的，与他们自身的消费偏好有关。信息消费者的消费偏好一般有两个向度：利益向度和道德向度。所谓利益向度，是指信息消费者的消费取向总是与他们自身的利益相联系。他们总是通过一定的信息消费，来满足这样那样的利益需要。不能给他们带来某种利益的信息，或者与他们的利益毫无关联的信息产品，一般不会成为他们注意的对象。信息消费者的利益偏好，主要属于经济学研究的范围，这里不予详论。我们研究的重点是信息消费者的道德向度。所谓道德向度，也即道德偏好，是指信息消费者在选择、利用信息的过程中表现出来的道德倾向性。应当指出，信息消费者的道德偏好不一定是与一般的社会道德要求相一致的。信息消费者是自由的道德主体，因此，他既有可能认同一般的社会道德要求，也有可能生成与一般的社会道德要求相对立的道德态度和道德价值观。这样，信息消费者的道德偏好就不可能是一种模式、一种性质。也就是说，信息消费者的道德偏好并不总是道德的，它既可能是道德的，也可能是不道德的，而不可能是非道德的。当信息消费者的道德偏好与一般的社会道德要求相吻合时，一般的社会道德舆论就会认为这样的道德偏好是道德的；反之，当信息消费者的道德偏好与一般的社会道德要求相冲突时，一般的社会道德舆论就会认为这样的道德偏好是不道德的。

信息消费者的利益偏好，在信息消费中起着十分重要的作用，甚至可以说，没有利益偏好，就不会有实际的信息消费行为。但是，信息消费者的道德偏好在信息消费中同样具有重要意义，能够对信息消费行为产生重要作用。具体说来，信息消费者的道德偏好在信息消费中所起的作用主要包括两个方面：（1）道德偏好影响信息消费的性质。道德偏好作为信息消费者的心理因素，本来内在于信息消费者的意识之中，但一旦由道德偏好指引具体的信息消费行为，这种外在的行为便染上了内在的道德偏好的色彩，从而表现出道德的或不道德的性质。依据一般的社会道德标准，人们判定某种信息消费行为具有道德的或不道德的性质。信息消费行为的任何道德性质，都主要是由信息消费者的道德偏好决定的。（2）信息消费行为之后果的道德责任，是由信息消费者的道德偏好引起的。伦理学考察行为之后果的道德责任，通常要分析动机与后果之间的关系。如果某种后果与某种动机之间并没有必然的联系，或者有某种后果而无相应的动机，那么追究道德责任就缺乏充分的根据、充足的理由。偏好是与动机处于同一序列的概念，动机通常是由偏好激发的，所以道德责任的承担最终总是与一定的道德偏好相联系的。信息消费者如果没有一定的道德偏好，那么就不太可能产生相应的道德动机，其行为之后果的道德责任便难以落实。

其实，信息消费者的道德偏好并不是专属于信息消费领域的道德偏好，而是一般的道德偏好在信息消费活动中的具体表现。任何一个社会化的人类个体，都有一般的道德偏好，这种一般的道德偏好不仅表现于信息消费这一特殊的活动中，而且表现于其他各种各样的活动中。只不过在不同的行为领域，一般的道德偏好可能以不同的形式、不同的具体内容出现而已。

一般的道德偏好具有两个比较明显的特性：后天性和可变性。所谓道德偏好的后天性，是指道德偏好并不是与生俱来的东西，而是个体在进入社会之后，在特定的社会环境中、受到特定的外部道德氛围的影响而逐渐形成的，是个体社会化过程中结出的果实之一。没有社会化的个体，就不会有什么道德偏好。在人类基因中不可能找到道德偏好的原初发生机制，未经社会化的人类个体只是纯粹的自然人，只有趋利避害的生物本性。个体在进入社会之后，经过家庭的熏陶，在其他社会环境因素的影响下，逐渐奠定道德的基础，并开始道德的社会化过程。只有在基本完成道德的社会化之后，人类个体才形成比较稳定的、成熟的道德偏好。所谓道德偏好的可变性，是指个体的道德偏好不是一成不变的，即使经过比较完整的社会化过程而形成的道德偏好，也可能在新的道德因素、新的道德环境的影响下发生一些变化，甚至可能发生根本性的改变。道德偏好的变化可能有两种基本走向：由好的道德偏好变化为坏的道德偏好、由坏的道德偏好变化为好的道德偏好。除基本走向的变化之外，道德偏好还可能发生层次上的变化，即可能由某种性质的道德偏好的较低层次上升为较高层次，也可能由某种性质的道德偏好的较高层次下降到较低层次。至于道德偏好的具体内容的变化，则千姿百态、不一而足。

道德偏好的后天性和可变性，是一种普遍现象，即普遍地存在于一切社会个体的道德内在结构之中，信息消费者也概莫能外。道德偏好的后天性和可变性，为进行道德培养、道德教育提供了必要的发生前提。因为道德偏好具有后天性，所以我们要特别重视家庭、学校以及社会的其他部分对个体的道德影响，要特别重视社会道德环境因素在个体之道德偏好的形成中所起的作用。此外，因为道德偏好是后天形成的，所以我们应当无歧视地、平等地对待每一个社会个体，而不能将某些社会个体的道德错误归结为"先天的""本性如此"，等等。因为道德偏好具有可变性，所以即使对于那些已经基本完成道德的社会化的个体，也要继续进行道德教育，以使他们的道德水平不断提高，使其正确的道德偏好不断得到巩固；对于那些因为某些原因形成了扭曲的道德偏好的社会个体，则不能以绝对的眼光来看待他们扭曲的道德偏好，甚至认为他们是不可救药的，而应积极地对他们施加正确的道德影响，促使他们逐渐矫正扭曲的道德偏好。

信息消费者的道德偏好，尽管一般不是在进入信息消费领域之后才形成的，而往往是在此之前就已有的、比较稳定的，但因为信息消费有自身的一些新特点，所以信息消费者原来已有的、比较稳定的道德偏好就可能在新的情况面前发生变化。道德偏好的重要性及特性，决定了在信息消费领域引导消费者的道德偏好的重要性和可能性。

第三节 信息消费者偏好的理性定位

信息消费者的利益偏好和道德偏好，分别由其经济理性与道德理性予以定位。经济理性与道德理性是如何分别定位利益偏好和道德偏好的？这就需要讨论经济理性与道德理性的特性问题。

经济理性与经济学最基本的假设即"经济人"有关。按照经济学家的理解，"经济人"是指根据自己的理性来从事经济活动、选择经济行为的个人。显然，没有经济学意义上的理性，就不可能产生"经济人"的假设。经济学家假设的理性，在经济学范围内被赋予独特的含义。路斯（R. Duncan Luce）和莱法（Howard Raiffa）曾从博弈论的逻辑出发，把"经济人"的这种理性定义为："在两种可供选择的方法中，博弈者将选择能产生较合乎自己偏好的结果的方法，或者用效用函数的术语来说，他将试图使自己的预期效用最大化。"[①] 一般而言，经济理性是"经济人"在经济行为选择中运用的理性。按照经济理性的要求，"经济人"总是从诸种可能的经济行为中选择预期会导致其效用最大化的行为。

有些经济学家注意到经济理性具有一定的边界，即经济理性实际上是

---

① R. Duncan Luce, Howard Raiffa. Games and Decisions: Introduction and Critical Survey [M]. New York: John Wiley & Sons, 1957: 50.

一种有界理性。"经济人"虽然是理性的,但他的理性受到接收、储存、检索以及处理信息的神经物质能力的限制,也受到让其他人理解他的知识和感觉的语言能力的限制。[①] 因此,"经济人"的效用最大化在复杂环境中难以实现,经济理性的运用即使从纯粹经济学的角度来看也不是无条件的。尽管经济理性具有这样的边界,但有关"经济人"的效用最大化的假定对于经济学的研究来说仍然是必要的。

经济理性的突出特性,就在于其个人性、自利性。经济理性所设定的目的是符合"经济人"的个人偏好的目的;或者说,"经济人"所追求的效用最大化是指"经济人"自己的效用最大化。在通常情况下,"经济人"总是自利的,即其行为总是服务于自己的个人目的。经济学家虽然并不排除"经济人"也可能做出利他行为,但却往往认为只有在"经济人"的利他主义所获致的报酬超过利他主义的费用时他才会做出利他行为。[②] 因此,归根结底,"经济人"的所谓利他行为仍然是利己的。在经济学说史上,经济学家关于经济理性的看法曾经有过一些变化。例如,较早的经济学家倾向于认为理性行为是指选择利润最大化的行为,而晚近一些的经济学家以效用最大化来取代利润最大化。尽管有过这样的变化,但经济理性的突出特性——个人性、自利性——却始终未变。因为无论是利润最大化还是效用最大化,都是用来指称"经济人"自利的个人行为。

个人性、自利性并不等于反社会性,因为自利的个人行为并不一定是反社会的。但如果人仅仅受经济理性的支配,为了自己的效用最大化而不择手段,不顾任何社会约束,那么经济理性的个人性、自利性就有可能演变为反社会性。罗伯特·考特(Robert Cooter)和托马斯·尤伦(Thomas Ulen)曾经指出:"理性并不排斥目的的巨大独断性。明确地讲,纵然目的是反社会的,并且手段是不道德的,但行为可以是理性的。"[③] 此处指

① Oliver E. Williamson. Markets and Hierarchies: Analysis and Antitrust Implications [M]. New York: The Free Press, 1975: 13-21.

② 林毅夫. 关于制度变迁的经济学理论:诱致性变迁与强制性变迁 [M] // 科斯阿尔钦,诺斯. 财产权利与制度变迁. 刘守英,等译. 上海:上海三联书店,1994: 371-439.

③ 罗伯特·考特,托马斯·尤伦. 法和经济学 [M]. 张军,等译. 上海:上海三联书店,1994: 14.

向目的反社会的"理性"，即为某种具体的经济理性。

道德理性不同于经济理性。所谓道德理性，是人从道德角度选择行为所凭依的理性。道德是以人为目的的实践——精神活动。这里的"以人为目的"，是以人的整体或人类的每一平等的个体为目的。如果某一个体或某些个体将自己置于高于其他个体的地位，将自己的利益与人类的整体利益对立起来，那么这样的个体以其自身为目的的行为实际上就不符合"以人为目的"的内在规定。道德理性为人的活动设定了总目标或根本目的，这就是人的全面发展、日益完善，亦即人的整体或每一个个体的全面发展、日益完善。从道德理性所设定的总目标或根本目的来看，一切以人为目的的行为都是合理的，而一切仅仅以人为手段的行为都是不合理的。

道德理性的突出特性，就在于其社会性、公利性。道德虽然可以表现为个体的行为，但它的目标所向却是社会的人或人的社会。人的存在不是单纯的生物性存在，不是单独的个体性存在，而是复合的社会性存在。个体的人只有作为社会的人亦即社会化了的人才能存在。没有社会化的人，只追求个人欲望的满足，不要任何社会规范，其行为就可能具有反社会的性质，注定为社会所不容，必然丧失作为人的本质规定。社会的人组成人的社会，而人的社会就存在于社会的人的有机联系之中。彼此冲突的、具有反社会性的个体，无法组成人的社会。人的社会若不存在，孤立的人类个体就无法与自然界相抗衡，人的存在便失去现实的根基。因此，道德理性是对人类个体可能发生的反社会性行为的理性抑制和自觉消解。

道德理性的社会性、公利性，并不注定要与经济理性的个人性、自利性相冲突。道德理性并不一定要否定个人性，而只是要否定那种与社会性相对立的个人性；道德理性并不一般地反对自利行为，而只是反对那种仅仅以人为手段的自利行为。如果经济理性所选择的自利行为并不妨碍人类整体利益的实现，那么这样的经济理性就并不与道德理性相冲突。只有当经济理性所选择的自利行为有可能危及人类整体利益时，即"自利"变得与"公利"格格不入时，经济理性才会与道德理性产生尖锐的矛盾。道德理性从整个人类进步的高度，富有远见卓识地把人类整体的利益看作实现各个人类个体的利益的基础；道德理性立足于人类个体对人类整体的依赖关系，充分考虑到人类整体的存在与发展对于人类个体的存在与发展的意义，而把公利作为自利的前提。

从对经济理性与道德理性各自特性的分析中，我们可以认为，经济理性与道德理性虽然相同，但二者并不必然冲突，而且，道德理性是高于经济理性的。既然道德理性高于经济理性，那么，从现实的信息消费行为选择的角度来看，道德理性就应优先于经济理性。是否选择某种信息消费行为，应当首先考察该种行为是否有助于实现道德理性所设定的总目标或根本目的。如果"是"，则再考察该种行为是否为最有效的行为，即是否为合乎经济理性的行为；如果"否"，则该种行为即便是合乎经济理性的行为，也应予以放弃。也就是说，现实的、正确的信息消费行为选择，不是仅仅从经济理性的角度选择能够导致效用最大化的行为，而是从合乎道德理性的行为中选择经济理性意义上效用最大化的行为。因此，正确选择的信息消费行为，既可能是经济上效用最大化的行为，又可能是经济上非效用最大化的行为。如果某种经济上效用最大化的信息消费行为合乎道德理性，那么该种行为就是应当选择的行为；如果某种经济上效用最大化的信息消费行为不合乎道德理性，那么该种行为就是不应当选择的行为。由此看来，现实的人的经济理性不仅具有经济学家所划定的边界，而且遇到了道德理性的边界。广义经济理性的有界性，包括了道德理性的制约性。道德理性为经济理性设定"应当"与"不应当"的最后边界。

第四节　有选择的、合道德的信息消费

在信息消费领域，接收什么样的信息、进行什么样的信息消费，往往是经过信息消费者的自主选择的。信息消费者的自主选择过程，就是信息消费者权衡自己的经济理性与道德理性来满足自己的利益偏好和道德偏好的过程。信息消费者不能放弃和忽视任何道德上的考虑而仅仅根据利益偏好来选择信息消费行为。这样的信息消费行为选择，会使信息消费者迷失道德的方向，从而丧失或衰减信息消费应有的道德价值。信息消费者也不能只考虑道德偏好，而完全不以利益偏好为依据。这样的信息消费行为

选择，只能使道德偏好无所附丽，最终流于虚幻。但信息消费者的道德偏好是一般的道德偏好在信息消费活动中的特殊表现，而一般的道德偏好又往往在个体进入信息消费领域之前就已存在，因此，要切实发挥道德偏好在信息消费行为选择中的作用，就必须结合信息消费的具体情况，为道德偏好在这一特殊领域中的应用提供具体的指标。没有具体的道德指标，信息消费者一般的道德偏好就可能难以在信息消费活动中落实，就可能难以找到与信息消费者的利益偏好的实际契合点。一旦确定了信息消费的具体的道德指标，就可以为信息消费者的信息消费行为选择给出明确的道德引导，信息消费者就可以知道在信息消费这一特殊领域应该如何道德地行动，道德偏好怎样才能落实为实际的信息消费行为。道德理性为信息消费行为设立的"应当"与"不应当"的最后边界，体现在有关信息消费行为的具体的道德指标中。

第一，信息消费应有利于而不是有害于信息消费者自身道德品质的提升。信息消费不等于道德教育，然而，在信息消费中，因为消费者可能接触到各种各样的、形形色色的信息，其中既有大量健康的、向上的、正面的信息，也不乏所谓的垃圾信息、肮脏信息，所以信息消费就可能对消费者的道德品质产生潜移默化的影响。就目前情况来看，尤其需要注意在互联网上泛滥的垃圾信息、肮脏信息的负面道德作用。众所周知，网络行为的一个突出特点就是所谓匿名性。恩格尔（Ch. Engel）指出："这种匿名性让人毫无忌惮。有的人在这种讨论中发表的言论，是他们在和别人面对面谈话时无论如何也难以启齿的。为了防止自己的电子面具被揭露，人们还可以到网吧中去发表这类言论。匿名性甚至能帮被动使用者解除后顾之忧。例如，他不必再光顾色情商店，也不必再将从那里得到的商品在自己的家人面前藏匿起来，而是只要选用一种别人无法解开的密码系统，就足以防止别人发现自己的色情消费。"① 这里所说的色情消费，就是一种典型的有害于消费者自身道德品质提升的信息消费。消费者长期沉溺于这样的信息消费，就可能使自己的道德趣味趋于低级，致使自己的道德品质逐步败坏。为了避免垃圾信息、肮脏信息等对信息消费者的腐蚀，有必

---

① Ch. 恩格尔. 对因特网内容的控制 [J]. 逸菡, 译. 国外社会科学, 1997（6）：38.

要寻求有效的措施以杜绝这类信息的出现，但在互联网有了一定的发展但还存在管理不健全、相关措施不成熟的情况下，信息消费者应该主动拒斥不良信息，这样才能最大限度地防止不良信息对消费者的道德品质的毒害和污染。

第二，信息消费者不应利用信息来造成对国家、社会和他人的危害。有些信息可能在道德上是中性的，但信息消费者如何使用这些信息仍有可能成为一个伦理问题。如果信息消费者在使用中性信息的过程中，并没有对国家、社会和他人造成危害，甚至还有助于国家、社会和他人之利益的增长，那么这样的信息消费在道德上就是可以允许的，甚至是值得赞扬的。然而，如果信息消费者利用某些中性信息去损害国家、社会和他人的利益，那么这样的信息消费就是应当受到道德谴责的。通常，信息消费者之所以在信息消费中损害国家、社会和他人的利益，是因为总是希望以此为手段来达到满足个人需要的目的。而满足个人的需要，又是信息消费者的利益偏好使然。但这时的利益偏好，要么与错误的道德偏好相伴随，要么在道德偏好阙如的情况下一意孤行。无论是哪一种情况，都是正确的道德偏好不允许的。

信息消费者应当正确地认识自身利益与国家、社会和他人之利益的关系。信息消费者当然有通过信息消费来满足个人需要的权利，但如果信息消费者在信息消费过程中只追求自身利益的满足，而不顾甚至践踏国家、社会和他人的利益，那么他就理应被剥夺这样的信息消费权利。而且，如果每个信息消费者都如此行使自己的信息消费权利，那么就会形成相互损害、相互践踏，其结果是信息消费权利的普遍虚置。因此，信息消费者在行使自己的信息消费权利的时候，不对国家、社会和他人造成危害，实在是保障基本的信息消费秩序的起码要求。信息消费不是纯属个人的行为，可能牵涉到国家、社会和他人的利益，每一个信息消费者都应对此有明确的认识。在享有信息消费权利的同时，信息消费者应当念念不忘自己的道德责任。

第三，信息消费者不应在未经授权的情况下使用信息资源和信息产品。查尔斯·R. 麦克克鲁尔（Charles R. Mikekrol）曾经对信息的特性做过归纳，例如："信息永远不因使用而消耗"，"信息可被许多人同时拥有"，"想防止某些人免费拥有部分信息或获得信息都是非常困难的"①。信息具有这样一些特性，就使得信息资源和信息产品很容易被人在未经授权的情况下使用。既然"信息永远不因使用而消耗"，那么，在未经授权的情况下使用他人的信息资源和信息产品，就可能被误认为并没有给他人造成损失；既然"信息可被许多人同时拥有"，那么，信息资源和信息产品就可能被误认为是可以随便使用的，是大家都有份的公共物品；既然"想防止某些人免费拥有部分信息或获得信息都是非常困难的"，那么，某些人就可能钻这样的空子，肆无忌惮地在未经授权的情况下使用信息资源和信息产品。但是，诸如此类的认识和行为，都可能造成对他人权利的不同程度的侵犯。

信息资源和信息产品都是信息劳动的产物，属于智力成果。信息资源的开发和信息产品的研制，往往需要付出艰苦的劳动，是信息劳动者智慧的结晶。未经授权而使用他人的信息资源和信息产品，不管出自何种理由，都是对他人劳动的不尊重，是对他人权利的侵犯。在某种意义上，这样的行为与偷窃具有同样的性质，因而在道德上是应当予以坚决否定的。当然，某些信息资源和信息产品是可以免费使用的，但那也是在信息资源和信息产品的拥有者授权的情况下才成为正当的。也就是说，只有当信息资源和信息产品的拥有者准许时，信息消费者才可以进行这样的免费信息消费。任何未经授权的信息消费行为，不仅可能是违法的，而且是不道德的。一个有道德的信息消费者，是不会利用信息的上述特性而做出不道德行为的。

结合信息消费领域的特殊问题，从一般的道德偏好引申出信息消费的具体的道德指标，就为信息消费者的信息消费行为选择提供了可行的道德路径。信息消费者依据具体的道德指标，来选择道德上正确的信息消费行为，就能使信息消费始终沿着健康的轨道运行。这样，既没有损害信息消费者应有的自由度，又可以在很大程度上保障信息消费领域的基本秩序。

信息消费者在进行信息消费行为选择时，往往可能遇到利益偏好与道德偏好之间的矛盾。例如，选择消费行为 A，虽然能够给信息消费者带来

---

① 查尔斯·R. 麦克克鲁尔. 电子社会的网络技能与教育断层［M］//美国信息研究所. 知识经济：21 世纪的信息本质. 王亦楠，译. 南昌：江西教育出版社，1999：197.

最大的利益，但却不符合信息消费者的道德偏好；而选择消费行为 B，虽然符合信息消费者的道德偏好，但却不能给信息消费者带来最大的利益。在信息消费活动中出现的利益偏好与道德偏好之间的矛盾，可能使信息消费者陷入困惑，感到难以做出消费行为选择。但是，利益偏好与道德偏好的这种矛盾又是十分现实的，是信息消费者无法回避的。那么，究竟应该如何解决这样的矛盾？

如果纯粹按照经济学的效用最大化原则，那么信息消费者只要依据其利益偏好的要求，选择能够带来最大利益的消费行为就行了。但是，经济学中的效用最大化原则是一种理论上的抽象，它舍弃了经济主体在现实社会中的许多非经济方面的关系。现实中的信息消费者要受到各种各样的道德约束。如果信息消费者只从经济理性的角度、根据自己的利益偏好来选择能够给自己带来最大利益的消费行为，而这种行为却可能使国家、社会和他人的利益蒙受损失，那么信息消费者做出的这种消费选择就是不道德的。因此，当信息消费者面对利益偏好与道德偏好之间的矛盾时，他应当使其利益偏好服从于其道德偏好。一般而言，信息消费者在进行信息消费行为选择时，应当首先根据道德偏好从各种可能的消费行为中筛选出道德的消费行为，然后再根据利益偏好从诸种道德的消费行为中选择能够带来最大利益的消费行为。相反，如果信息消费者将利益偏好置于至高无上的地位，使其道德偏好服从于其利益偏好，那么，他就可能牺牲道德，在最大限度地满足自己的需要的同时，造成对国家、社会和他人的利益的损害。

第七章　电子商务活动的道德调节

伦理道德是人类客观利益关系在主观价值体系上的反映，是人类活动最为广泛和最深刻的自我调节手段。电子商务活动的道德调节，就是对电子商务活动特别是其中的信息活动进行道德反思，建构相应的道德观念和道德标准，引导人们共建良序、高效的电子商务活动体系。电子商务发展越快，道德调节的要求越强烈。

第一节　电子商务的道德诉求

据中国社会科学院发布的《2005 年中国电子商务市场调查报告》，当年中国网民网购用户 2 200 万，个人电子商务成交额逾 135 亿元，但相对于 1 亿 2 千万的互联网使用人群，电子商务远未达到预期规模效益，而且"与电子商务相关的投诉在消费者协会受理的总投诉案例中占据第二位"，这表明我国电子商务存在严重的不和谐因素，其中不道德商业行为是其健康发展的主要障碍之一。

一、电子商务中的不道德行为

第一，虚假信息与欺诈。不法商家利用网络的虚拟性特别是虚拟信息的易更改性，大肆兜售虚假信息，大行商业欺诈。据某电子商务欺诈信息举报中心受理过的消费者投诉，目前个人网络购物主要遭遇如下几类典型欺诈：虚构公司信息，汇款石沉大海；在网上以低价作为诱饵，当消费者将货款汇入网站指定的账户后，再以种种理由要求追加汇款，否则不给发货；以次充好、以假充真；物品"三包"责任难以落实；虚假广告难以控制，因为不法行为人可以很方便地关闭或转移站点。① 由中国电子商务协会诚信评价中心和北京师范大学电子商务研究中心共同完成的国内首份电子商务诚信调查报告显示，56.4%的被调查者曾有过在线购物信息不真实的遭遇，71.1%的被调查者曾对一些网站的真实性与合法性产生过怀疑。② 虚假信息与欺诈行为严重侵蚀着人们参与电子商务交易的信心。

第二，商业诽谤与侵权。一是侵犯隐私权。有些商务网站未获访问者的许可，就将涉及访问者个人信息的资料随意公开或者有偿提供给他人，形成对访问者隐私权的侵犯。二是侵犯知识产权。由于互联网发展的超常规性，相关知识产权法律保护滞后，难以有效地解决知识产权保护与共享网络资源的矛盾，致使电子商务"链"上的商标之争和网上搜索引擎引起的"隐形"商标侵权纠纷多如牛毛，恶意抢注域名等侵权行为甚为猖獗。如微软公司曾在其网页上使用某票务公司的商标并链接到该公司网页的"锚"，被该票务公司控告商标侵权，理由是此类链接行为构成了"电子形式的剽窃"，是对其商标和商号的盗用，同时也是滥用，淡化或矮化了其商标价值。又如一些网主利用网上搜索引擎为网页吸引用户，即设置尽可能吸引他人的关键词，一旦用户查询这些主题，搜索引擎就指向这些网页，不论网页内容是否真的与这些关键词有关，由此产生了"隐形"商标侵权纠纷，虽没有直接在自己的商品上或商品广告中使用他人注册的商标，但淡化甚至贬低了他人的商标，构成新型商标侵权。③

第三，责任推诿与失信。诚然，电子商务的许多纠纷起因于网络安全技术相对不成熟、行业交易规则不规范、他人恶意攻击等客观因素，但电子商务交易需要多个主体参与，任何一方或者任一环节出现问题，均会

---

① 新春网上购物务必谨慎 [EB/OL]. 新浪网，（2005-12-27）[2017-04-21]. http://news.sina.com.cn/s/2005-12-27/15157832335s.shtml.

② 首份电子商务诚信调查数据出炉 半数网购遇假 [EB/OL]. 搜狐网，（2006-08-09）[2017-04-21]. http://it.sohu.com/20060809/n244695600.shtml.

③ 王鑫刚，王玉春. 电子商务与知识产权 [J]. 学习与探索，2004（1）：54-56.

对消费者的合法权益造成损害。虽然电子商务发展还处在初级阶段，交易的安全性和准确性等方面发生问题在所难免，但无论是"黑客"攻击还是系统出现意外失误，问题的责任终归要由人来承担，相互推诿只会使纠纷升级。2002年五一劳动节期间，某消费者通过互联网竞拍上海永达汽车公司帕萨特二手车，在报出116元低价后，竟收到易趣网站的确认函。据此，买者坚决要车，卖者解释这是交易过程中"技术性错误导致的误会"而执意拒绝。① 虽然最终法院做出对该案所涉及的电子合同因存在重大误解而不能成立，从而驳回消费者诉讼请求的裁决，但是，该事件本身的意义已经远远超出一辆帕萨特的"价值"。上海永达汽车公司是不是失信于人？问题的反思并没有结束。

失信是合理预期的克星，无法合理预期就难有积极行为。一些网络公司将早先承诺的免费服务单方改为收费服务，从而加剧信任危机，给原本就先天发育不足的电子商务的人文环境造成严重破坏。

上述问题既是法律问题，也是伦理问题。事实证明，问题的解决仅仅诉诸法律是远远不够的：一方面，法律难以跟上迅速发展的电子商务；另一方面，网上商务活动不可能完全由法律来实现有效控制。例如，网上隐私权应有相应的法律保护，但在相关法律尚未出台之前，是否尊重隐私权首先便成了一个伦理问题。即使相关法律出台了，也有法律鞭长莫及之时。再者，能否在互联网上自觉遵守法律，仍然是一个关乎道德的问题。因此，与传统商务相比较，电子商务发展更加需要道德调节，更加需要商家或个人的道德自觉。

二、电子商务伦理问题的成因及后果

电子商务在丰富市场信息、扩大交易范围、提高运营效率和降低经营成本等方面，具有传统商务无法比拟的技术优势。但是，单纯注重电子商务技术因素的作用，可能带来更大的道德风险。

第一，商业信息与信用工具的数字化加剧了安全和信用风险。电子商务利用网络技术手段开展市场调查、产品开发、销售决策、售后服务等经

---

① 李鹏. 网上拍卖的法律适用及其特殊规则［J］. 经济与法，2003（7）：51—52.

营管理，以及进行身份认证、网上支付等交易活动，使得经营管理对在线信息的真实性和网络技术的安全性具有高度依赖性。在商务活动各方无法或无须直面沟通的情况下，即便网络技术安全有保证，仍无法确保主体身份和产品信息的真实性。主体身份不明，产品信息真假难辨，必定潜伏着巨大的交易风险。更何况，网络技术的安全性始终只是相对的。尽管证书管理机构（Certificates Authorities，简称 CA）系统已经获得大家的基本认可，但密钥验证、身份标识、电子签名等系列安全技术都或多或少存在不足或漏洞，如遇操作失误或者恶意攻击，轻则系统瘫痪，重则商务机密泄露和资金被盗。

第二，交易主体关系的虚拟化淡化了行为人的道德责任意识。传统商务模式借助于直接的现实交往活动，行为人的性别年龄、相貌职业、财产地位等，或者企业的厂址厂貌和社会形象等自然属性与社会属性都充分地展现在交往对象面前，其身份、意图和行为相对容易得到辨别与控制，因而良心和舆论等道德因素成为可直接作用于交易各方之态度与行为的"软约束"，从而使相关方的道德责任意识随着交易关系的确立而得到增强。而在以符号和编码为媒介的电子商务活动中，人的诸多属性都被剥离了，剩下的只是代表交往对象的虚拟符号，同样，一个企业在网络上也只是一个虚拟符号，甚至连这个符号也是不确定的。交易主体退到终端背后，双方关系呈现出间接的和虚拟的特点，于是就有了导致弱监督性的匿名性。直接的规范约束难以落实，直面的道德舆论抨击难以进行，必然使交易主体产生主体感淡漠化倾向，进而自身道德责任意识不断弱化，由此产生大量以网络为屏障、以虚拟信息为遁形，漠视现实社会中的法律威慑和道义谴责而无所畏惧的欺诈与侵权行为。

以上反映道德与技术之间存在一定的时滞效应。原国家信息中心副主任胡小明认为："电子商务需要一个系统环境。而系统的生成比单个的技术生成要慢得多。人们老是用技术的成熟度来代替系统的可行度。这是一个很大的偏差。"①

---

① 周延云. 电子商务活动中的道德问题及伦理对策［J］. 科技进步与对策，2006，23（4）：66.

　　电子商务作为经济全球化和现代科技的新生事物，必然要求有一种新制度文化作为其发展支撑，但这种支撑环境的生成已经明显滞后。其中最突出的问题是，传统商业伦理对电子商务主体约束力减弱，而相应的新伦理规范又尚未形成，由此产生了一些难以澄清的矛盾，如数字化商品的退换货问题。作为商家，无法判断消费者退还商品前是否已做复制，而消费者又确有可能保存了复制品。因此，传统法律法规关于退换货的规定，在电子商务活动中需要被重新审视。生产力的发展往往是通过技术创新来开辟道路的。我们不能通过限制技术来缓解矛盾，而必须尽快完善法律法规和调整心理与行为习惯，构建适应和促进电子商务发展的制度环境。

　　然而，电子商务赖以运行的互联网平台，其自身的良好秩序尚未真正建立。虚假信息、垃圾邮件、网络色情等严重污染网络环境；计算机病毒、"黑客"及"黑客"行为等，对网络安全和电子商务构成巨大威胁；网络诈骗和盗窃、网络色情犯罪、网络洗钱等已成为社会公害。还有，互联网上的隐私权保护措施难以令人心安，大多数人上网时常常使用虚假身份，虽然这样可使得自身某些合法但又不想为人所知的行为得以保密，但也使得某些违法行为能借此藏匿于网络。我国市场经济的信用体系还很不完善，这进一步诱发了电子商务的道德危机。某些垃圾股充斥证券市场，就引发了会计诚信危机，虽然我国会计立法极为严密且较为完善，但会计诚信危机依然存在。这就警醒我们，电子商务诚信危机不能单单归咎于电子商务立法不完善，它的实质是社会诚信危机下的经济诚信危机。

　　为此，我们应全面把握电子商务的本质及要求，努力克服重技术因素而轻社会伦理等文化因素的倾向，或重法律法规等"硬规定"而轻伦理道德等"软约束"的倾向。曾任 IBM 公司副总裁、著名的网络和电子商务学家查克·马丁（Chuck Martin）指出："仅仅建一个万维网（Web）网址并不是电子商务的全部。网络未来是真正的电子商务时代，其内容要比电子贸易广泛得多。电子贸易所涉及的是通过网络进行的产品、信息或服务的买卖，而电子商务则涉及整个价值链的'网络化'：从产品概念、产品创新到产品的生产、制造、销售和最终的消费。""最终，所有的人和物都将网络化。"① 因此，发展电子商务不仅要关注技术、物流等"硬件"条件支撑，而且要充分重视与其密不可分的社会伦理等文化因素方面的"软件"环境支持。

电子商务活动中的伦理问题，就其本质而言，是千百年来传统经济社会中一直存在并且没有得到彻底解决的问题。因为，伦理折射的是人性，伦理问题就是人性的弱点，绝不是可以一劳永逸地解决的，而只可能不断地得到修正。电子商务作为人类经济活动的新形式，不仅推动着生产力的发展，而且将推动人类道德的进步，但这些需要先进的理论作为指导，只有这样，才会尽可能地减少失误和损失。目前，电子商务道德研究亟待深入，其中，电子商务活动的道德标准与规范、电子商务活动的道德选择路径，以及电子商务活动的道德环境的生成和作用机制等，都是电子商务道德研究领域的重要课题。

第二节　电子商务的道德向量

电子商务的道德向量，是指用于指导、评价和调节电子商务活动的道德标准或道德规范，它既不能简单沿用也不可能完全独立或剥离于一般的社会道德原则。同时，各个道德向量对电子商务活动的调节作用不是孤立的，也不是等同的，有必要进行区分和整合。

一、电子商务道德向量的生成与内涵

电子商务道德向量的生成，是指将一定抽象的道德单元还原于电子商务活动这一具体而现实的"道德场"，从而形成具有一定评价和调节功能的道德标准或道德规范的过程。

道德单元是指通过抽象思维而从道德意识中提取的基本概念，是构建任一道德体系所必需的、最基本的道德要素，如勇敢、节制、忠诚，等等。道德单元是各类具体道德意识或道德规范的共性，是一种可普遍化的

---

① 张涌. 电子商务的伦理构建 [J]. 经济论坛，2003（23）：93.

德目和可代代传承的"道德基因"，是道德逻辑体系中的基本概念，道德意识借助于这些基本概念推理而成。① 道德单元以概念的形式独立地存在于一定的价值系统之外，表现出价值中性或价值不确定性，如勇敢、诚信就是具有价值中性的道德单元，可以成为不同的道德意识和道德体系的构成要素，具有不同价值体系的社会个体都可以吸纳之。道德单元在一定的条件下与一定的外部对象相联结，就获得了评价或调节由这种联结而形成的特定关系的价值性功能。由此，我们可以借用数学上的"向量"概念，把作用对象（方向）已经明确的道德单元称为道德向量。显然，道德向量的理论形态仍然是道德单元，但它在实践中通过与特定外部对象的联结而使得自身的内涵和外延得到了丰富与拓展。

电子商务的道德向量，生成于一定的道德单元与电子商务这一特定活动的价值体系相结合的过程之中，被用于评价和调节电子商务活动中的各种关系。根据道德单元与道德向量的本质关系，电子商务的道德向量与一般的社会道德原则之间是个性和共性的关系，与传统的商业道德是继承和发展的关系，仍然是由诚信、公平、尊重等道德单元转化而来的一般道德原则，只不过被赋予了满足电子商务活动目的要求的工具性价值内涵。概念式的道德单元一旦被植入电子商务主体的意识并转化为主流道德意识，便上升为大家共同遵守的行为准则，从而获得可普遍化的评价和调节力量；同时，电子商务的道德向量只不过是某些人类活动的普遍原则在电子商务领域的具体应用，不可能完全区别于一般的社会道德原则，而与一般的社会道德原则具有同一性或共性。正是基于这种同一性或共性，才有可能实现电子商务道德与一般社会道德的对接，才有可能保证电子商务活动与整个现实社会活动的相适，因为电子商务活动本身只不过是社会经济活动的一个有机组成部分。

作为电子商务活动的道德处方，电子商务的道德向量主要包括②：

第一，诚信。诚实与信用合称诚信，是一种复合的道德向量。诚实即

---

① 吕耀怀，李升兴．道德教育：从道德单元到德性的形成［J］．大学教育科学，2006（3）：79-82.

② 吕耀怀．论电子商务活动的道德调节［J］．现代哲学，2001（3）：65-70.

不弄虚作假，自古被认为是一切德行的基础；信用作为一种德性，就是要遵守承诺，使交往各方能对交往活动做出合理预期，是活动秩序得以建立的基本前提。诚实是一种"良心服从"的善良品格，是信用的重要心理基础，不诚实者必然不会讲信用。但诚实又不等同于信用，失信者也可以"诚实"地坦言自己不想履约。在现代经济生活中，信用尤其是指履行承诺的能力及其能力证明，例如，足值不动产是一种还贷能力的信用保证，因此更为交易的相对方所关心。在电子商务活动中，不仅需要参与各方主观上的诚实，而且需要有客观现实的信用作为成功交易的保障。

诚信在诸多道德向量中居于核心地位。不得故意规避法律和曲解合同条款等，实质上是要求行为人应"良心服从"而善意待人，自觉按照社会公认的有益方式来行为。只要行为出于善意、诚实且属正当，即使这种行为尚未得到法律的明确认可，原则上也不会为法律所禁止。这就为行为人提供了一个可资借鉴的行为标尺，有利于行为人更加有效地实施行为和维护自己的合法权益。由此，诚信原则成为人们最一般的行为准则。

第二，尊重。在电子商务活动中，一般说来，道德单元意义上的尊重被具体化为对人（或法人）的特定权利的尊重——指向对人格权、隐私权、知识产权的尊重等道德向量。其中，慎独是自重的充分表现，也是相互尊重的重要前提。古人提倡的"不欺暗室""不愧屋漏"的慎独之德，在以虚拟的互联网为交往平台的电子商务活动中是较为难得但又为大家共同期待的道德规范。在商务网站上能方便地搜集许多涉及访问者隐私的信息，如果缺乏慎独意识，那么访问者的隐私就有可能被非法披露。各个商家都有自己的商业秘密，"己所不欲，勿施于人"，这就需要商家之间相互尊重。

第三，公正。公正或谓公平，即不偏私，不以不平等的尺度要求他人。交易的任何一方都不能只主张自己的权利，而不履行自己的义务，否则，正常的交易关系就无法建立。对公正的基本理解和要求主要指竞争手段的正当合理。其中，通过合法竞争所获取的"优胜"必然是正当努力的合理回报，同时体现竞争的公平性，符合公正的道德标准。因此，道德为"优胜"提供道义支持，又通过"优胜"为自身"扬善"功能的发挥开辟道路。因此，没有"优胜"的道德激励，公正就会缺乏衡量尺度和实现途径，诚信者就唯有"吃亏"。建立在公正、诚信竞争基础上的优胜劣汰、奖先策后，不断推动着社会的发展和人类的进步，这正是道德价值的实现过程。优胜劣汰的公正法则，对于保护和鼓励电子商务的创新、创业至关重要。

电子商务的道德向量并非限于以上几种。节俭，作为传统道德向量之一，亦可对电子商务活动起到积极的规约作用。随着电子商务的发展，还会产生新的伦理问题，可能还需要其他的道德向量进行调节。

二、电子商务道德向量的分类与整合

任何事物都是具有一定层次性的多要素集合体，电子商务的道德向量也不例外。如果我们仅仅停留在对电子商务的道德向量之内涵的逐一分析上，而不进一步进行层次性细分及相关性整合，那么一旦面对复杂的现实问题，我们就可能无所适从。如，遵循诚实这一道德律令，是否意味着应毫无保留地公开商业信息？或者可以在网络上"诚实"地发布诽谤他人的"真实"想法？等等。无疑，道德向量的评价和调节作用还需要有度的把握。再者，现实生活中的任一具体行为都同时受着诸多道德向量的节制，如电子商务信息发布，应当遵循真实、公正和尊重等原则。很难想象一个人诚实守信，而又不接受公正和尊重等道德律令，假定如此，必然会因原则冲突而导致行为失调。因此，有必要对电子商务的道德向量进行分类与整合，使之转化为被人们乐于接受和易于践行的行为准则。

道德并非实然关系的简单呈现，而是以应然之则的方式能动地反映道德生活之必然，由此就决定了任何道德都是现实性与理想性多层次"德行"的辩证统一。仅有现实性而无理想性，道德难以推动人格的完善与发展；仅有理想性而无现实性，道德难以转化为普遍实践。把终极的德性作为唯一的现实道德标准，会使一些现实可行的德行（如遵纪守法等）被排除出"善"的范畴，也会使人们因罕见"高德"之人而对现实道德产生悲观情绪。同时，大多数人无法将理想道德自律化，而德行又是社会对个人之人格认同的重要标准，所以一些人不得已而将道德面具化，从而产生双重人格甚至道德伪善。[①] 以上情形，均严重削弱了道德的评价和调节

---

① 黄明理. 道德的层次性：辩证维度中的道德 [J]. 南京政治学院学报，2005，21 (2)：33-37.

功能。

许多学者正是基于道德的层次性而对道德规范进行了归类。在博登海默的道德价值体系中，第一类道德用于维护社会最基本的生活秩序，第二类道德则包括那些极有助于提高生活质量和增进人们紧密联系的原则，其要求远远超过了维持社会生活的必要条件之所必需，包括慷慨、仁慈、博爱、无私等道德价值。第一类道德通过法律化被赋予强大的强制力，第二类道德则只具有较弱的强制力，但如果将其法律化则会带来事与愿违的结果。① 前者可谓底线道德，后者类同于理想道德。此外，关于他律性道德义务和自律性道德义务的划分也可资借鉴。他律性道德义务是外部施加的一种基本道德规范，法律就常常被视为主要的他律性道德义务，较大程度上与底线道德相契合。自律性道德义务是一种主体自觉行善的道德意识，因而高于基本道德义务，是理想道德的重要体现。无疑，底线道德或他律性道德义务是不应突破的防线，否则会破坏基本的社会秩序；理想道德或自律性道德义务是主体在条件允许或者主观乐意时值得追求的，有利于推动社会道德与文明的进步。

电子商务的道德向量主要是一般商业伦理和网络信息伦理的整合。一方面，电子商务活动以计算机网络为基本交易平台、以网络信息为重要交易媒介，因此，斯皮内洛提出的计算机伦理道德三原则——自主原则（尊重自我与他人的平等价值和自主权利）、无害原则（不应利用信息技术给他人造成直接或间接损害）、知情同意原则，以及塞文森（Sevenson）倡导的四个信息伦理基本原则——尊重知识产权原则、尊重隐私原则、公平参与原则、无害原则，都是规整化了的、适用于电子商务的道德向量。另一方面，电子商务交易属于网络行为，因而应遵循网络道德的一般原则。理想的网络道德追求虚拟世界的公平正义，反对网络霸权，自觉维护网络秩序，共同创造健康活泼、高效优雅的网络生态。其次的网络道德要求遵守网络的现有基本规则，理性地规范交易行为，合法地分享网络资源。最低层次的网络道德为不伤害原则，即网络的言行以不损害他人的名誉、利益及身心健康为原则。

---

① 刘云林. 道德的结构、层次与当代中国道德建设 [J]. 探索，2005（6）：163-166.

　　电子商务活动借助于互联网的触角扩展到世界各地，故而更大程度地受到自由平等和开放多元等价值观念的冲击，电子商务的道德向量因此而更加多维和复杂。于是，所谓普遍伦理或全球伦理就似乎可以借鉴为全球性电子商务活动的一种底线伦理即最低限度的伦理要求。1993 年世界宗教会议通过《走向全球伦理宣言》，其基本原则有二：（1）每一个人都应当得到人道的对待；（2）己所不欲，勿施于人。这是解决电子商务活动中跨国界、跨文化的矛盾冲突的重要原则。

　　至此，我们可以为电子商务活动的道德选择提供以下较为充分的弹性空间：（1）把依法经营作为基本前提，把不损他人作为道德底线，既合法又不损人，当然也就无损于道德。如，企业免责条款在电子商务中的合理运用所遵从的行为准则是，在法律许可的范围内尽量规避各种经营风险，这也是法律上主张的事前预防所提倡的。（2）交易活动合法且互惠互利，这样不仅无损于道德，而且在合作交易中丰富和发展了一定的道德关系。（3）社会责任导向，即把主动承担一定的社会责任、增进社会福利作为提高自身美誉度的有效竞争手段。我们不必强求企业无条件地遵从第三层次的道德，企业完全可以根据自身所处的发展阶段和对竞争形势的判断，在合乎道德的空间内适时、适度地选择和调整交易行为。认识到这一点，对经营主体来说，是一种道德关怀。

第三节　电子商务的道德调节维度

　　道德指向行为的正当性，但人们遵从行为的正当性的直接动机和现实动力还主要不是来自道德，而在于道德之外。道德诉求再强烈，道德也无法自动地生成和自发地普遍践行。人们遵从道德，更多是利益和习惯使然。因此，协调各种利益关系的制度（包括习惯）和实现各种利益的方式与手段，自然应当进入道德反思的视野，成为道德调节的对象。

一、电子商务规则的道德审视

　　电子商务规则包括相应的各种法律法规和其他通行做法。电子商务规则的道德审视，主要是反思现有规则的正当性或合理性，探寻规则完善的价值原则。

（一）对电子签名法的反思

电子商务的各种自律与他律相结合的行为规范，最终都会也必须指向一定的行为人。因此，电子签名法作为确认一定的电子商务行为人的身份进而落实行为责任的规范，值得我们认真研究。

我国的《电子签名法》自2005年4月1日实施，其中，关于数据电文的规定和对电子认证、电子签名的规范正走入经济生活，并成为法院裁判有关电子商务纠纷的重要依据。但是，在确保权利平等与公正方面，电子签名法还存在着一定的技术与伦理冲突，主要有以下两种情形①：

第一，技术规定之间的矛盾可能引起的权利冲突。技术中立、功能等同原则赋予可靠的电子签名与传统签章同等的法律效力。既然赋予法律效力的对象是可靠的电子签名而非某种特定具体的技术形态的电子签名，那么这就意味着，今后无论推出怎样的技术方案，只要能满足电子签名法要求的要件，就是法律认可的可靠的电子签名，就具有与传统签章同等的法律效力。但电子签名法中关于对数据电文文件保存的能够识别发送、接收时间要求的表述，却是一种很高的要求，传统文件保存也未必能达到这一要求，这就超越了功能等同原则，实际上从技术上否定了法律文本认可的功能等同的不同类型签章之间的平等权利。

第二，意思自治原则与使用领域限制的矛盾。意思自治原则指当事人可以自行决定是否采用电子签名及采用什么样的电子签名。该原则在世界电子商务立法中的普遍应用，反映了法律强制力在这一领域弱化的必然趋势。但一些国家的电子签名法仍排除了电子签名在特定领域的应用，同样是出于对网络的不信任。然而，随着电子商务技术的发展和其应用领域的拓展，这种电子签名应用范围的选择性强制排除变得值得商榷。从发展的角度看，应保证当事人完全可以根据具体情况自行选择，对电子签名的应用范围做强制性排除是没有必要的。

---

① 阿拉木斯. 反思电子签名法 [J]. 信息网络安全，2005 (8)：70—72.

（二）对电子商务免责条款运用的反思

合理运用免责条款，有利于企业在立法相对滞后的情况下明确自身在法律上的自由空间，以免引起不必要的法律纠纷。

电子商务免责条款一般包括遵守电子协议条款的责任、保护电脑系统安全的责任、保留修改产品特征描述等权利、信息传输责任豁免、产品包装保留、确认电子交易方式有效性、替代产品和地域限制的保留、第三方窃取资料的责任豁免、将电子记录作为证据使用的确认、选择适用法律和产品税费负担的确认等方面，基本涵盖企业运营的各主要环节，为企业权益支撑起一个全方位的保护伞；但与此同时，却极可能忽视或侵犯消费者的合法权益，最终对企业自身产生消极影响。为此，应遵循以下原则。

第一，知情同意原则。公司应在显要位置标明购买者遵守有关协议条款的责任，这就向意图进入公司网站的使用者履行了相应的告知义务，达到了法律上明示的要求。

第二，消费者权益保护原则。因为消费者一方一般处于弱势，所以为之适当提供权益保护不仅是权利平衡的需要，而且是促成公平交易的需要。企业在设定免责条款时，应自觉把保护消费者权益纳入考虑的范围。

第三，守法原则。只有不违背相关法律法规的免责条款才具有法律效力，否则，相对方可以以相关法律规定来抗辩。但是，消费者个体不可能都是法律专家，一般也不会在全面运用相关法律知识对企业告知的免责条款进行深入研究的基础上做出决定。这样，信息的不对称就可能诱发权利的不公平。所以，能否自觉按照法律要求来设计和履行免责条款，很大程度上还是一个伦理问题。

二、电子商务信息的道德过滤

有关电子商务信息的道德过滤问题的讨论，本书主要是对电子商务信息权利状况中的道德问题进行反思。此处重点讨论 B2C 模式中企业收集、处理和传播信息的活动，暂不论及信息消费的道德选择问题。

第一，信息权利：电子商务的伦理新视角。互联网具有惊人的信息收集和处理能力，在线消费者的个人信息随时都有在自己不知情的情况下被收集与扩散的危险，从而影响到隐私权安全。而隐私权是一种精神性人格，哲学家们大多深信保护隐私对于个人自由和自主是绝对必要的，人们根据经验感受也深知保护隐私的重要。所以，对于电子商务企业而言，纵然在网络上收集的信息具有重大商业价值，也不应牺牲消费者的人格，如此并非大众之福。企业作为以营利为目的的信息活动的主动行为方，在保护个人隐私权方面应承担更多的责任和义务，此乃电子商务信息活动权利与责任的分配正义。

第二，善意与尊重：信息收集的正当性前提。一般而言，人们希望依据知情同意原则来保护信息权利，尤其是在隐私权方面，通常会要求隐私权主体在被告知其个人信息被利用的范围和被利用的方式与后果后，能够自主地做出处理个人信息的决定。但如果企业告知的是貌似公平实则霸王的条款呢？商家在其 B2C 网站上的商品展示图片旁，配以"图片仅供参考，一切以生产厂家最新资料为准"的文字，等于告诉消费者"看不准别赖我"。这种缺乏诚意的现象并不鲜见。所以，需要进一步关心的是如何才能真正履行告知义务，而不致使知情同意原则流于形式。

由于消费者的信息需要存在差异且理解能力不尽相同，所以，如果企业单纯出于自身利益或按自身的理解来设计拟告知信息的内容及其表达方式，那么势必会形成一些不易为消费者理解或接受的信息条款。为避免如此，企业要有设身处地为消费者着想的"善良"意愿，有充分尊重消费者权益的责任意识，自觉提供易于被理解和接受的信息，从形式上（或程序上）和内容上（或实质上）真正地自觉履行告知义务。

之所以在知情同意原则基础上强调善意与尊重原则，还基于以下两种情形：一是企业除了直接向消费者征求信息外，还可以通过网络、报刊等公共信息渠道以及相关企业的商业信息发布间接获得有关个人的信息；二是企业需要对个人数据进行二次或多次开发利用。以上情形一般无法征求消费者的知情同意，也常常被认为没有必要知会消费者。但是，省略了直接的知情同意这一程序，消费者的个人隐私权又如何保证？无疑，如果企业自觉地遵循善意与尊重原则，尽量合理选择间接收集或再次开发消费者个人信息的内容和方式，努力遵循良心的指引和自觉履行道德责任，那么就必然会降低侵权的概率，即使遇到侵权纠纷，协调起来也会有较大的情理沟通空间和法律回旋余地。

第三，真实与无害：信息传播的道德底线。传播的信息应该是真实可信的、健康有益的，不会对受众造成物质和精神上的伤害，包括不应为满足某部分受众的利益而损害其他人的利益。以此作为信息传播的道德底线，其理由是基本自明的。垃圾邮件则相反，不分对象地发送大量良莠不齐且难以辨别的电子信息，已经成为网络正常生活的"公敌"。但是，治理垃圾邮件与维护正常商业电子邮件广告之间的矛盾、与保护用户通信秘密之间的矛盾却因某些技术问题而难以得到解决，而这往往又成为传播垃圾邮件者的借口。按照保护消费者权益的原则，解决矛盾的基本方针是对邮件服务提供者给予更多的责任，并视情况对邮件发送者的行为加以限制。《欧盟电子商务指令》规定，除非消费者事先同意，否则，服务商不得向任何消费者个人发送任何促销信息；发送非需求商业信息时应说明信息的性质，以便用户自主选择。[1]

通常，判别信息无害性的标准之一是，看该信息是否为接收者所需要或乐意接受。因此，企业如何甄别顾客并在此基础上有针对性地发布商业信息，便成为确保信息无害性的前提之一。关于这一点，《欧盟电子商务指令》以责任规定的形式提供了一些参考。例如，服务商有义务经常查阅用户登记信息，对于未明示选择接收非需求信息的用户不得发送商业信息；服务商可以将老顾客视为已表明其事先同意的用户而向其合法地发送促销信息，但条件是发送信息的服务商必须是最初获得消费者通信地址的商家，并且促销信息是与消费者已购买产品相类似的产品信息。即使如此，服务商仍然要就该促销信息的发送与接收提请消费者进行订阅与否的选择。

信息收集与信息传播关联互动，因此，关于信息收集的知情同意及善

---

① 孙维佳. 论欧盟电子商务消费者权益保护制度 [D]. 北京：中国政法大学，2004，77 [2017-05-17]. https：//vpn. usts. edu. cn/KCMS/detail/, DanaInfo=kns. cnki. net+detail. aspx？dbcode=CDFD&dbname=CDFD9908&filename=2004063782. nh&uid=WEEvREcwSlJHSld-Ra1Fhb09jMjQxNjczYnNVcFNaZXJoWmswNUhIcnV0ST0＝＄9A4hF_YAuvQ5obgVAqNKPC-YcEjKensW4ggI8Fm4gTkoUKaID8j8gFw！！&v=MDQ0NDcrSGRiRXJaRWJJQSVI4ZVgxTH-V4WVM3RGgxVDNxVHJXTTFGckxNVUkwyZll1ZG1GeS9oVXJ6TlYxMjdHck8＝.

意与尊重原则同样是电子商务信息传播的道德规范。如果要进一步追问电子商务信息传播活动的正当性，那么仍然而且只能回到隐私权的尊重与保护上来。美国亚马逊书店公布销售排行榜的做法就曾引起广泛的争议。该书店曾开辟一个名为采购圈的专区，公布其销售排行榜，而该排行榜是根据书店掌握的客户资料依地区、公司、大学等类别进行统计的。主要争议在于：一方认为，书店应尊重隐私权，不应将顾客提供的个人资料加以整理、转换并予以公布；另一方认为，书店只是依据类别统计顾客购书偏好，并对消费者资料进行转换，没有公布涉及顾客个人的情况，因而没有侵犯个人隐私权。① 显然，顾客的信息权利才是争议的核心。

三、电子商务交易的道德约束

电子商务交易存在着很大的不确定性，特别需要道德规范的调节作用。

(一) 电子合同的诚信规约

诚信原则就是要求电子商务的各方当事人相互约定，遵守诺言、诚实不欺地签订和履行合同。诚信原则是一切合同法最基本的规约，适用于电子商务合同的订立、履行、终止等全过程。②

在合同订立阶段，诚信原则对先契约义务具有指引作用。我国《合同法》规定，在订立合同过程中，当事人之间诚意磋商、真实提供信息、对知悉的商业秘密保密与正当使用都是先契约义务。也就是说，在合同成立之先，如果当事人隐瞒自己的真实信息，或泄露和不正当地使用他方商业秘密，那么就可依据先契约义务推定其过失与赔偿责任。在此，诚信原则既是一种推定依据，也成为一种执行原则，要求当事人对合作者诚实地表达立场，并且不得滥用他人信息。

在合同履行阶段，诚信又是重要的执行原则。生效的合同作为当事人

---

① 马荣贵. 论电子商务中消费者隐私权的保护 [J]. 图书情报知识，2002 (4)：59-61.

② 雷群安. 尊崇诚实信用原则是建设诚信的电子商务环境的关键 [J]. 商场现代化，2005 (6)：68-70.

的约定，要求彼此诚实信用地按照合同履行权利与义务。作为一种全球可通的、不限地域的交易，电子商务在合同履行过程中出现理解冲突是难以避免的。此时，诚信又是重要的解释原则和标准。我国《合同法》第一百二十五条规定："当事人对合同条款的理解有争议的，应当按照合同所使用的词句、合同的有关条款、合同的目的、交易习惯以及诚实信用原则，确定该条款的真实意思。"据此，各方应诚实地按照合同目的，在不同文本的解释上寻求统一。

在合同终止后，诚信原则是后契约义务履行的重要保障。我国《合同法》第九十二条规定："合同的权利义务终止后，当事人应当遵循诚实信用原则，根据交易习惯履行通知、协助、保密等义务。"这种"通知、协助、保密"即属于后契约义务范围，在法律规定下，诚信原则即为它们有效履行的重要保障。由上可见，诚信原则贯穿于电子商务合同的始终，是其有效运行的重要法律依据和道德规约。

（二）网上支付的信任确立

电子商务的信任主要有两种：（1）两个实体之间直接接触建立起来的直接信任，显然，电子商务交易完全依赖直接信任是不够的；（2）第三方的推荐信任，指两个实体与共同的第三方（如阿里巴巴的"诚信通"）存在信任关系，其中的第三方为二者之间的信任进行担保，由此而建立起信任关系。无论是直接信任还是推荐信任，交易者身份的真实性及身份的唯一性都至关重要。特别是电子商务市场的进入退出机制尚不健全，强化了信息不对称，为某些声名狼藉者通过低成本退出互联网市场，然后以新的面貌重新进入，从而消除以往的坏名声或逃避不道德行为后果提供了方便之门。交易者身份的真实性确证应当包括：证书所登记内容与物理世界中该个体的实际情况相一致，对此，可以通过用户申请证书时身份的真实性审查来保证；证书的真实性与完整性，这需要用密钥进行电子签名来加以保证。一个物理世界中的个体在信任管理系统中多次注册，将带来多用户虚假交易问题，进而导致虚假评价泛滥，如此，网上支付必然遭遇信任危机。

据美国《商业周刊》的一项调查表明，对隐私权的担忧被那些拒绝互联网的人们列为诸多原因之首。然而，尽管人们普遍认为通过网络来获取并认证消费者身份的做法可能对隐私权构成严重的侵害或威胁，但对于交易各方特别是企业等组织的网络身份的严格认证却是必需的。目前，一系列身份认证技术已应用于电子商务交易。一般说来，这一认证由证书管理机构代理。一个证书管理机构就是一个可信任实体，通常是由国家认定的权威机构，其核心职责是审查认证实体身份，证明该实体是否是其所声称的实体，然后发给实体数字证书，作为 CA 信任证明。[①] 身份信任管理应当保证物理世界中的个体在电子商务系统中只拥有一个身份，如一个身份证只能注册一个用户。

电子商务交易活动的经济属性和网上电子支付方式的经济契约性质，决定了电子商务与侧重言论自由的网络博客等其他网络行为有所不同，交易者身份认证对于确保交易的公平和有效必不可少，因为与交易有关的个人信息一般说来超出了个人隐私范畴。为此，我国正在积极探讨和逐步试行在网络世界实行有限实名，以此来实现个人隐私与公众利益、国家利益之间的平衡。我们认为，电子商务领域应该而且可以首先进入有限实名的视野，为网上支付提供信任保证。

（三）交易信誉的评价激励

信誉是指他人或社会对被评价对象之诚信状况的评价，正面评价对被评价主体的心理和行为产生重要的激励作用。随着电子商务信誉问题日益凸显，一些以评断电子商务主体的信誉为服务内容的机构应运而生。这些机构雇佣专家广泛收集各方信息，或直接参与众多企业的网络交易，并运用专业知识建立指标体系，以此来评判电子商务主体的信誉。为了建立自身的可信度，这些机构给出的评价往往经过了大量的事实探究和科学方法的评估，因而具有很高的参考价值，但也有缺陷：（1）专业人士只能调查有限的商家，而且依托网络收集真实信息难度较大；（2）专业人士有可能为收取商家报酬而寻租，从而做出拔高商家信誉度的虚假性评价。除此之外，专业人士因个人偏好而给出的评价和推荐，也并不一定适合所有的消

---

① 叶燕. 电子商务中信任管理的实现 [J]. 武汉纺织大学学报，2003，16（6）：90—94.

费者。

　　为弥补以上不足，有必要将包括专业评价在内的相关信息进行整合。一些电子商务公司通过建立留言板、电子公告（Bulletin Board System，简称BBS）等信息交流平台，拓展信息交流渠道。如易贝（eBay）公司，通过鼓励以eBay为中介的买家和卖家相互交流信息，采用投票、评分、留言等方式促进信息资源的交流与整合。整合信誉评价资源，有利于人们在对比、综合的基础上做出正确的判断，同时，对于商家来说，多方评价信息的公开能够更好地促进自我反省和提高。

　　当然，网络的虚拟和自由品性，常常使得网络信誉评价真假难辨。一些看似来自消费者内心的评价，背后可能是一些商家通过内部人员匿名注册而发布的虚假信息，或诱导部分消费者在网络上发布的虚假信息，或通过约定投票而产生的虚假信息。大多数消费者对于此类公开评论和积分相当信赖，从而被严重地误导。如此有违建立信息交流平台的初衷。因此，需要加强信用体系的建设，如通过电子商务中介机构定期过滤网络信息资源，分享真实而有价值的信息；加强舆论和媒介的监督作用，让网络商家同样处在媒介监督之下；等等。

第四节　电子商务道德主体塑造

　　在现实生活中，道德自律更多是建立在利益驱动和心理认同基础上的自觉服从。电子商务道德主体塑造，指将电子商务主体由"经济人"和"网络人"进一步塑造为"道德人"。为促使对这一塑造过程的认同和自觉服从，有必要探寻相应的主客观基础及基本途径。

一、电子商务道德主体的形成基础

（一）虚拟空间中主体利益的真实存在

　　电子商务虽然大部分乃至整个交易过程都在网络上完成，但其行为效力终归落实到各方当事人的债权、债务等利益关系上。电子商务主体仍然是商业主体,电子商务行为仍然是商业行为,电子商务市场仍然是实实在在的交易市场。电子商务市场之所以被称为虚拟市场,电子商务主体之所以被称为虚拟主体,只不过是因为传统商业行为主体往往近在咫尺且交易伙伴较为固定,而电子商务可以把人数众多而又远在天涯的陌生交易伙伴"虚拟"地联系在一起。当然,电子商务主体也因此面临更多的市场风险。

总之,处于互联网虚拟空间的电子商务主体,从根本上讲还是现实中的个人或者组织,有着现实的经济利益和由此产生的道德需要。利用互联网开展商业活动,改变的只是这种追求利益和满足需要的形式,而并没有改变利益和需要本身。网络作为一种创设的虚拟空间,本身没有任何社会道德评判意义,只是因为借助于网络进行商业交易的主体活动是有道德意义的,网络道德以及电子商务道德建构才凸显出来。

(二) 网络道德和社会道德的差异与契合①

电子商务所呈现出的系列现代经济特征,对传统经济冲击巨大,但是,传统经济仍然是哺育网络经济的母体,传统道德仍然在电子商务领域中存在并发挥作用。

一般认为,传统商业以现实社会为平台,因而传统商业道德应与现实社会道德相契合。基于这一认识和思维,我们不妨把以网络为平台的电子商务道德放大为网络道德,并将之与具有更大平台背景的社会道德相联系来进行考察。如果二者之间有差异,则说明各自都有自己独立的理论价值;如果二者之间有通道,则说明二者之间可以互动和转化。网络道德作为社会道德的一部分,必须要与社会道德既相区别又相联系,这样才能证明自己独立的理论价值。具体而言,网络道德的必要性和可能性依据,正在于它与社会道德之间既有差异又相契合的关系。

第一,网络社会化进程决定了虚拟社会之"虚"是相对的和历史的。早期网络虚拟空间规模小,对人们的生活和工作影响有限,不足以构成网络道德的现实基础。现实社会道德在这一领域还基本适用或管用。随着网

---

① 张军. 网络道德含义释析——兼论网络道德主体的建构 [J]. 前沿,2004 (11):144-147.

络商业化和网络社会的崛起，虚拟社会逐渐发展为人类的"第二生存空间"，且离现实社会越来越远，原有现实社会道德在虚拟社会中碰到越来越多的新难题，日显捉襟见肘。同时，随着人们在虚拟社会中的活动方式发生实质性变化，道德情感和价值观念也逐渐变化，原有现实社会道德和曾经有过的一些零散的网络道德规约随之变得不合时令，虚拟社会和现实社会道德由此产生冲突，建构网络道德的要求于是乎凸显出来。完全可以推言，当社会全面网络化、人人皆为"网络人"时，虚拟社会与现实社会走得更近，也就无所谓网络道德的虚拟与现实之争了。

第二，现实社会道德之所以被认为在网络社会中不适用，主要是因为把互联网理解为电子空间，而把现实世界解释为物理空间，然后，把社会学意义上作为物理空间组成部分的电子空间与物理空间割裂开来，认为电子空间是网络道德形成和发展的基础，从而把网络道德嵌入无生命的电子空间，臆造出似乎能单纯附着于互联网、由网络技术发展所独立引发的网络道德。其实，网络虚拟空间始终附着于物理空间，否则就无以存在。网络问题实质上折射的是社会现实问题，网络色情、网络"黑客"等问题存在于网络空间之中，但解决于网络空间之外。因此，网络道德的产生并不意味着一种新道德的出现，也并不意味着该理论是虚构的。网络道德的规范对象仍然是现实世界中的人，因而只是对传统道德的继承与发展。

所以，不存在脱离于现实世界的网络世界，也不存在脱离于现实道德的网络道德。网络道德只不过是一般道德在互联网生活中的具体表现。网络世界并没有改变人们现实生活中的社会关系。电子商务即是如此，尽管它极大地改变了传统贸易方式，减少了流通环节，但在传统商务交往时应遵循的契约关系、等价交换原则和诚信原则等并没有改变，而是更为重要。因此，包括电子商务道德在内的网络道德建设无须从头做起，传统道德是其重要的现实基础。

(三) "德""得"相通的利益驱动

"德""得"相通的利益驱动是电子商务道德主体塑造的重要心理基础。经济活动中的"德""得"相通，是指通过诚信经营、公平竞争，遵从道德的经济活动必将得到利益回馈，即有"德"必有"得"。道德与利益具有统一性，这是企业自觉践行道德规范的动力所在。其实，我们在前面已经多次说明了道德之于电子商务活动的重要性、"德"与"得"的相通性。如果能自觉认识到这一点，那么电子商务道德就不是外在的"要我遵守"，而是内在的"我要遵守"了。

二、电子商务道德主体的自我强化

由道德意识到道德能力再到道德自觉，是道德发展的一般规律。电子商务道德主体的自我强化，指通过道德意识的自我培育和道德能力的自我修炼，不断增强自身道德实践的自觉性。

在哈贝马斯商谈伦理学的"理想的商谈环境"中，每一进入话语论证的人均拥有同等参与话语论证的权利和同等的解释、主张、建议论证等权利。网络虚拟空间无"中心"，加之平等、自由特性，在最大限度上赋予主体平等参与商谈活动的权利，网络身份的匿名性又使得网民能够在没有压力的情况下自由地发表意见。然而，要使"理想的商谈环境"成为现实，不仅要制定民主、合理、公正的话语规则和程序，而且有赖于主体参与商谈的积极性和通过商谈达成共识的能力。网络成员有参与商谈的权利，同样也有不参与商谈的权利。[①] 在这种情况下，道德认知相对缺乏、道德情感相对冷漠者可能选择沉默不语，而如果相当数量的网络成员不是积极地参与商谈，那么商谈伦理就难以建构，即使建构起来也难以维持。这是建构商谈伦理面临的最大难题。在现实生活中，人们憎恶网络盗窃诈骗、网络色情及"黑客"等，必然促使其积极参与商谈，通过理性论证达成道德共识，建构商谈伦理规范，以规约虚拟空间的不道德行为。由此可见，建构虚拟空间商谈伦理的着力点既在于主体自身道德修养的提升，又在于主体自觉参与商谈、建构自治伦理的意识和行为。因为，由道德认知转化为相应的道德行为，需要经过情感、信念和意志等中间环节。

以上启发我们，电子商务道德主体的自我强化有以下几个方面的途径：

第一，自觉加强与消费者的"商谈"，从而获得道德共识，改善道德

---

① 唐晓燕. 赛博空间的伦理困扰与商谈伦理的建构 [J]. 学术交流，2005（6）：26-28.

环境。在 2005 年中国电子商务体验周活动中，有人举例说明困扰中国电子商务发展的根源在于网民不讲诚信，曾有电子商务网站举办打折或抽奖活动，网民没有中奖就会引发大量退货。然而，北京西单友谊集团也曾表示，在诚信体系不够成熟的时期，企业有必要承担更多的责任，特别是要完善自身制度建设，不要动辄责怪网民不讲诚信，毕竟"游戏规则是由自己定的"。在传统商业的经验做法中，有一重要售货环节"唱票"——接到顾客货款时大声报出金额，如"好的，收您 200 元人民币"。如果没有这样做，就很有可能招致纠纷，若遇上恶意的或者比较迷糊的顾客，非说给的是 300 元，而旁边又没其他人听见，售货员就很难将事情说清。遇此情况，商家为维持声誉，往往承担了这类纠纷的花费。实行"唱票"后，这样的漏洞就被制度给堵上了。北京西单友谊集团在遇到网民抽奖不成恶意退货时，一方面，坚决执行原承诺，对退货顾客笑脸相待；另一方面，调整游戏规则，完善公告体制、购物流程和技术监督等，以上问题于是迎刃而解。①

　　第二，尽量采取"非诉讼纠纷解决"的方式，是电子商务主体自觉的道德取向。20 世纪后半叶以来，国际诉讼法界推崇仲裁、调解、谈判和解等不通过司法途径来解决纠纷的方式。其中，"在线纠纷解决"（Online Dispute Resolution，简称 ODR）顺应了电子商务发展的有关需求。2004 年，第三届国际 ODR 年度论坛在澳大利亚墨尔本召开，会议对在线纠纷解决所涉法律、技术、语言文化问题和在线纠纷解决与电子商务及金融服务之间的关系问题等，进行了深入的探讨。在线纠纷解决较之于具有对抗性、强制性的诉讼：首先，在线纠纷解决不需要履行严格的法律程序，完全依据当事人的意愿，在符合法律规定的范围内处理问题；其次，在线纠纷解决出于当事人双方的合意，以自愿为基础，本着互谅互让的精神开展，这就为解决纠纷营造了和谐氛围，更有利于纠纷的解决；再次，在线纠纷解决只是在重视事实和证据的前提下，在纠纷各方认可的事实基础上协商解决，不必然需要诉讼中的充分举证以认定事实的程序；最后，在线

---

　　① 2005 电子商务体验周引发诚信话题 [EB/OL]. 中华励志网，（2005-05-21）[2009-05-07]. http://www.zhlzw.com/cy/jy/178175.html.

纠纷解决可以在充分体现当事人意愿的基础上形成结果，并用现代社会广泛应用的合同—协议形式来确定，对双方当事人都有约束力，与法治所追求的社会法治化的精神是一致的。这样做充分体现了当事人的意思自治，故其还有助于信用体系的建立，这更是与时代要求同一的。

第三，发展诚信社区，是培育电子商务主体道德意识的有效方式。以阿里巴巴为例，第三方认证、信用档案和诚信社区监督是其有效运转的三个法宝。法宝之一：成为"诚信通"会员需要经过第三方认证，如阿里巴巴通过与华夏、新华信和邓白氏等认证机构合作对商家进行认证，很大程度上杜绝了有关公司的虚假信息。法宝之二：信用档案是平台型电子商务企业解决网上交易信用问题的有效创新机制，阿里巴巴借鉴 eBay 的做法，买家和卖家互评，这样，交易的诚信记录就被保存下来并成为网商的活档案，用以有效规范网商行为。阿里巴巴把认证包括荣誉证书和诚信档案记录等打包量化为诚信指数，从而形成较为完整的诚信评价体系，鼓励网商诚信交易，因为，只要这种机制健全，网商和阿里巴巴及其他系统中的成员就都能从诚信交易中受益，诚信就能得到保证。法宝之三：诚信社区是阿里巴巴平台巧妙利用网络社会化特征对诚信进行有效监督的平台。可以说，网络越来越像真实社会，聚集在阿里巴巴社区平台上交流的网商实际上也形成了一个网络商业社会。正如现实社会中存在着潜规则，阿里巴巴网上社区也有潜规则，网商必须共同遵守。你若不诚信，就是破坏了规则，就无法在阿里巴巴平台上立足，即使阿里巴巴不惩罚你，你也会被别人投诉，阿里巴巴经过证实后将你列入黑名单。即使你换个名字重新注册，大家也可以看到你因为不诚信而付出的代价，这个代价包括你要更换公司名，你过去积累的信誉被清零。因此，诚信社区监督很有威力。①

第四，开展网络道德心理调适，培育健康网络道德主体。这一点对于电子商务主体在内的所有网络主体的道德意识培养都很适用，且非常有针对性和实效性。网络道德心理调适的重点在于情感培养和意志磨砺。网上心理感受的浅层是个体情感体验，深层则是个体意志形成，对于遵守网络

---

① 网上交易其实更安全？［EB/OL］. 互联网实验室，（2004-07-12）［2017-05-18］. http://it. icxo. com/htmlnews/2004/07/12/262042. htm.

道德规范十分重要。一个人从网上获得所需真实信息，真诚表达各种观点，其获得的情感体验是愉悦的；反之，被愚弄欺骗的情感体验则是沮丧的。由于网络负面影响日益显现，人们已经开始讨论并提出许多自律性的行为指南和治疗方法。维吉里亚·谢（Vigira Chea）提出的网际自我行为十条指南就具有代表性，包括：（1）记住人类；（2）在虚拟生活中遵守你真实生活所依照的标准；（3）知晓你处于赛博空间的何处；（4）珍视他人的时间和带宽；（5）令自己在线表现良好；（6）共享专业知识；（7）协助制止赛博谎言及其纷争；（8）尊重他人隐私；（9）不要泛用你的权利；（10）忘却他人错误。① 无疑，以上观点与我们前面的有关论述具有相当的一致性。

　　第五，电子商务主体的道德意识和道德能力的自我强化应重点落实到加强员工的道德认知能力与行为调控能力上。（1）道德与管理结合，以促使员工道德素质的养成。一是道德教育与企业制度建设相结合，使员工"不想"悖德、"不能"悖德或"不敢"悖德；二是职业道德实践与企业文化建设相结合，特别是通过加强电子商务职业道德培训和发挥典型示范作用，加深员工对道德规范的理解，提高员工的道德实践能力。（2）构建伦理信息系统，以适时调控员工的不道德行为。为避免因一人一时的不道德行为给企业带来风险，企业建立道德"警示系统"，以及时发现和矫正员工的不道德行为，这是非常必要的。只有这样，才能在与企业利益相关的一切情景下，不违背法律精神地将企业所有人在所有场合的行为纳入统一的评价和监督体系，大家才有共同遵守道德规范的趋同心理和协调统一的道德行动。构建并借助道德信息系统，还可以加强管理者和被管理者的互动，及时将企业员工的行为约束或矫正到合乎道德的轨道上来。

第五节　电子商务道德环境建设

　　电子商务主体的德性培养必须重视道德环境建设，以谋求社会政治、经济和文化等环境因素的支持，本节仅就其中的法制建设、信用体系建设

---

　　① 肖永梅，罗萍. 网络社会主体的道德自律 [J]. 探索，2004（1）：127-130.

以及有关行业自律机制等做简要分析。

一、推进支撑电子商务道德的法制建设

（一）电子商务立法的伦理道德之维

从伦理道德视角来看，立法的合法性源于效率与安全等基本价值在现实生活中的矛盾。①

第一，效率与安全。效率与安全是电子商务立法的价值，前者需要自由，后者需要控制。自由与控制显然是一对矛盾。社会控制过度必定减损个人自由，这与网络自由之"天性"相违背，但控制过弱又会使网络空间失序。在技术层面，互联网并不存在中央控制问题，任何对网络的强力控制都有可能付出失去互联网之本来意义的代价。若要避免社会失控或社会过控，就必须掌握适度原则，把握好控制力度，同时，政府和其他监管部门应在立法上为技术发展预留空间。因为，高新技术领域的法律规范，尤其是信息技术领域的法律规范，大多是技术规范或技术方案发展到一定阶段后，才逐步上升为标准，然后再上升为法律的；或者说，法律只是用法律化的语言来表达某种技术方案。但是，我们也应当认识到，自由是一种值得追求和捍卫的价值，控制则只是用以实现某种价值（包括自由在内）的手段，在价值取向上，二者切莫颠倒。同时，过度管制虽能保障一定的交易安全，但却增加了交易成本。

电子商务促进了交易自由，电子商务立法应以交易自由为核心价值，适度控制的同时不能因噎废食。因此，如何把握控制力度，保持必要张力，是电子商务立法需要重点权衡的问题。

第二，他律与自律。他律与自律相结合是电子商务网络规范的双重属性在网络社区秩序中的天然表现。虽然网络道德规范属于自律范畴，从其效力层次看，似乎由于缺乏强制性而低于法律规范。但实际上，网络道德规范比通常的法律规范更易于实施。然而，高度管制给电子商务带来的是自律的弱化，使得我们在预防和控制欺诈等违法行为时会失去一个强有力

---

① 安永勇，王殊. 电子商务欺诈的法律对策 [J]. 信息网络安全，2006 (5)：9-13.

的武器。电子签名法虽能确认电子合同等文件有无法律效力，但却没有办法完全制约毁约的行为，解决了"真"的问题而解决不了"善"的问题。虽然法律有助于提高电子商务主体的诚信度，但要真正建立起信用体系，还要依靠电子商务主体的自律。

（二）电子商务立法的主要内容和原则

为了建立公平公正的交易秩序，电子商务立法应该规范交易主体、规范交易行为、规范市场运行机制、规范政府干预等，其核心原则是关于消费者权益保护的归责原则。

我国《消费者权益保护法》明确规定了传统交易中消费者所享有的知情权，电子商务的消费者理应被涵盖在该定义中，但网络的虚拟性、无国界性、高技术性，使得传统交易转换成电子、网络交易后变得不直观、不真实。面对面的询价、实时验货、即时付款在电子商务中不再适用。在传统的消费方式中，消费者的知情权可以较为方便地主动行使和实现，但对于网上消费者，其知情权对于经营者来说则属于"被动义务"——只有在消费者要求获知有关信息时，经营者才有明确指向的提供信息的义务。所以，在电子商务领域，法律应将经营者的这一被动义务转成主动义务，即让经营者担负起提供必需而又足够的信息以确保消费者知情的义务，经营者应在其适合的范围内保障消费者的基本权利得以实现，并在此基础上承担更多责任，而立法、行政机关也应在自己的职责范围内为消费者提供更大的保障和便利。当然，对经营者设置过多义务，或者消费者的合法权益得不到充分的保障，都会对电子商务的发展起到负面的影响。这正是电子商务立法时需要综合考虑的问题。

（三）电子商务法制建设的当前路径

第一，动态立法。通过保持开放式的法规体系结构，使之处于易修改状态，既让虚拟世界拥有法律武器，又确保该法律能与时俱进。电子签名法即采取了"边改边立"的方式，电子商务协会起草的《网上交易平台服务规范》也同样采取了开放性的体系架构。

第二，政府主导。发展网络和电子商务，没有政府参与几无可能。在这方面，欧盟"政府平等参与和引导"的电子商务动议，美国政府"最大限度地利用市场之手推动 INTERNET 行业实现自我管理"的原则，加拿大"制定最低网络服务保障线"的做法等，都值得我们借鉴。① 其中，电子政务的政策法律建设是政府发挥其对电子商务建设主导作用的重要基础。从法律角度看，电子政务所涉问题基本都与信用体系密切相关，如信息公开与共享、个人数据保护以及由电子政务带来的行政透明度与效率的提高等。当然，政府推进电子商务法制建设可以先在条件相对成熟的地区或行业试点，然后在积累经验和不断完善的基础上逐步推广。

目前，我国电子商务法制建设还存在法律配套滞后、效力等级较低、立法技术欠缺、部门协调成本过高等问题，特别是普遍存在过分依赖行政手段而忽视民间协调能力的问题，试图通过大包大揽实现全面监管，结果总是难以令人满意，因此，需要加快发展民间力量、第三方中介服务机构等力量来实现有效监控。

二、完善电子商务道德的信用体系建设

（一）培育市场，构建信用体系

第一，培养信用消费公民。进一步普及电子信用卡消费，完善企业与个人信用信息全国联网查询系统，加快货币电子化的步伐，加快电子商务的社会环境——信用体系的建设。当今在信用不够发达的我国，推广社区型电子商务，可有效提高一般居民信用消费的参与度。社区型电子商务使得电子商务经营者能够以居民小区为组织形式，为以小区为单位的客户群体提供有针对性的、集约化的、可实时控制的特色服务与交易服务，从而在有效经营的组织框架内，以比较简单直接的方式方法来解决在面对分散的、不可控制的消费者时较难解决的物流配送问题、商业信用问题和支付问题。②

第二，发展信用中介机构。电子商务信用中介机构的主要功能是信用

---

① 赵秋雁. 电子商务立法与国家经济安全 [J]. 首都信息化，2004 (3)：23.
② 刘训艳，杨家明，陈家训. 社区型电子商务应用系统总体设计与架构 [J]. 微型电脑应用，2001 (8)：5-7.

信息的收集与传递、信用公示即惩戒与筛选等，目前主要有中介人、担保人、网站经营和委托授权四种模式，其核心层主要包括信用调查机构和信用评级机构；支持层主要包括支付系统、物流配送系统、担保和保险机构、认证和鉴定机构、网络服务提供商，其中支付系统主要包括银行、信用卡公司和其他金融机构，认证和鉴定机构包括律师事务所、会计师事务所、审计事务所以及产品或服务的质量鉴定机构等；基础层主要由法律部门、仲裁机构构成。

第三，完善信用基础设施。西方发达国家网络业的发展带来了低廉的网络使用费和通信资费，吸引了大量网民并进一步促进了网络业的发展，电子商务的发展就水到渠成，信用需要就因之而涨。所以，我国迫切需要加强在信息基础设施建设方面的投资，降低资费标准，减少交易成本，刺激电子商务市场需求。

现在很多电子商务发达国家都已建立相配套的公共密钥基础设施，保障了电子签章的信用度。建立这一基础设施一般来说方式有三：（1）政府组建，以政府信用担保建立全国性电子商务认证中心；（2）通过市场竞争建立；（3）按照"官方监督、行业自律"的原则，在允许多家机构进入安全认证市场的基础上，引入竞争机制，在政府严格监管下建立全国性认证市场。最后一种方式既不会把安全认证市场管得过死，又可以保证市场秩序和环境稳定，现已成为多数国家和地区的选择。① 鉴于国情，我们在推进信用基础设施建设时，可以采取前期由政府为主出资，或引资组建中介公司，逐步接收指定的信用管理机构职能，并逐渐吸引社会资本注入和购买政府出资，推动信用服务中介机构市场化，达到以市场化运作来提高信用信息的市场价值。

（二）加强征信，确保有"信"可用

第一，建立完善的个人征信体系。目前，我国个人征信存在以下主要障碍：（1）缺少专门机构收集整理个人信用记录，各家记录互相独立，信

---

① 何欣. 电子商务立法的两个基本问题——浅论电子合同及电子签章 [J]. 西北工业大学学报（社会科学版），2002，22（3）：33-36.

息资源不能共享，因而缺乏对居民个人信用的完整判断；（2）绝大多数居民能够提供的信用文件分散在公安、街道、单位、银行等诸多部门，而部门资料大部分保密，获取成本很高；（3）各地经济发展不平衡，人均收入差别大，难以制定统一的信用标准；（4）缺乏个人征信的法律规定，征信活动可能侵犯公民隐私权，亟待立法解决。根据发达国家的经验，我国可大力推行信用卡制度，网上交易以信用卡进行结算。同时，建立商业性的征信机构，向工商、税务、银行、公安、保险等机构收集有关个人的信用信息，建立起个人信用档案，为社会提供有偿征信服务。

第二，建立完善的企业征信体系。企业征信信息收集比个人征信信息收集范围更广，需要各相关政府部门依法将手中掌握的企业信用数据以一定的形式向社会开放，保障企业相关信用信息被社会知晓。这也是发达国家的通行做法，如部分国家通过互联网将企业的工商登记信息向社会公布。①

第三，建立电子商务网站的信用等级评价机制。作为"专职"的交易中介机构，电子商务网站既是各种商业信息的交汇平台，也是各种商业信用的公示中心。因此，电子商务网站的信用等级评价结果是用户选择交易平台的重要依据。按信用度（包括信任度和便利度等）对电子商务网站进行分类，以便消费者选择信用度高的网站进行交易。

鉴于以上情况，我国应加强信用中介机构与银行、工商、税务、保险、公安、企业、网站等多部门的合作，抓紧开展联合征信活动，建立全国信用数据库中心，实现相关部门信用数据共享并逐步完善联合征信制度。

（三）系统管理，增强"信"之功用

"信"要可信，"用"要敢用。在培育市场的基础上加强征信是信用体系建设的基础性工作，加强电子商务信用管理则是电子商务信用体系建设的关键举措。

第一，加强政府对信用市场的管理。政府通过建立信用机构监督机制，严格监控企业网站和企业发布的产品信息，严厉惩罚信用机构的失信

---

① 肖又贤. 论电子商务信用保障机制的建立［J］. 科技与法律，2003（3）：18-22.

行为，加大对失信主体的惩罚力度，明确其赔偿责任甚至实施惩罚性赔偿，让行为主体意识到失信所要承担的民事责任将会"得不偿失"，从而自觉放弃失信，保证信用机构开展公平竞争，促进信用市场良性发展。

第二，建立科学的信用评估规则。我国目前还没有统一的网站评估指标和规则，网站评估基本是"八仙过海"，主要方法有网络流量统计法、网上调查法、专家评估法、综合评价法等。其中，通过技术手段对被评估网站的流量进行监测的第三方流量统计法为许多专业网站调查公司所采用，并据此进行网站排名。然而，国外权威的第三方流量监测网站如AL-EXA.COM公司的流量统计，在我国的应用中也因遭遇被评估者数据作假、欺诈炒作的尴尬而失去了权威性。从长远来看，我国应尽快建立科学的网络流量评估模型，结合其他方法进行综合评估，建立定性和定量评估指标，建立科学的信用评估规则。①

第三，构建全方位的信用管理系统。（1）建立诚信联盟。具有类似功能的交易平台网站同行之间可建立信息交换制度，一旦某个交易平台发现诈骗或背信事件，便可以马上通告其他交易平台采取预防措施，并将恶意交易者加入违背信用的黑名单予以公布，使资信评估体制更具效率。（2）各资信机构的信用信息全国互联，继而建立起类似个人身份证、学历学位证书的管理和查询系统。该系统应为覆盖全社会经济活动信用的资信系统，以便人们随时查询个人和企业的信用状况。②（3）建立商业信用公开和监督制度。在现已建立的居民身份证管理制度和单位（法人）代码管理制度的基础上，建立公民社会代码和单位代码的"经济身份证制度"管理制度，将商业信用信息纳入其中，并由专责机关统一管理。这样就可以将缺乏商业信用的个人和单位的信息通过相应途径备案乃至公布于众，让其无所遁形。（4）重视舆论监督。互联网的信息传播速度和广度极具优势，对抑制与约束交易者的失信、欺骗行为有显著功效。轰动一时的MY8848倒闭事件，就是体现网上舆论监督效应的典型例子。我们应

---

①　廖敏慧，胡国胜. 论电子商务信用机制的构建［J］. 商场现代化，2006（10）：95-97.

②　陈素敏，赵悦品. 我国电子商务发展信用问题分析［J］. 商场现代化，2008（23）：156-157.

利用互联网的这一优势，通过各种论坛、在线信用评级、信用公告等栏目，在线评价、发布网上交易主体的交易和信用情况。

第四，在行政和法律框架之外建立依靠信任机制发挥作用的第三方在线机构。"红盾 315"网站就是北京市工商行政管理局下属的一个要求经营性网站备案登记的网上认证机构，另外，阿里巴巴的"诚信通"也有第三方认证机构的特性。但是，借鉴国外做法，发挥监督、担保、认证、反欺诈等作用的第三方机构最好是非营利组织。①

三、健全电子商务道德的行业自律机制

自律与他律是道德调节的两种基本形式，行业自律则是这两种形式的最佳结合，而行业协会是行业自律最为典型的组织形式。

（一）行业自律是由企业自利到同行自律的理性选择

企业是自利性的经济组织，但各个原子似的企业通过自由市场的反复博弈，不得不接受同行之间的恶性竞争是自我毁灭性的残酷结论，由此产生了各企业为协调竞争关系、增进共同利益而依法组织起来的非营利性社会经济团体——行业协会。为使行业协会成为企业间真正的利益联盟，各个原本自利性的会员企业必须转移给行业协会一定的权利，并通过行业协会接受同行企业的他律性监督。当然，作为企业与政府及社会沟通的重要中介，行业协会也是同行企业合作共赢的桥梁。

"政府立法，行业立规"。世界各国的行业协会一般都拥有制定业内政策或规则的权力，包括设立章程、制定行业道德规范、制定行业自律公约，等等。行业立规又明显有别于国家或政府立法。行业协会在对行业事务进行自律管理时采取的最普遍的方式就是制定行业自治规章，通过这些规范性文件来规范和约束会员行为，以维持良好的行业秩序。

与市场、科层制企业、政府以及企业间非正式组织相比，行业协会自律具有如下功能优势：（1）为交易主体在复杂的市场过程中提供充分有效

---

① 电子商务发展中存在的问题及解决策略 [EB/OL]. [2008-06-23]. http://www.doc88.com/p-4035454469803.html.

的信息服务；（2）它为非营利性组织，因而可以避免或减少企业内部的官僚性管理成本；（3）它是一种组织化的程序，可以利用惩罚性的制约措施，避免非正式组织中的机会主义行为；（4）它的协调成本小于政府管制成本，而且由于委托代理关系更直接，它的效率要高于政府。作为集体利益的代表，它还能大大降低单个企业游说政府的成本。①

北京市网络行业协会曾召开关于防治流氓软件的研讨会，新浪、搜狐等互联网和软件企业共同草拟了《软件产品行为安全自律公约》。这一事件真实地反映了行业自律机制的特点。在自由开放的互联网环境下，对比流氓软件，垃圾邮件、短信陷阱、色情聊天室等的恶劣程度可以说是有过之而无不及。此次企业联手抵制流氓软件之所以会引起业界的广泛关注，是因为为"在法制建设难以跟上互联网变化的情况下，如何有效实现行业自律？"这一问题提供了极具借鉴意义的答案。

当然，公约只是自我约束的手段，比较松散，实施力度比较弱。公约的作用还取决于电子商务协会的协调和组织能力，以及企业的认可程度。行业协会信用机制与企业信用机制互为表里，行业自律建立在企业自律的基础上，如果企业没有自发的主观意愿和自觉的共同参与，它就如同建立在沙滩上，经不起巨浪的冲击。

（二）我国电子商务行业自律机制建设的现状及反思

目前，我国行业协会主要有三种形式：（1）同政府有关的行业办公室相结合的政府型行业协会；（2）同行业大公司内部形成的公司型行业协会；（3）民间行业协会。政府型行业协会容易导致政企不分，公司型行业协会因利益相关过强而不利于行业内部的管理协调，而民间行业协会较好地体现了同行业企业之间的自治原则，但现状是发展还不够成熟。

现阶段，我国电子商务行业协会中层次最高、影响最大的是中国电子商务协会，由原信息产业部申请，2000 年经国务院批准成立，其业务活动受原信息产业部的指导和国家民政部的监督管理，面向电子商务，不受地区、部门、行业、所有制限制，是与电子商务有关的企事业单位和个人

---

① 陈承堂. 论行业自律 [J]. 江苏警官学院学报，2006，21（1）：84-88.

自愿参加的非营利性、全国性社团组织，业务范围包括协助政府部门推动电子商务发展、进行与电子商务相关业务的调查研究、为政府部门制定相关法律法规和政策提供参考建议、开展电子商务国际交流合作、为会员提供相关法律与法规指导；开展信息化人才及电子商务培训、组织专家在电子商务及其相关领域开展咨询服务；等等。①

围绕行业自律，中国电子商务协会先后发起成立中国电子商务诚信联盟和中国电子商务协会诚信评价中心，发布《中国企业电子商务诚信基础规范》，推动实施"中国电子商务诚信评价红蓝标评价计划"。该计划根据电子商务诚信规范，设立 12 个一级指标和 60 个二级指标，用以核查和评价企业在线业务符合诚信规范的程度，培育一批诚信标杆企业，带动电子商务行业的诚信体系建设。

但总体上讲，我国电子商务自律性行业组织发展还很不充分。各级协会组织大多随着政府职能转变和机构改革从政府部门中转变而来，行政化色彩较浓，组织结构不尽合理，人员素质和服务水平不尽如人意。以上问题在一定程度上已经或非常有可能导致行业协会的信用机制失灵：（1）行业协会的政府依赖性强，行业协会代替政府"行政"，成为"第二政府"，自身信用能力弱，由此又可能导致自身受业内少数大企业操纵，成为市场垄断集团的"代言人"和攫取垄断利润的工具；（2）受"内部人"控制，行业协会偏向商业谋利活动，偏离非营利性、公共服务性价值取向，由自律性组织蜕变为自利性组织。②

防止行业协会自律机制的失灵，需要有全方位、大视野的思路和措施，主要包括：（1）推进公共服务型政府建设，实现政企分开、政会分离，依法科学管理行业协会；（2）大力培育电子商务市场主体，因为企业的有效需求和有能力的活动是行业协会存在与发展之本，培育自主经营、自我发展的现代企业是行业协会存在与发展的基础条件；（3）建立社会信用联动机制，除行业协会信用自律机制外，社会信用机制还包括信用监管

① 中国电子商务协会 [EB/OL]. [2015-08-23]. http://www.5252jia.com/Article/news/jituan/200808/142.html.

② 张平. 中国行业协会信用自律机制失灵问题及其治理 [J]. 生产力研究，2006（8）：136-137.

与惩戒机制、信用中介服务机制、信用内控机制，其主体分别是政府、社会中介组织、企业等。行业协会信用自律机制健康运行，离不开上述各类社会信用机制的共同发展和良性互动。

权利合理让渡和有效行使，始终是行业协会自律机制建设的关键，否则行业协会就会偏离正常轨道而失去应有的功能。为此，电子商务行业协会必须保持自治、自立、自养、自律的素质和能力，尤其是要坚持民主立会和企业家办会这两个基本原则。

第八章　虚拟伦理与现实的道德生活

随着以计算机为基础的信息技术的发展和普及，人们已经或正在构造出形形色色的虚拟世界。在有人的虚拟世界，与现实社会一样，也会发生种种伦理问题。虚拟世界中的伦理具有什么样的价值属性？虚拟伦理与现实伦理的关系如何？人们在设计虚拟伦理时是否要遵循一定的客观尺度？关于虚拟伦理的这一系列问题，已经（并非虚拟地）摆在人们面前。本章所论，是对这些问题的初步探讨。

第一节　虚拟世界的价值取向

所谓虚拟，是指以数字化的方式对自然事物或社会事物及其过程的模拟，其中也包括在客观基础上通过发挥人的想象力而产生的对某些非现实事物的数字化建构。虚拟具有超越现实的品格，它不等于现实，而是凭借数字化手段对现实的超越。人们之所以要以虚拟的方式来超越现实，是因为要满足人们的现实需要。因此，虚拟虽然不等于现实，但它的根却植于现实之中，它以现实为基础，又反过来为现实服务。如果完全割断虚拟与现实的关系，虚拟就无异于一架"发疯的钢琴"；如果虚拟不能为现实服务，那么它的价值和存在意义就会荡然无存。

近些年来，"虚拟现实"（virtual reality）成为计算机相关技术中的热点。虚拟现实作为人—机（计算机）交互工具，是利用计算机生成一种模拟环境，通过多种传感设备使用户"投入"到该环境中，实现用户与该环境直接进行自然交互的技术。虚拟现实技术中使用的传感设备，包括立体头盔、数据手套、数据衣等穿戴于用户身上的装置和设置于现实环境中的传感装置。① 伯第亚（Burdea G.）曾通过一个"灵境技术"的三角形，形象地描述了虚拟现实的基本特征：沉浸性、交互性和构想性。②

虽然虚拟现实是一种重要的虚拟手段，但人们通常所说的虚拟并不限于虚拟现实技术。例如，更为人们所熟悉的一般的多媒体技术，虽然并不使用触觉、力觉等虚拟现实的专用装置，其处理对象也主要是二维的（虚拟现实是三维的），但亦能构造出有声有色的虚拟世界。电脑游戏中的虚拟情节、虚拟场面，网络中的虚拟社区、虚拟演播室等，都是与虚拟现实有所区别的虚拟世界。

可以把虚拟世界划分为两种基本类型：一种是有人参与其中的虚拟世界，一种是无人在场的虚拟世界。在无人的虚拟世界，由于纯粹是对物或物与物之关系的模拟，故不可能发生或存在人的伦理问题，这样的虚拟世界不具备任何伦理性质，除非将其中的物拟人化。在有人的虚拟世界，往往要模拟人与自然、人与人之间的关系，而在这样的关系中，伦理问题是不可回避的基本问题之一，因此，有人的虚拟世界必然会显示出一定的伦理性质。相对于现实社会中的现实伦理而言，我们可以把虚拟世界中的伦理称为虚拟伦理。

虚拟伦理虽然不等于现实伦理，但它与现实伦理一样，既可能包含值得肯定的价值成分，又不乏某些必须加以否定的价值因素。虚拟伦理并不是中性的，而是有着确定的价值取向。对于虚拟伦理的价值取向，是耶非耶？人们尽可以讨论甚至争论，但却不能无视这种价值取向的存在，不能从根本上取消虚拟伦理的价值属性。在某杂志的一篇"卷首语"中，这样赞美"虚拟的力量"："虚拟真是令人沉醉的向往，它能制造欲望和快感、邪恶和残忍、善良和美丽，没有所谓正和邪、肯定和否定，现代世界的观

---

① 曾建超，俞志和. 虚拟现实的技术及其应用 [M]. 北京：清华大学出版社，1996：2.

② 汪成为，高文，王行仁. 灵境（虚拟现实）技术的理论、实现及应用 [M]. 北京：清华大学出版社，1996：5.

念不适合它，它不属于任何观念！"① 这里，虽然先指出虚拟能够制造"邪恶和残忍、善良和美丽"，但随即又立刻声明对虚拟世界中的善与恶不能做出肯定或否定的价值评价。然而，如果人们真的不能对虚拟世界中的善与恶做出肯定或否定的评价，那么，这只能说明虚拟世界中善与恶的界限被消解了，虚拟世界中的伦理因素没有正面与负面之分、积极与消极之分。但实际上，虚拟伦理如同现实伦理一样，总是表现出或正面或负面、或积极或消极的价值属性，虚拟世界中善与恶的界限是取消不了的。

这里，我们以电脑游戏所营造的虚拟世界为例，简要说明虚拟伦理的价值取向。应当肯定的是，有不少电脑游戏表现出正面的、积极的伦理价值取向，其蕴含的伦理价值是会得到现实社会中大多数人的赞同的。例如："三国"系列游戏，在一定程度上弘扬了忠诚、勇敢的伦理价值；许多经营类游戏，实际上强调了节俭、勤奋的重要性；一般的电脑游戏都试图突出惩恶扬善这一伦理主题，而不是鼓励邪恶、打击善良。

然而，电脑游戏中的确存在着一些应当引起人们注意的负面的、消极的伦理价值取向。例如，在一篇介绍《商业大亨》的文章中，作者写道："在《商业大亨》里，是不允许玩家做老实巴交的生意人的，因为游戏的目的就是挤垮竞争对手，无论使用何种手段，如雇佣商业间谍或策动其他企业工人罢工等等。"② 可见，在《商业大亨》的虚拟空间，诚实的价值是被贬低的，而为了达到"挤垮竞争对手"的目的，可以采取任何手段，当然也包括不道德的手段在内。色情、恐怖、暴力、偷窃等其他负面价值，也在一些电脑游戏中屡有出现。

在电脑游戏中，虚拟伦理还仅仅存在于虚拟对象之间的关系中。而在其他类型的某些虚拟空间，虚拟伦理则不限于调整虚拟对象之间的关系，它还可能成为现实的人借助于数字化手段在虚拟世界中发生相互关系时的行为准则。例如，在虚拟银行、虚拟企业乃至虚拟社区，也有设立虚拟伦理的必要。但此时的虚拟伦理，已不再是对虚拟对象的行为规定，而实际上是对现实的人进入虚拟世界、进行虚拟活动的道德要求。应当说，这

---

① 卷首语. 多媒体世界, 2000 (5).
② 吕耀怀. 对虚拟伦理训练的探讨 [J]. 思想教育研究, 2001 (5): 38—39.

样的虚拟伦理，与现实的人所具有的现实伦理的关系更为密切。这样的虚拟伦理，更多地或更直接地投射出现实伦理的价值取向。

既然虚拟世界中的伦理具有不同的价值取向，有正面与负面之分、积极与消极之分，那么我们就不应回避或搁置必要的伦理价值评价，当肯定的应给以理直气壮的肯定，当否定的则应旗帜鲜明地否定。

当然，互联网将不同文化背景的国家联结在一起，而且信息资源、数字化技术的跨国界流动也造成了文化与文化之间的冲突，这使得价值评价的标准问题凸显出来，因为不同国家、不同文化背景中的人们对同一事物可能会做出不同的价值评价。但是，我们不能因为不同文化有不同的价值标准就一定要在伦理价值评价上走入相对主义，并进而取消肯定和否定的可能性。各种不同的文化之间，虽然存在着程度不等的差异性，但人类的基本伦理价值却有着一定的共通性。在这种共通的基本伦理价值的基础上，人们可以协调不同文化间的冲突，并对虚拟世界中的价值取向做出最低限度的肯定或否定的评价。除此之外，不同的文化共同体还可以根据自身的文化特性，做出其特殊的肯定或否定的评价。这种特殊的肯定或否定的评价，至少对其自身而言是有效的。

第二节　虚拟伦理对现实伦理的影响

虚拟世界对现实社会的意义不是虚拟的，而是十分现实的。人们之所以要借助于数字化的方式来构造虚拟世界，恰恰是为了更好地满足现实社会的需要。虚拟世界一旦建立，就会在一定程度上影响现实社会的存在和发展。在现代社会，由于计算机技术和网络技术的迅速普及，生产力的进步、生活质量的提高已与虚拟工具的广泛运用紧密地联结在一起。有人甚至这样断言："现实如果离开了这种'虚拟'，发展就会停滞，甚至倒退。"①

基于同样的道理，虚拟伦理的出现对于现实伦理的状况也会产生不可低估的影响。虚拟伦理虽然是数字化的，但它的根据却存在于现实伦理之

---

① 殷正坤. 虚拟与现实 [N]. 光明日报，2000-03-28.

中；虚拟伦理虽然是超越现实伦理的，但超越不等于完全脱离，超越性的虚拟伦理通过其与现实伦理的联系，而必然要对现实伦理起到这样那样的作用。正面的、积极的虚拟伦理，可以对现实伦理的提高产生推动作用；负面的、消极的虚拟伦理，则可能对现实伦理的进步产生阻碍作用。更严重一些的负面的、消极的虚拟伦理，还可能破坏、消解现实伦理的存在条件。

就正面的、积极的方面而言，电脑游戏的玩家通过经营类的游戏，逐渐增强勤奋、节俭的意识，在现实生活中，这种勤奋、节俭的意识就可能表现为现实的伦理行为；通过战争类、探险类游戏，可以使其获得勇敢精神的反复熏陶，并在模拟的艰难困苦环境中锻炼其坚忍不拔、万难不屈的意志品质，还可能强化其爱国主义观念，这样的精神、品质、观念一旦稳定下来，对于现实伦理的意义就是不容置疑的；此外，如友爱、团结、忠诚、善良等基本德性，也可以在充分的、健康的虚拟伦理训练的基础上，对现实伦理产生一定的作用。

从负面的、消极的方面来看，某些电脑游戏中的不健康内容对现实伦理的影响也是现实地存在着的。一篇题为《〈模拟人生〉职业探秘》的文章，如此介绍《模拟人生》中的一种"黑道"职业："扒手：微不足道的扒手，但好歹您也自己当家做主。反应力与敏捷的身手无疑是最重要的，一定程度的魅力也派得上用场，如果能分散别人的注意力，将有助于您偷取他们的钱包。"① 不难想象，长期沉迷于这样的模拟"职业"，会对玩家现实的道德心理产生什么样的影响。另一篇介绍《半条命：反击》的文章这样写道，在《半条命：反击》中，"玩家将有机会扮演一个英勇无畏、勇往直前的执法先锋，也可以投身于一群十恶不赦的恐怖分子中间，并将成为一个警方心中的'梦魇'"，并且"在网络对战时，有不少玩家喜欢扮演恐怖分子"②。在虚拟世界，如此热衷于扮演反面角色，长此以往，难道不会在一定程度上削弱他们在现实社会中遵循正面的现实伦理的主动性和自觉性？据路透社报道，就一名医学院的学生在拥挤的电影院中所进

① 家用电脑与游戏机，2000（4）：60.
② 家用电脑世界，2000（5）：88.

行的毫无理智的枪击事件，巴西警方认为一个电脑游戏可能起到了催化作用。路透社的文章中写道："诸如 3D Realms 公司的第一人称射击游戏《毁灭公爵 3D》这样的游戏以及大麻和精神问题导致了这一严重暴力事件的发生。"① 这已不是推测或想象，而是虚拟伦理对现实伦理产生的实际的破坏作用。

不仅电脑游戏所营造的虚拟世界如此，而且网络中的虚拟社区等也对现实伦理有着双重影响：一方面，虚拟社区中的虚拟伦理规则使人们有了一种不同于现实伦理的全新伦理体验，它可能更强调道德的主体性和自觉性，这当然有利于现实伦理层次的提升；另一方面，虚拟社区中的虚拟伦理规则又有着过分自由化、无政府化的倾向，这又可能削弱或消解现实伦理的统一性及其对现实社会的整合性。

因为虚拟伦理具有正面与负面、积极与消极的双重性质，并且对现实伦理可能有或提升或破坏的双重影响，所以我们应当充分利用虚拟伦理正面的、积极的性质，以促进现实伦理的发展，同时亦应当注意虚拟伦理负面的、消极的性质，以防止其对现实伦理产生不良作用。

对于某些含有不健康的虚拟伦理成分的电脑游戏，有关部门必须限制其在社会上的广泛传播，特别是要禁止未成年人接触此类游戏。事实上，有些国家已对此采取了一定的措施。例如，巴西司法部宣布将禁止六个含有极端暴力倾向的电脑游戏在该国销售，这六个游戏分别是：《毁灭战士》（*DOOM*）、《真人快打》（*Mortal Kombat*）、《安魂曲：堕落天使》（*Reguiem*）、《血祭》（*Blood*）、《明信片》（*Postal*）以及《毁灭公爵》（*Duke Nukem*）。巴西警方已经要求所有销售者将这六个游戏从商店撤除，拒不执行者将被处以每天一万一千美元的处罚。② 再如，由于日益严重的暴力游戏引起的社会问题，美国职业玩家联赛组委会公布了一些新规定，今后这种比赛凡是年龄在 17 岁以下的参赛者，必须由父母或监护人签字认可，而 15 岁以下的"战士"将不被允许参加比赛。③ 由于包含暴

---

① 家用电脑与游戏机，2000（1）：6.

② 同①5-6.

③ 家用电脑与游戏机，2000（5）：4.

力、色情等内容的电子（电脑）游戏的分级制度日益成熟和有效，根据互动数字软件协会发布的报告，北美地区 1999 年含有不良内容的游戏销售数字从 1998 年的 260 万套下降到 120 万套。① 相比之下，我国在这方面的限制性措施尚不明确或不成熟，这是亟待引起有关方面高度重视的一个重要问题。

第三节　现实伦理：虚拟伦理设计的客观参照系

　　既然虚拟伦理具有正面与负面、积极与消极的双重性质，并且这样的双重性质又可能对现实伦理产生或提升或破坏的作用，那么人们在设计虚拟伦理的时候就应当尽可能地增强其正面的、积极的性质，而衰减其负面的、消极的性质。要做到这一点，虚拟伦理的设计者就必须以现实伦理作为虚拟伦理的客观参照系。为什么？

　　第一，只有以现实伦理作为设计虚拟伦理的客观参照系，虚拟伦理才不至于成为无源之水、无本之木。虚拟伦理虽然是虚拟的，但却不能是毫无客观根据的。参照现实伦理进行虚拟伦理的设计，实际上就是以虚拟伦理来模拟现实伦理。因为现实伦理往往要反映社会存在和发展的客观规律的要求，所以，虚拟伦理的设计以现实伦理为参照系，就可能在虚拟世界中间接地体现客观规律的要求。反之，若脱离现实伦理来设计虚拟伦理，虚拟伦理就会因缺乏必要的客观依据而陷入纯粹的空想、妄念之中。现实的人进入虚拟世界，就会对这样的虚拟伦理感到困惑不解，觉得难以接受。在这样的情况下，虚拟伦理就可能转化为"虚设"伦理。

　　第二，只有以现实伦理作为设计虚拟伦理的客观参照系，虚拟伦理才不至于沦为现实伦理的否定者、毁灭者。在设计虚拟伦理的时候，如果完全脱离现实伦理，无视现实伦理的基本规定，那么就可能导致设计出来的虚拟伦理包含某些与现实伦理相悖逆的成分，结果使虚拟伦理变成现实伦理的对立面。现实中的人具有不同层次的伦理水平、道德境界。一旦那些

---

　　①　家用电脑与游戏机，2000（5）：4.

伦理水平不高、道德境界低下的人进入虚拟世界，这种与现实伦理相悖逆的虚拟伦理就会强化他们的那些为现实伦理所否定的因素。如果获得与现实伦理相对立的虚拟伦理的强化和支持，那么这些人在现实社会中就有可能更肆无忌惮地践踏现实伦理规则，以自己的行为否定甚至毁灭现实伦理，这就会使现实的伦理关系陷于混乱，使现实社会的无序现象逐渐增多、趋于严重。

第三，只有以现实伦理作为设计虚拟伦理的客观参照系，虚拟伦理才可能获得自身存在的意义，才可能对现实伦理起到巩固或促进的作用。与现实相比，虚拟毕竟只是一种手段。虚拟世界的构建，是以服务于现实社会为目的的。如果不能满足人们的现实需要，那么虚拟世界就失去了它的存在意义。与此对应，虚拟伦理必须服务于现实伦理，虚拟伦理的存在意义就在于它能够巩固或促进现实伦理。虚拟伦理要获得它自身的这种存在意义，就必须具有与现实伦理在根本上的一致性、和谐性，虚拟伦理的设计就不得不参照现实伦理的合理规定或要求。在设计虚拟伦理时，由于参照现实伦理，而使得虚拟伦理在根本上具有了与现实伦理的一致性、和谐性。这样的虚拟伦理，不但不会有害于现实伦理，反而会有利于现实伦理的发展和完善。经常遨游于虚拟世界的人，不断受到这样的虚拟伦理的熏陶和浸染，在现实生活中就可能更好地做出道德行为。

有些人虽然看到了虚拟伦理与现实伦理的区别，但却将这种区别无限制地放大，致使虚拟伦理变得与现实伦理格格不入。一份"赛博空间的独立宣言"如此宣称："你们不知道我们的文化、我们的伦理，或那些已经使我们的社会更有序的未成文的法律，它比你们所强加的任何秩序都更有序。……我们正在形成我们自己的社会契约。这种统治将不是根据你们的世界，而是根据我们的世界的条件而产生。我们的世界是不一样的。"① 这样的宣言，虽然突出了以计算机为基础的虚拟空间、虚拟世界乃至虚拟伦理的独立性、独特性，但同时却割断了虚拟空间、虚拟世界与现实空间、现实社会的联系，致使虚拟伦理成为与现实伦理毫不相干甚至相互对立的东西。

---

① 陆俊. 重建巴比塔——文化视野中的网络 [M]. 北京：北京出版社，1999：236.

虚拟世界毕竟不是现实社会,虚拟世界的特殊性使得虚拟伦理具备不同于现实伦理的特殊性。虚拟伦理的超越性,正是这种特殊性的突出表现之一。但是,我们不能将这种特殊性绝对化,在强调这种特殊性的同时,忘记或忽略虚拟世界与现实社会、虚拟伦理与现实伦理的一致性。在设计虚拟伦理的时候,我们当然要充分考虑虚拟伦理的超越性,但我们应当使这种超越性有助于提升现实伦理,而不是导致对现实伦理的全面否定。

以现实伦理作为虚拟伦理设计的客观参照系,并不意味着否定虚拟伦理的特殊性或超越性,并不是要使虚拟伦理等同于现实伦理,或使其停留在现实伦理的水平上,而只是要使虚拟伦理与现实伦理达到根本点上的一致性,使虚拟伦理既适应虚拟世界的特殊性,又不与现实伦理发生根本性对立,并尽可能充分利用虚拟伦理的超越性来带动或促进现实伦理朝着健康的方向发展。

第四节　虚拟伦理训练

利用一般的虚拟技术以及虚拟现实技术,人们可以构建伦理训练的虚拟环境。在这样的虚拟环境中,人们可以设定各种各样复杂的伦理关系、日常生活中可能发生的形形色色的道德难题,并为处理这些关系、解决这些难题提供正确的道德思维方式和途径。参与者进入如此设定的虚拟伦理环境后,就可以进行规定的虚拟伦理训练。与传统的道德教育相比,虚拟伦理训练不仅是一种新颖的形式,而且在以下几个方面显示出其独特的优势:(1)现场感:虚拟伦理训练使受教育者直接置身于可能发生伦理问题的现场。传统道德教育往往疏离现场,是现场外或现场前教育,而虚拟伦理训练则是现场中教育。这种"现场"尽管是模拟的,但却能有效地克服传统道德教育只重道德规则而忽视规则应用的具体情境的毛病。(2)形象化:虚拟环境是二维的或三维的,它通过具体的、活生生的形象展示出来。传统道德教育往往是一维的,限于文字或口头的语言表达,难免流于枯燥、干涩,而虚拟伦理训练中的形象化表达则使受教育者备感亲切,易懂易学。（3）自主性：虚拟伦理训练可以充分调动受教育者的积极性，让受教育者在虚拟环境中自主地思考和处理伦理问题，自主地做出道德选择。道德的本性就是自律，虚拟伦理训练中参与者的自主活动，有助于培养其自律的道德意识。

虚拟伦理训练不仅是必要的，而且是可能的。就目前条件而言，至少可以设想两种主要的虚拟伦理训练方式：电脑伦理游戏与虚拟伦理现实系统。

应当指出，现有的电脑游戏虽然一般并不是专门为伦理训练而设计的，但其内容中亦包含或多或少、或正面或负面的伦理因素。因此，就一般的电脑游戏开发而言，应当注意突出正面的、积极的伦理因素的作用，同时努力减少或杜绝负面的、消极的伦理因素的影响。因为电脑游戏可能导致一定的伦理效应，且电脑游戏本身具有很强的趣味性，不仅吸引了不少青少年，而且许多成年人也乐此不疲，所以，如果我们有意识地开发专门用于伦理训练的电脑游戏软件，利用电脑游戏的趣味性来强化道德教育，那就可能使道德教育产生传统方式所难以获得的效果。设计这样的电脑游戏软件，其主要目的是"教"而不是"玩"，但"教"的内容又被寓于"玩"的形式之中，将游戏的得分规则与伦理素质的好坏、道德知识的多少联系起来，就会激励游戏的"玩家"（同时亦是受教育者）在虚拟世界中主动地、自觉地增进道德知识、提高道德品质、升华道德境界。"教"以"玩"为载体，"玩"以"教"为目的，"教"与"玩"有机结合，就可能使道德教育成为一项轻松、愉快、有趣的活动。

虚拟伦理现实系统，是指利用虚拟现实技术来模拟现实的道德情境。虚拟伦理现实系统具有沉浸性等十分可贵的特点，人们在这种仿真系统中得到的感受，是与人们在真实系统中得到的感受大致相同的。人们沉浸于这种仿真系统中，通过各种感官与仿真系统发生交互作用，可以产生身临其境的感觉。由于虚拟伦理现实系统具有这样的特点，其参与者沉浸于多维信息空间中自主地仿真建模、获取知识和形成新的概念，故经过在虚拟伦理现实系统中的训练，人们就能逐渐形成处理各种复杂的伦理问题的能力，并由于虚拟现实与真实现实之间的相似关系，人们就可能比较顺利、比较熟练地实现道德迁移，将在虚拟训练中学到的道德知识运用于相似的现实情境之中。例如，进行特定的职业道德训练，就可以借助于这样的系统。对于营业员，可以提供设置了营业员与顾客之间的各种可能关系的训练系统；对于医生，可以提供设置了各种可能的医患关系的训练系统；对于教师，可以提供设置了各种可能的师生关系的训练系统；如此等等。虚拟伦理现实系统考虑了各种可能的复杂关系，并提供了解决在这些关系中出现的各种可能的伦理问题的正确思路，而且其操作可反复进行，因此，经过这样的训练，就可以使相关职业人员熟知本职业的道德规范，并养成相应的职业道德习惯，这样，他们就能更好地适应自己所从事的职业工作。

虽然虚拟伦理训练是虚拟的，但因为虚拟伦理与现实伦理之间的对应关系以及虚拟伦理对于现实伦理的影响力的客观存在，所以虚拟伦理训练之花总是可能在现实社会中结出现实伦理之果。

第五节　虚拟社区及其道德控制

随着国际互联网的迅速扩展和广泛普及，越来越多的人倾向于在网络上寻求生存与发展的空间。虚拟社区就是这样的空间。

一、虚拟社区的含义及特征

（一）虚拟社会的含义

所谓虚拟社区，是指以现代信息技术为依托，在互联网上形成的、由相互间联系相对密切的人们所组成的虚拟生活共同体。虚拟社区由 BBS 发展而来。BBS 是通过电脑来传播和取得信息的公告牌。世界上不同国家的人们，借助于国际互联网，可以用电脑向 BBS 发送自己的公告（帖子）。在 BBS 基础上建立的虚拟社区，以共同的兴趣和利益为纽带，把身处不同国家、不同地区的人们联结在一起，从而创造出一种虚拟的共同生活。

虚拟社区用互联网界面实现交流，可以充分发挥互联网的实时性和交互性。在虚拟社区，不同地区用户间的交流极为方便，它不仅提供开放式的聊天室，而且具备双人或多人秘密聊天的功能以及信息传递功能。虽然一个虚拟社区可以包含许多个讨论区，甚至可以开设个人风格的讨论区，但作为一个整体，虚拟社区总会形成独具特色的社区文化，虚拟社区的用户必须遵循共同的社区规范。如果有用户违反虚拟社区的社区规范，那么虚拟社区的管理者就可能运用删除帖子、删除用户等方面的权力，对其予以相应的处罚。维系虚拟社区存在的情感因素，既包括各个用户基于共同需要而产生的对于特定网站的归属感、依赖感，又包括各个用户在频繁交往中建立起来的感情。从社区功能的角度来看，虚拟社区不仅能够满足人们进行精神交流的需要，而且随着电子商务等的不断发展，还可能成为满足人们物质方面需要的重要途径。

尽管目前用户量最大的虚拟社区可能仍然还是雅虎的 CLUB，但国内一些网站的虚拟社区也呈现出迅速发展的态势，并且其功能日趋完善。例如，在"Chinaren. com"虚拟社区，用户只须注册一次，即可拥有全套网上生活设施：自动拥有一个免费电子邮箱，具有 Hotmail 等同类服务的全部功能，并支持国人喜欢的 POP3（邮件阅读）方式，具有多内码自动转换功能，无须额外软件即可收看 GB5 码邮件；丰富的模板、图片和 CGI 程序等，使得用户可以随心所欲地设计自己的网上豪宅，并可以随时创建自己的兴趣小组，设置小组专用的聊天室、留言簿，等等。而且，与现实社会中的社区一样，用户在虚拟社区中的形象如何，与其在该社区中的人际关系、信用程度及荣誉等紧密相关。

（二）虚拟社会的特征

与现实社区相比较，虚拟社区具有非地域性或跨地域性、虚拟性、自组织性三大特征。

1. 与现实社区相比较，虚拟社区的第一个（最重要的）特征是非地域性或跨地域性

传统社会学意义上的"社区"概念，"一般是指聚集在一定地域范围内的社会群体和社会组织根据一套规范和制度而结合成的社会实体，是一

个地域性社会生活共同体"①。这样的社会生活共同体，相对于虚拟社区，可以被称为现实社区。很明显，现实社区强调地域性，这是因为现实社区中人们之间关系的密切性、经常性往往是与地域性联系在一起的。聚居在同一地域的人们，在客观上更容易发生经常性的往来，更可能形成密切的关系。聚居在不同地域的人们，则受客观条件的限制，难以形成联系密切的生活共同体。但是，国际互联网可以最大限度地跨越人与人之间在地理上的距离，使得不同地域的人们可以发生经常性的联系，为跨地域的生活共同体的形成准备了客观条件。在这种新的情况下，人们有必要重新审视原有"社区"概念的地域性限制。

社会学中的"社区"概念，从其起源上考察，并不包含特定的地域性。源于拉丁语的"社区"一词，最初仅仅指"共同的东西"或"亲密伙伴间的关系"。德国社会学家 F. 滕尼斯（F. Tonnies）首先将"Gemein-chaft"（社区）一词引入社会学研究。在滕尼斯的著述中，"Gemeinchaft"仅表示一种由具有共同习俗和价值观念的同质人口组成的、关系密切、守望相助、存在一种富有人情味社会关系的社会团体。可见，最早用作社会学概念的"社区"一词并没有明显的地域性色彩。后来，随着美国经验社会学研究的兴起，越来越多的社会学家在研究社会共同体的过程中发现，要具体研究城市、乡村等聚落，要研究各类居民的生活共同体，就必须从地域共同体着手，因而更多地看到了"关系""社会组织""社会秩序"同"地域"的相关性。于是，"社区"概念就逐渐被赋予了明确的"地域"含义。② 由此可见，"社区"概念中的"地域"含义是历史地形成并为当时的历史条件所限定的。当历史演进到信息技术高度发展的今天，当人们依靠计算机技术、远程通信技术而建立起国际互联网，从而极为方便、快捷地实现了分处世界各地的人们之间的密切联系的时候，跨地域的生活共同体的建立就完全具备了客观条件。这种跨地域的生活共同体，除了缺乏地域性这一指标之外，完全具备社会学中传统"社区"概念的其他基本性质和功能。因此，人们不必拘泥于地域性这一受历史条件限制的特定指标，

---

① 陆学艺. 社会学［M］. 北京：知识出版社，1991：200.

② 同①199.

完全可以用社区研究的一般方法、用"社区"概念所包含的一般思想来研究与指称互联网时代的跨地域生活共同体。这既是对社会学中传统的"社区"概念的拓展，又是对最早的"社区"概念之含义的某种回归。

传统的"社区"概念之所以要有"地域性"的限定，是因为在传统社区中只有在同一地域内生活的人们才最有可能建立经常的、密切的联系。拓展了的"社区"概念之所以可以挣脱地域性的羁绊，是因为国际互联网使得不同地域的人们能够十分便捷地建立经常的、密切的联系。传统的"社区"概念向新的"社区"概念的拓展，是由新的社会历史条件决定的。淡化了地域性色彩的"社区"概念，泛指一切由联系密切的人们所组成的生活共同体。在这样的"社区"概念中，地域性并不是构成要件，但它亦不排斥地域性。也就是说，无论是地域性的生活共同体还是跨地域性的生活共同体，都是"社区"概念指称的对象。现实社区仍然具有地域性，而虚拟社区则是跨地域性的。

虚拟社区虽然没有地域的限制，但却有相对确定的空间。虚拟社区的空间不是地理上的空间，而是借助于计算机技术和远程通信技术而建立的数字化空间。在国际互联网上，不同地域的人们，根据各自不同的兴趣、爱好、目的、需要，汇集于不同的电子空间内，从而形成一个个不同的生活共同体。也就是说，不同的电子空间将不同的生活共同体相对分割开来，从而有了不同的虚拟社区。如果没有这样的电子空间的分割，那么就可能因不同的兴趣、爱好、目的、需要的相互冲突而引起网上活动的混乱，不但导致活动效率大大降低，而且使得人们无法组织起有序的社区生活。

应当指出，即使是现实社区，也并非所有社会学家都认定其一定具有地域性。例如，桑德斯（Irwin T. Sanders）曾在《社区论》一书中对地方性（即地域性）社区与非地方性（即非地域性）社区做过比较。他尽管倾向于肯定社区的地方性，但却并没有抹杀关于社区的非地方性观点。①安德森（Andclerson）和卡特（Carter）在阐述社区种类问题时，小沿用

---

① 桑德斯. 社区论 [M]. 徐震，译. 台北：黎明文化事业股份有限公司，1982：129-133.

F. 滕尼斯的思路，将社区分为地区社区和非地区社区，并指出："人们目前在使用社会网络这一术语时，显然多半把它们看成是非地区社区的同义语，它'只内含着为了一个共同的目标而与地区无关的合作和协调行动'。"① 不过，持有上述观点的社会学家并不多见。我国的一些主要社会学著作（如陆学艺主编的《社会学》、郑杭生主编的《社会学概论新修》、宋林飞的《现代社会学》），甚至研究社区的专著（如方明、王颖的《观察社会的视角——社区新论》），似乎都无一例外地强调社区的地域性。

2. 与现实社区相比较，虚拟社区的第二个特征是虚拟性

按照尼葛洛庞蒂（Negroponte）《数字化生存》一书中的思路，后信息时代区别于以往时代的一个重要标志是"比特"取代了"原子"。尼葛洛庞蒂指出："比特没有颜色、尺寸或重量，能以光速传播。它就好比人体内的 DNA 一样，是信息的最小单位。"② "原子"是物理的，而"比特"则是数字化的。人们以"比特"为元素，将物理的人替换为虚拟的人，将现实中人与人的关系替换为虚拟的数字化关系，实际上就为虚拟社区的构建奠定了基础。在虚拟社区，人以及人与人之间的关系都借助于"比特"以数字化的方式呈现出来。

虽然在虚拟社区，人以及人与人之间的关系是以数字化的方式呈现出来的，但虚拟社区的这种虚拟性是以现实社区的实在性为前提的。虚拟不等于虚无或虚幻。虚拟社区虽然不同于现实社区，但人们却不能完全割断其与现实社区的联系。无论"虚拟"发展到什么程度，虚拟社区总是不能脱离一定的物质基础，而构建虚拟社区的物质基础恰恰是由现实社区提供的。虚拟社区不可能完全代替现实社区，它只能是对现实社区的一种补充。之所以有必要借助于国际互联网来构建一个个虚拟社区，归根结底，乃是为了满足生活在现实社区的人们的需要。因此，离开了现实社区，虚拟社区就会成为无源之水、无本之木。如果以对现实社区的否定作为构建虚拟社区的前提，那么虚拟社区就可能失去存在的根据或意义。

---

① 安德森，卡特. 社会环境中的人类行为 [M]. 王吉胜，等译. 北京：国际文化出版公司，1988：107.

② 尼葛洛庞蒂. 数字化生存 [M]. 胡泳，范海燕，译. 海口：海南出版社，1997：24.

3. 与现实社区相比较，虚拟社区的第三个特征是自组织性

现实社区的管理通常依赖于专门的行政机构。现实社区的行政机构负责制定本社区的政策、法规，并发挥对社区各职能部门的行政领导功能，组织实施对现实社区的管理。现实社区的存在与发展，与其行政组织的存在与发展有着密切的关系。甚至可以说，现实社区的共同生活及其在结构和功能上的有序性、整体性，主要是通过行政组织的工作来实现的。

在虚拟社区不存在任何专门的行政机构。人们能够通过国际互联网建立形形色色的虚拟社区，能够进行各种各样的虚拟社区交往活动，并不是行政机构组织的结果，而是参与者基于相同或相近的兴趣、爱好以及互补的利益需要而自发形成的。虽然虚拟社区也有一个或多个管理员（网管）和版主（斑竹），但网管和版主主要负责虚拟社区的维护与管理。尽管网管和版主可能拥有一些相应的权力，如查看用户 IP、删除用户、删除帖子等，但他们一般不会轻易行使这样的权力。只有在用户违反虚拟社区的共同规则的情况下，他们才会动用自己的权力来保证虚拟社区其他用户的正常访问和浏览。可见，虚拟社区的这种管理是一种松散的管理，不同于现实社区中以专门的行政机构为主体来实施的严密的组织管理。虚拟社区的共同生活，不需要专门的行政组织来规划、安排，而是其"居民"自组织的结果。虚拟社区的有序性、整体性，不依靠专门的行政组织的权威和权力，而主要诉诸其"居民"的自律性和自觉性。在一个虚拟社区，你可以选择"居住"，也可以选择离开，没有任何行政力量对你的选择予以组织强制。虚拟社区的"居民"的共同兴趣、爱好和利益需要关系，使得这样的社区生活即便没有组织强制也能维系下去。

二、虚拟社区的道德控制

虚拟社区，如同现实社区一样，需要有一定程度的道德控制。虚拟社区的道德控制，与虚拟社区的三大特征相适应，显然不同于现实社区的道德控制。

虚拟社区的非地域性或跨地域性，使得其道德控制往往处于多元化

的道德背景之中。虚拟社区相互联系的各个成员，可能来自不同的国家，因而可能隶属于不同的道德文化系统。这种复杂的、多元化的道德背景，便造成了虚拟社区的道德控制究竟以何种道德文化系统为准的问题。实际上，如果虚拟社区中具有某种道德文化背景的成员并不占多数，那么这种道德文化背景便难以在虚拟社区成为主流的道德规范力量。在多种道德文化背景并存且彼此很难"消化"对方的情况下，要实现虚拟社区的道德控制，就只能寻求达成具有不同道德文化背景的虚拟社区成员之间的共识，并在此种共识的基础上形成虚拟社区独特的道德规范系统。

虚拟社区的虚拟性，使得在其道德控制中实际起作用的道德系统亦具有虚拟的性质，即属于虚拟伦理的范畴。虚拟伦理不等于虚无伦理，它在虚拟社区中的规范作用是实实在在的。而且，没有这样的虚拟伦理，共同生活于一个虚拟社区的各个成员便缺乏共同的价值基础，虚拟社区的凝聚力便无处生根。虚拟伦理不是现实伦理，它不同于虚拟社区的成员在现实社区中受到的伦理约束。但是，只要现实社区的成员进入虚拟社区，其行为就必须受到这种与现实社区中的伦理有所不同的虚拟伦理的规范。虽然虚拟伦理的建立要参照各种现实伦理，但最后形成的虚拟伦理在内容和形式上还是与现实伦理有所不同。

虚拟社区的自组织性，使得其道德控制的实施不同于现实社区的道德控制。在虚拟社区，自组织的管理模式以社区"居民"的自觉性为基础。因此，虚拟社区的道德控制在很大程度上比现实社区的道德控制更注重社区成员的道德自律。尽管虚拟社区的管理者如果发现虚拟社区的成员中有人做出严重背离虚拟伦理的行为，他就可能行使删除这样的社区成员的特定权力，但他不会轻易使用这种权力。而且，因为人们可以很方便地化名进入虚拟社区，所以删除某个社区成员的效果可能是很短暂的。而在现实社区，道德制裁的对象是确定的个体，个体一旦受到制裁，就很难有化名以改变形象的机会。这样看来，在虚拟社区由管理者实施的道德控制，其有效性不及现实社区的道德控制。在这种情况下，注重社区成员的道德自律和道德自觉就是必然的了。

虚拟社区的道德控制，因为与现实社区的道德控制有着上述不同之处，所以不能照搬现实社区的道德控制模式。如何具体地进行虚拟社区的道德控制，还是摆在人们面前的一个崭新课题，需要对之展开深入的研究。随着虚拟社区的发展和成熟，虚拟社区的道德控制应当达到相应的水平和高度。

第九章　全球化与信息伦理

　　今天的全球化，在某种意义上是信息的全球化或全球的信息化。无孔不入的数字化信息，有力地推动着经济、政治、文化的全球化进程。在越来越频繁的全球性信息交往活动中，信息伦理应当成为基本的伦理共识。尽管各国依托自己特殊的文化背景所建立的信息伦理体系具有相应的特殊性，但通过各个不同的信息伦理体系的整合，最终会倾向于形成一种作为全球性信息秩序之根据的"底线伦理"，可以为全球性的信息活动提供有价值的伦理指南。全球化进程中的信息伦理，提倡不同文化的伦理共鸣，以消解"信息帝国主义"的霸权话语；促进信息资源的分有与共享，以避免信息富有与信息贫穷的两极化趋势。

第一节　多维度的全球化

　　自 20 世纪 80 年代下半期以来，"全球化"一词在各种文献中的使用频率越来越高，已经成为学界普遍关注的一个时髦词汇。但是，早在"全球化"一词出现之前（据《韦伯斯特新大学词典》第 9 版，"全球化"一词最早于 1944 年出现①），人类社会就已经有了实际的全球化进程。马克思、

---

　　① 高放．"全球化"一词的由来［J］．拉丁美洲研究，1999，21（6）：57.

恩格斯曾指出："不断地扩大产品销路的需要，驱赶着资产阶级走遍全球。它不得不到处盘踞、到处殖民，到处建立联系。资产阶级通过对世界的榨取，使一切国家的生产与消费成为世界性的了。"① 国内不少学者往往引用马克思、恩格斯的这段话，说明"全球化"早在一百多年前就已经启动。但据一些西方学者的研究，全球化还可以追溯到更早的时期。例如，S. 门内尔（S. Mennell）就提到过这样一种观点："自从人类这个物种存在以来，一些在本世纪里使人类世界合而为一的过程就已经在各个人类社会中发生作用。"② 按照这种观点，似乎全球化的开端与人类社会的起点是重合的。

全球化究竟始于何时？众说纷纭，莫衷一是，此处不予评判。但为了研究的方便，我们参照有关学者的意见，将全球化划分为两个相对不同的时期：旧全球化时代和新全球化时代。③ 所谓旧全球化时代，是以工业文明（以蒸汽机为标志）为基础的全球化时代；而新全球化时代，则是指以后工业文明（以计算机为标志）为基础的全球化时代。

全球化最初的含义主要局限于经济方面，因为早期的全球化表现为资本的输出、资本主义海外市场的开拓。经济全球化无疑是全球化的基本方面，甚至是最重要的方面。全球化的根本动因也往往要归结为经济方面。没有经济方面的动因，人们很难想象全球化如何得以进行。全球化引发了世界各国的社会进步和社会变革，而一切社会进步与社会变革都是以经济方面的进步与变革为先导的。生产力是社会发展中最活跃、最具革命性的因素，正是生产力发展的需要引起生产关系的变革，并进而引起相关的上层建筑的变革。经济方面的全球化最初就是由刺激生产力的发展而开始的。因此，时至今日，仍有学者在给全球化下定义时，还偏重于其经济方面的含义。例如，有人这样指出："所谓'全球化'，说的是一种运动，是一种过程。主要讲各国经济都在走向开放，走向市场化，世界经济趋向于某种程度的一体化，各国经济互相依赖的程度大

---

① 马克思，恩格斯. 共产党宣言［M］. 北京：人民出版社，1978：28.

② S. 门内尔. 人类社会的全球化是一个非常长期的社会过程——伊里亚斯的理论［J］. 梁光来，译. 国外社会科学，1995（12）：6.

③ 任平. 新全球化时代与21世纪公共哲学［J］. 江海学刊，1999（3）：68-73.

大提高，等等。"① 经济全球化使得经济的发展打破了民族国家的疆域限制，使得世界经济在贸易结构、生产、金融等方面逐渐走向一体化，并形成一体化的全球市场。

经济全球化的内在动力，主要包括全球生产体系的发展和世界金融市场的扩张这两个方面。② 全球生产体系的发展，主要是由跨国公司推动的。跨国公司为了实现利润的最大化，在经济理性的驱使下，充分运用高新技术的成果，面向世界市场设计产品，并在劳动力价格相对较低的国家进行生产，其销售战略也着眼于世界市场的客观情况。据有关资料，工业化国家已有四分之一以上的劳动力在跨国公司工作。世界金融市场的扩张，在二战以后呈现出越来越明显的趋势。自 20 世纪 70 年代布雷顿森林体系结束之后，全球主要的资本市场更加紧密地联系在一起。银行家和证券交易家往往组成辛迪加（Syndicat），相互支持而又相互利用、相互竞争。大金融企业在世界的各个主要金融中心都设有分行或办事处。计算机的迅速普及和全球通信网络的形成更是使世界金融市场迅速伸展到全球的各个角落。随着世界金融市场的不断扩张，国际金融业务的迅速增长，所有国内金融和货币系统已经越来越明显地感受到外部世界的影响与压力。世界金融市场在浮动汇率机制的推动下，几乎完全从各发达国家政府手中夺走了对汇率的决定权。与此同时，国际大银行也几乎控制了第三世界国家赤字的资金融通业务。

经济基础的变革，必然需要与之相适应的上层建筑。自由、竞争的市场经济是离不开民主政治的配套与辅佐的。如果不在上层建筑领域建立起新型的民主政治制度，那么自由、竞争的市场经济就很难获得顺利发展的空间，甚至还难以为继、难以存活下去。不能设想，受经济全球化浪潮波及的某个国家，尽管认可了市场经济的基本制度，但却依然维持专制的、旧有的政治模式。如果现代市场经济体制不得已与水火不容的专制政治体制共存一体，那就只会造成冲突、摩擦和对立。事实上，那些走上实现现

---

① 丁一凡. 大潮流：经济全球化与中国面临的挑战 [M]. 北京：中国发展出版社，1998：1.

② 叶江. 浅论全球化及其对战后世界历史的影响 [J]. 历史教学问题，1999（5）：18-24.

代化道路的后发国家，除了接受现代市场经济模式之外，还或多或少地吸取了西方发达国家的政治模式中的某些因素。虽然西方的民主政治制度并不是全球唯一可行的政治制度，但其中那些与市场经济相适应或反映市场经济之必然要求的政治体制因素却是不能随意排斥的。此外，随着西方向全球扩张的完成，发端于西方发达国家的以主权国家为行为主体的国际政治体系已经成为世界性体系，主权国家的政治形式日渐成为世界各民族国家争相模仿的形式。

文化虽然并不与经济同属于一个领域，但却可以对经济发生不容忽视的间接影响。而且，经济方面的变化必然要导致文化方面的变化。即使在率先实现现代化、作为"新全球化"之源头的西方社会，也以大量事实证明了这一铁的规律。20世纪末，西方发达国家相继进入丹尼尔·贝尔（Daniel Bell）所描绘的"后工业社会"，其产业经济基础从工业文明转向以信息与通信技术、电子、空间科技、海洋工程、生命科学等新科技为轴心的后工业文明的经济体系。经济方面的这种变化，促使西方文化在整体上出现了一些前所未有的变化。后殖民主义、后帝国主义、后现代主义的兴起，正是这种变化的具体表现。

综上所述，今天的全球化已形成多维度的态势。但我们必须强调指出，多维度的全球化应当是多元的全球化，而不应当是一元的全球化，特别不能是单一的西方化。多元的全球化，突出世界各国的地位平等和普遍参与，是西方国家和其他各民族国家在经济、政治、文化诸方面的多元共存与成果共享。

就经济全球化而言，虽然西方的经济制度包含着某些普遍性因素，可以为各民族国家所参考、学习和吸纳，以实现自身的经济体制改革，但西方的经济制度毕竟是在西方国家的社会历史背景下建立的，不可避免地带有特殊性。因此，即使世界经济在贸易结构、生产、金融等方面逐渐走向一体化，即使形成一体化的全球市场，各民族国家在经济全球化的过程中也应当认清本国的国情，有选择地参考并根据自己的特殊情况灵活选用源于西方的市场经济体制，而不能全盘照搬西方的所有经济制度。

就政治全球化而言，各民族国家当然要批判地借鉴西方国家的那些与市场经济相适应或反映市场经济之必然要求的政治体制因素，但又要特别警惕西方国家可能通过它们片面理解的政治全球化途径对各民族国家实行西方政治思想的单方面渗透，要防止西方国家在政治领域的全面入侵。政治总是与经济方面的利益密切联系着。如果各民族国家在政治上失去自己的独立地位，那么它们的经济利益便会被西方发达国家所蚕食。因此，在政治的全球化过程中，各民族国家一定要认识到，政治全球化并不是单一的西方政治思想、政治体制的全球化，各民族国家自身的政治资源有自己的独特价值。

这里，我们着重关注的是文化全球化问题。在文化全球化过程中，不可避免地会发生不同文化之间的碰撞和冲突。西方的主流文化以强大的经济实力为背景，表现出一种强势文化的特征。但在西方强势文化随着经济的全球化而对各民族国家展开的全面渗透中，它不可能不遭遇各民族国家的本土文化的抵抗。各民族国家的本土文化有着深厚的历史渊源，并且已经在本国人民中转化为普遍的社会心理存在。本土文化的强大生命力，往往足以与西方的强势文化相抗衡。而且，各民族国家的本土文化中亦不乏某些优秀的成分，而强势的西方文化也并非没有糟粕和腐朽的因素。因此，在西方文化全球化的同时，各民族国家本土文化中的优秀成分也具有全球化的可能性和现实基础。各民族国家在面对包含着某些内在弊端的西方文化全球化的大潮时，强调弘扬和光大本土文化中的优秀成分，并以其作为医治西方文化之偏颇的文化药方，这是十分必要的。西方发达国家不应当一味强调西方文化的先进性和强势性，而应当在文化全球化的过程中，虚心吸取其他文化中的优秀成分，以避免形成妄自尊大、独霸天下的文化系统。我们主张的多元的文化全球化，是西方文化与其他各民族国家文化的异质共存和相互渗透，是各种优秀文化成果的开放和共享。因此，文化的全球化不应当是单一的西方主流文化的一统天下，强势的西方主流文化不可能将所有民族国家的本土文化赶尽杀绝。坚持多元的文化全球化，势必会在经过长期的碰撞和冲突之后，逐渐形成不同文化之间的一种异质整合。整合之后的全球文化既有某种与趋于一体化的世界经济相适应的共同性，又包含与各个民族国家之国情相对应的异质性。

第二节　全球性的信息通道

新全球化时代的一个重要特征是信息技术的飞速发展和广泛应用，其优越性充分展现于"信息高速公路"的开通、国际互联网的扩张之中。今天，数字化信息可以说无孔不入、无处不在，互联网的网民数量正在急剧膨胀。凭借先进的"信息高速公路"和国际互联网，世界各国之间的联系空前加强，不同地区、不同社会的人之间的交往更为便捷、畅通。世界仿佛变小了，地球似乎成了一个村落。毫无疑问，在这样的技术背景下，全球化的实现在很大程度上依赖于先进的信息通道，全球化各个方面的内容往往要搭载数字化的信息快车。

就经济全球化而言，现代信息技术创造的国际互联网为企业提供了一个面向全球的操作平台。通过在互联网上发布广告，企业可以使自己的产品信息传向世界的每一个角落，可以有效地塑造和提升企业形象；借助于互联网上方便的经济信息搜索，企业可以及时了解市场的变化、顾客需求的变化，还可以迅速捕捉到与企业发展有关的信息资料及转瞬即逝的商机；通过电子商务，企业能够减少销售成本，为顾客提供价格更为低廉的产品和服务；通过互联网，企业既可以进一步加强与其他产业的联系，又可以掌握竞争者的动态，提高自身的竞争力。总之，互联网是企业经营和销售的新型而高效的操作手段，它从微观上可以极大地改善企业自身的经营管理，从宏观上可以加强经济全球化。

就政治全球化而言，随着互联网的成熟和发展，出现了"电子政府""连线政治"之类的新概念。政府上网逐渐形成热潮，这既增加了政治的透明度，又极大地提高了政府的工作效率。通过上网，地方的、一国的政治事件已经在某种程度上变得国际化，区域性政治事务的影响已经突破地域的限制，可能波及本区域以外的其他地方。"连线政治"（politics on-line）一说源于公认信息化程度最高的美国。有调查显示，拥有计算机的美国公民把"连线政治"作为电脑最重要的用途之一。借助于网络，议员可以坐在家中参加议会辩论，投票赞成或反对某项法律。一般公民亦可以借助于网络进行投票选举，或表达自己的政治见解。在"连线政治"时代，民主也数字化了，即所谓"电子民主"。信息社会中甚至流传着这样一个神话：计算机，尤其是联网的计算机，将带来民主的复兴。这种把大量数据传送到公众家庭的机器似乎应当造就一次新的革命。这一思想是由加拿大传播理论家马歇尔·麦克卢汉（Marshall McLuhan）首先提出来的。他早在20世纪60年代中期就预言，某些电子媒介可以把地球变成一个村落，"信息的即索即得能创造出更深层次的民主"①。现在，马歇尔·麦克卢汉的这一预言通过网络的发展而逐步变为现实。"连线政治"不再是纯粹的国内事件，相反，因为它是一种网上政治行为，所以它可以凭借网络的开放性而辐射到全球的其他地方。尽管"连线政治"同时也被称作"虚拟政治"（virtual politics），但它无疑是政治全球化的一种现实化的有效途径。

就文化全球化而言，从理论上说，各个不同的文化体系、各种不同的文化话语都有在网上传播、发布的同等权利。网络是开放的，无论是保守的文化思想还是激进的文化观念，都可以自由地进入网络。虽然西方文化作为一种强势文化，在网上占据着先天的有利地位，但这并不意味着对弱势文化的封杀，弱势文化并没有因此而丧失自己存在、发展和张扬的机会。尽管西方的强势文化有发展为一种独一无二的霸权话语的内在倾向，但网络基于其开放性却为弱势文化提供了与强势文化进行抗争的数字化平台。因此，借助于国际互联网展开的文化全球化，不能是也不会是单向的西方化，而应是各个不同的文化体系、各种不同的文化话语的相互碰撞和整合。在这个意义上，以互联网作为信息通道的文化全球化，可能比以往的文化全球化更具备趋向于合理性的客观条件。现代信息技术所构筑的全球性的信息通道，使得今天的全球化展现为一幅诸种异质文化共同在场的绚丽图景，而不是西方强势文化的"独语"与非西方弱势文化的"失语"或"缺席"。

正因为以国际互联网为主干的现代高速信息通道已经成为全球化不可或缺的工具，全球化的各个方面都在相当程度上依赖于信息技术的发展

---

① 胡泳，范海燕. 网络为王［M］. 海口：海南出版社，1997：200-201.

和广泛应用，所以，我们亦可将今天的全球化称为全球信息化或信息全球化。所谓信息全球化，就是借助于现代信息技术，特别是依凭国际互联网，将世界各国在经济、政治、文化诸方面的交流数字化，使得物质的、精神的资源通过数字化平台而实现全球共享。现代信息技术是全球信息化内在的、核心的要素，信息技术的发展和广泛应用是推动、实现信息全球化的动力。世界各国普遍采用现代信息技术，以此提高自身开发、利用信息资源的能力；推动各国的经济发展、社会进步，变革各国的生产过程、生活方式乃至思想观念，这是信息全球化的题中应有之义。

因为信息化在今天的全球化中具有如此重大的作用，全球化与信息化已经不可分割地联结在一起，所以世界各国已显示出对信息化的普遍关注，世界各国政府纷纷将本国的信息化作为一项重要的发展战略，以适应今天全球化的必然趋势和内在要求。

在美国，虽然早在 20 世纪 80 年代初从事信息劳动的人数就已超过 60%，美国的社会信息设备率也居世界第一，但美国政府不但没有满足于在信息化领域已经取得的成绩，而且还更加重视推进自己国家的信息化。布什政府就曾将高性能计算机和通信计划列为三大计划之一。由于政府的大力扶植，1991 年美国的电信硬件生产在制造业普遍不景气的情况下一枝独秀。次年，美国政府对信息化的预算拨款增加到 6.38 亿美元。克林顿政府在重视信息化方面更是有过之而无不及，1992 年克林顿竞选总统时，便以建设"信息高速公路"作为竞选旗帜之一，他执政后于 1993 年拨款 8.03 亿美元发展电信与计算机技术，正是在这样的基础之上，1993 年 9 月，美国政府正式推出"信息高速公路"计划，把信息化战略推向新的高度。

在日本，自 20 世纪 80 年代日本政府确立"科学技术立国"的方针以来，全国上下对促进日本向"信息取向的工业化社会"转变达成共识，对发展信息技术不遗余力。据统计，1991 年，日本电子工业总产值达到 24 万亿日元，其中计算机产值自 1978 年以来一直保持两位数的增长率，虽然进入 20 世纪 90 年代后有所减缓，但仍达 6 万亿日元，通信设备产值达 3 万亿日元。自 20 世纪 70 年代以来，日本投入使用的各类计算机以年均 20%以上的速度递增，信息活动创造的价值平均年增长率超过 15%。在美国提出"信息高速公路"计划后，日本政府立即做出反应。通产省和邮政省分别在1994年提出建设全国范围的信息通信基础设施的计划，政府其他部门也提出相应的计划予以支持。

在发展信息技术方面，西欧各国也是全力以赴。20世纪90年代初，英国政府制定以信息技术研究和开发为内容的"杰菲特"计划，并为此拨款20亿英镑。1994年11月，英国贸易与工业部公布《创造未来的高速公路：发展英国宽带通信》的文件，推动电信运营公司和信息服务提供商投资交互式技术，以便在未来向社会提供更广泛多样的信息服务。1994年10月，法国政府正式宣布到2015年建成法国的"国家信息基础结构"（National Information Infrastructure，简称NII），目标是所有的法国公民都能在家中和其他活动处所平等地接入NII。瑞典政府制定到2010年建成全球最先进的NII的计划，目标是无论何时何地让每个瑞典公民都能以电子方式快速、方便、安全、廉价地享用信息服务和相互通信。芬兰政府高度重视社会的信息化，制定相应的NII战略规划，成立专门的顾问机构，并发动大规模的社会运动来推动信息化过程。

广大发展中国家虽然大多数存在着自身技术基础薄弱、人才缺乏等问题，但在发达国家率先实施信息化战略的影响下，也对本国的信息化给予空前的关注。在美国提出"信息高速公路"计划之后，韩国政府决定到2015年以前投资550多亿美元，兴建韩国的"信息高速公路"；新加坡政府制定"信息技术2000年（IT2000）"计划，目标是建设更先进的国家信息基础设施，把新加坡建设成一个"智力岛"。在我国，1996年3月，全国人大批准了国家《"九五"计划和到2010年远景目标纲要》。这个纲领性文件第一次在国家中长期计划中明确了信息化的战略地位，并对信息化发展的许多方面提出了要求。实际上，自1993年以来，我国已经陆续启动了以"金"字命名的一系列国家级电子信息应用的重大工程，到1997年，先行启动的金桥、金关、金卡、金税工程的初期目标已经陆续实现，并投入应用，后续工程正在进行；而金农、金卫等其他应用工程也已经投入建设。

经过世界各国多年的努力，全球性的信息通道已经形成基本格局。随着科学技术的进一步发展，这样的信息通道将会在全球化中起到越来越重要的作用。然而，随着进入信息通道的国家和地区的渐次增加，以及具有不同信仰、不同观念的网民数量的增长，国际互联网的秩序问题开始凸显出来。秩序当然离不开法律的维持，但也涉及伦理问题。信息伦理，作为进入信息通道的行为主体的普遍规范，应当得到各行为主体的普遍认同。但各行为主体的文化背景不同，所以对于信息伦理应当提倡什么、限制什么等问题可能会出现一些分歧。因此，有必要从信息伦理的本土资源和不同文化背景的信息伦理整合这两个方面来展开深入研究。

第三节　信息伦理的本土资源

任何一种现实伦理都是植根于本土文化的土壤之中的。没有本土文化提供的丰富的养料、水分，作为一种新型伦理的信息伦理便会是无根的，无法生长、发育、存活下去。

西方发达国家最早开始信息化的过程，那里是新型的信息伦理的发源地。但即使在西方，信息伦理的成熟、完善也与其传统文化息息相关。我们如果仔细分析西方的信息伦理，就不难发现其与西方传统文化的诸多相似之处。西方传统文化中的自由、平等一类的观念，在当代西方信息伦理中都有着充分的表现；西方传统文化所弘扬的个体的主体性，也一脉相承地流贯于当代西方信息伦理之中。尽管有些西方学者宣称他们正在走出工业社会，正在步入"后工业社会"或"信息社会"，尽管"后工业社会"或"信息社会"与此前的社会形态有着十分明显且重要的区别，但这也并不意味着对传统的全盘否定。文化上绵延不绝的传统，正是一个民族、一个社会的命脉之所在。文化传统的彻底剥离，无异于一个独特的民族、社会的命脉的断裂。正因如此，即便在信息化程度已经很高的西方国家，彻底的反传统主义的呼声也总是应者寥寥，它们最多只能给人们带来一些新鲜的启示，而不能提供真正的救世良方。西方的信息伦理，正是在既保持其与文化母体的血肉联系，又灵活地应对、适应信息社会的新问题和新情况的前提下，才得以逐渐成长起来。

面对信息社会的来临，西方一些著名学者从不同的方面、不同的角度表明了对传统的重视。例如，贝尔在经济社会主义、政治自由主义的主张之外，还主张文化上的保守主义。他思考信息社会时代人类的处境，认定经济上须使人人获得自尊和公民身份，政治上须使人人可由其成就带来社会地位，文化上须强调历史与现实的连续性，并用以维护文明秩序。因此，他崇尚传统，认为有必要在判断经验、艺术和教育价值方面，坚持依赖权威的原则。麦金太尔则抵制以功利主义为代表的现代道德，而在个人总是传统的一部分，人们应当成为传统的承载者的前提条件下，要求回到以亚里士多德为代表的西方德性伦理传统上去。① 这些西方学者的如此观点，尽管可能包含某些偏激因素，但对于当代西方信息伦理的建设来说仍具有不可否认的指导价值。只有将文化传统中的合理因素与信息社会的特殊境况有机地结合起来，信息伦理才能确立具有强大生命力的生长点，才能对人们的信息活动进行有效的规范。

既然信息伦理产生于西方，那么，对于非西方国家来说，信息伦理似乎一开始就具备了某种外在性。但是，非西方国家如果要发展信息技术并进而实现信息化，就必须建立和维持信息活动领域的基本秩序，这样，信息伦理就仍然是不可或缺的。信息技术与信息伦理有一个最基本的区别：前者是属于器物层面的东西，而后者则属于文化价值层面的东西。器物层面的东西只要具备实用性，无论是内生的还是外引的，在实践中都不会遇到太大的障碍。而文化价值层面的东西，如果是由外部引进的，则可能遭遇本土文化价值观念的顽强抵抗。因此，非西方国家若要建立和维持信息活动领域的伦理秩序，就必须妥善地解决信息伦理的外在性问题。如果照搬西方的信息伦理，那么这种原汁原味的西方信息伦理就很可能在非西方的文化土壤中发生"水土不服"的现实问题。要治疗缘起于西方的信息伦理在非西方国家发生的"水土不服"的病症，最有效的"处方"就是将西方信息伦理本土化，从本土文化中挖掘有利于信息伦理生长的合理因素，将其与西方信息伦理中反映信息活动的客观规律和现实需要的成分有机地结合起来，构造出本土化的信息伦理。

即使非西方国家，彼此之间也会有信息伦理的文化差异。这些国家不

---

① 任剑涛. 信息时代伦理整合的传统资源 [J]. 学术研究，1998（2）：49-52.

仅经济、政治的发展不完全同步，向信息化目标前进的步伐有快有慢，而且往往还有着各自独具特色的民族文化传统。这些国家都可能在西方国家的示范和影响下，重视对信息技术的开发和利用，加大引进西方先进信息技术的力度，以促进自身信息化的发展。同时，这些国家也都可能立足于各自特殊的文化土壤，批判性地看待西方信息伦理，并着力于从本土文化资源中寻找某些因素，以打造适用的、可行的信息伦理体系。这样，世界各国的信息伦理就不会是同一个版本，而是呈现出百花齐放、绚丽多姿的共生态势。各国的信息伦理都染上了本土文化的特殊色彩，打上了鲜明的民族烙印。

尽管西方信息伦理可能依仗其强势文化的有利地位而对非西方国家的文化系统形成强烈的冲击，尽管在非西方国家中亦不乏全面认同西方信息伦理的鼓噪之声，但各国独特本土文化资源的强大生命力和其对国民的根深蒂固的影响，最终不会让西方信息伦理在全球化的信息活动领域中一枝独秀。恰恰相反，信息伦理基于本土化而产生的多元化趋势似乎是不可阻挡的。

当代中国正处于社会变迁的重大关口，正在实现由传统社会向现代社会、由农业时代向工业和信息时代的双重跨越。虽然中国还属于发展中国家，工业化的任务还没有最后完成，但在全球化的信息浪潮中，中国不仅可能而且必须把工业化和信息化结合起来，充分吸取西方发达国家信息化的成功经验，力争跳跃式地实现向信息社会的转型。而要顺利地完成我国信息化的任务，要建成一个有序的信息社会，除了加快信息技术的发展、信息资源的开发之外，构建适合我国国情的信息伦理体系也势必成为当务之急。中国是一个有着悠久历史的文明古国，本土文化资源极为丰富且影响深远。在这样的背景下，更需要正确地把握和处理文化传统与新型信息伦理的关系。

有人认为，中国的传统伦理主要是指儒家伦理，而儒家伦理植根于小农经济的土壤之中，它依赖于家国同构的政治结构，作用于封闭的文化环境之中。如果仅限于对中国传统伦理的起源进行分析，如果仅就中国伦理文化的发生而言，那么这样的观点无疑具有一定的合理性。但事实上，中国传统伦理的主流部分——儒家伦理——自产生以来，因应各种外部因素的冲击，在不同时代的不同历史条件的作用下，发生了不容忽视的变化，今天中国本土文化中的伦理因素已经不完全是小农经济的产物，甚至也不能说具有对家国同构的政治结构的完全依赖性。考察中国本土文化的悠久历史，不难发现，它并不绝对排斥外在的文化因素，而是在不同的历史条件下，及时地将诸种外在因素同化为自身的组成部分。正是经过这样的同化过程，中国本土文化才得以绵延下来，不至于因过于僵化而走向寂灭。中国本土文化具有强大生命力的原因之一，可能正在于其非凡的同化能力。因此，我们在今天需要为信息化的实现、为信息社会的建立、为信息活动的有序进行而构建信息伦理时，我们如果只看到中国传统伦理在起源上的某些特点而看不到中国本土文化本身强大的同化能力，并进而搁置中国本土的文化资源，试图全面认同西方信息伦理，那么这显然是错误的选择。

即使中国传统的儒家伦理，在全球化的信息浪潮中也并非毫无价值。儒家伦理中确实包含着某些封建的、过时的糟粕，但儒家伦理中关于某些德性的基本思想、关于为人处事的一些基本准则，在今天的信息活动中仍然可能发挥合理的规范作用。只要我们认真探索信息活动的特殊规律，认清我们所处时代的基本特征，在此基础上从儒家伦理中寻找一些有意义、有价值的因素，使之转化为适应信息时代要求的伦理指南，那么儒家伦理就仍然可以做出一定的贡献。而且，儒家伦理经过长期的浸润、熏染，早已成为中国人的精神传统中最深层的东西，对这种最深层的精神因素视而不见，另外去搞一种与它格格不入的信息伦理，恐怕是很难为国人所接受的，这样的信息伦理显然在中国的社会土壤中难以成活。因此，时代的变化需要构建新型的信息伦理，而信息伦理的构建又必须依赖于对中国本土文化资源特别是儒家伦理传统的改造和转化。中国本土文化资源中既有可供信息社会选用的因素，又有与信息社会的规律相悖逆的成分；中国传统伦理中既包含着可为新型的信息伦理所吸收的营养性精华，又包含着可能不合于新型的信息伦理的破坏性糟粕。我们在构建适合中国国情的新型的信息伦理时，正确的态度应当是谨慎地分清精华与糟粕，明智地选取那些仍然具有存在意义的因素，而抛弃那些不合时宜的成分。简单地否定中国本土文化资源和传统伦理，或者简单地照搬西方现成的信息伦理，都无助于中国新型的信息伦理的构建和完成。

第四节　不同文化背景的信息伦理整合

因为各国具有不同的文化背景、不同的本土伦理资源，所以各国所建立的适合本国国情的信息伦理是不完全一样的。各国的信息伦理由于被打上了本土文化烙印而具有的特殊性，是其在本国生长、发育、深入人心的重要根据，但也正是由于这种特殊性，各国所特有的信息伦理便不可能完全通用于其他地域，不可能被其他国家的人们完全认同。而在互联网时代，跨地域的信息交往活动日渐加强，跨国信息流不断增多。在这种情况下，如果只有特殊的适用于一国的信息伦理显然就不够了。

一国特殊的信息伦理，虽然可以指导和调节本国范围内的信息交往活动，但却不足以规范跨国度的、具有不同文化背景的人们之间的信息交往活动。尽管就一国而言，有一个完整的、具有本国特色的信息伦理体系就可以应对信息活动领域中的一般问题，但一旦进入国际互联网，那种特殊的信息伦理就远远不够了。各国反映本国国情的信息伦理虽然能够在本国之内起到有效的规范作用，但它却未必能为处于不同文化背景中的其他国家的人们所接受。因此，不同文化背景中的人们在互联网上进行信息交往活动时，各自依据自己特殊的信息伦理来判断行为的正确与错误，就可能导致信息交往活动中的矛盾和冲突，甚至使得这样的交往活动无法进行下去。由此看来，在互联网上，在全球性的信息交往活动中，必须达成对于信息交往活动的伦理共识。这样，就有必要整合来自不同文化背景的信息伦理，以为不同国家的人们进行全球性的信息交往活动提供一种公认的伦理规范系统。虽然各国在建立自己的信息伦理体系时必须针对本国国情，必须具有与本土文化相适应的特殊性，因为如果不这样做，它就无法在本国存活和发展，但这并不意味着要将这种特殊性强加到参与全球性信息交往活动的其他国家的人们头上。我们强调一国之信息伦理的特殊性，并不意味着同时要否定不同国家的人们在全球性信息交往活动中可以发展出一种信息伦理的普遍性、共通性。使一国的信息伦理具有某种特殊性，是为了规范和调节一国之内的信息交往活动，以保障该国起码的信息秩序。

而强调信息伦理的普遍性、共通性，则是为了形成全球性信息交往活动的基本秩序。对应于不同的信息交往活动范围，信息伦理的特殊性和普遍性都是不可缺少的，而且又是不能相互代替的。例如，如果在一国之内，以全球性信息交往活动中信息伦理的普遍性、共通性来取代信息伦理适应于本国国情的特殊性，则信息伦理就不可能有效地调控本国的信息交往活动；而如果以信息伦理适应于本国国情的特殊性来取代全球性信息交往活动中信息伦理的普遍性、共通性，则会造成全球性信息交往活动的混乱。

要从具有不同文化背景的各国特殊的信息伦理中整合出适应于全球性信息交往活动的、普遍的信息伦理，就不能不涉及所谓普遍伦理或全球伦理问题。什么是普遍伦理或全球伦理？按照万俊人的诠释，普遍伦理或全球伦理是一种以人类公共理性和共享的价值秩序为基础，以人类基本道德生活特别是有关人类基本生存和发展的淑世道德问题为基本主题的整合性伦理观念。① 大体上说，普遍伦理或全球伦理是伦理学界、宗教学界作为对全球化及其面临的问题的一种理论反应而提出来的。普遍伦理或全球伦理的提出，不是为了解决某一特定文化背景中的特殊问题，而是为了解决世界各国共同面对的全球性问题。由于文化背景的不同，各国自有的伦理体系表现为各个不同的由低到高的层级结构，以及由下而上的不同的价值序列。考察分处于不同文化背景中的伦理体系，可以发现，尽管在最高的道德理想、上位的伦理价值方面有着种种差异，但在最基本的、起码的道德要求方面，各个不同文化背景中的伦理体系却在大体上是一致的。因此，如果要达成普遍伦理或全球伦理的共识，那么就应当而且只能将目光锁定在那些虽然与特殊的道德理想、最高的价值目标有差距但却是绝对必要的、任何社会都不可或缺的、最低限度的道德要求上。这样，普遍伦理或全球伦理也可以被称为"一种普遍主义的底线伦理学"②。普遍伦理或全球伦理似乎是一种"退而求其次"的道德选择，虽然谈不上有多么高尚，但若守不住这一"底线"，则全球性问题的解决便会在道德上迷失方向；而如果能够牢牢地把握住这一"底线"，则至少可以为全球性问题的

---

① 万俊人. 寻求普世伦理［M］. 北京：商务印书馆，2001：29.
② 何怀宏. 一种普遍主义的底线伦理学［J］. 读书，1997（4）：14.

解决提供起码的道德保障。

这里，我们没有必要对普遍伦理或全球伦理的具体内容展开进一步的研究和讨论。值得指出的是，普遍伦理或全球伦理构建的方法论和基本思路，可以为全球性信息交往活动的伦理框架提供某种参考。既然全球性信息交往活动是跨地域的，参与这种信息交往活动的主体可能分属于不同的国家、地区、社会和群体，而他们各自以自己特殊的信息伦理作为行动指南又会导致各行其是和混乱无序，那么，要形成在全球性信息交往活动中具有普遍约束力的信息伦理规范，就只能从分属于各个不同文化背景的信息伦理体系中寻求共同点，这些共同点就只能是各个特殊的信息伦理中最基本的、起码的规范性要求。在这个意义上，可以把适用于全球性信息交往活动的信息伦理看作一种特殊的普遍伦理或全球伦理，即在全球性信息交往活动领域存在并发挥作用的普遍伦理或全球伦理，或者称之为互联网上的"底线伦理"。全球性信息交往活动中的信息伦理，是全球性信息交往活动的参与者的道德共识，对跨国界、跨地域的信息交往活动具有普遍的约束力。就某一特定的国家而言，仅有这种调整全球性信息交往活动的信息伦理可能还远远不够，因为一国有一国特殊的国情；但就全球性信息交往活动而言，则只能提出能为不同文化背景中的人们都能接受的信息伦理要求。而且，如果有了这样一种最低限度的信息伦理，那么全球性信息交往活动的基本秩序就可以得到起码的保障。

不同文化背景中的信息伦理在全球性信息交往活动领域中的整合，除了寻求最低限度的道德共识之外，还有一个重要方面：不同文化背景中的信息伦理可以相互吸取对方之长，以补己方之短。这就是整合中的互补作用。源自不同文化背景的各种特殊的信息伦理，在全球性信息交往活动中都没有绝对的优越性。即使依托于西方强势文化的信息伦理，虽然较之非西方国家的信息伦理要先行一步，显得较为成熟一些，但仍然具有某些局限甚至缺陷。只有通过多元的、各种特殊的信息伦理之间的不断整合，才能在比较中彰显各种特殊的信息伦理的长处和短处，才能促进源自不同文化背景的信息伦理在互补中走向成熟和完善。

西方发达国家的信息伦理，贯穿着西方文化传统中固有的自由意识和民主精神。自由意识和民主精神特别适应于通过互联网进行的信息活动，因为网上行为本身即具有自由性的特征，而且无论一个上网者在现实社会中的地位如何显贵、身份如何特殊，在网上他也不过是一个普通网民而已。西方信息伦理中的这种自由意识和民主精神，可能正是非西方的第三世界国家的缺项或弱项。尚未实现现代化的或前现代化的第三世界国家，自由意识和民主精神往往发育不全，因此，在这样的国家中形成的信息伦理就可能难以契合网上信息活动的行为特征，就可能难以为广大网民所普遍认同。通过源自不同文化背景的信息伦理的整合，非西方的第三世界国家可以适当地吸取西方信息伦理中的自由意识和民主精神，这样才能构建与信息时代特别是与信息全球化相称的信息伦理。

基于非西方文化背景的信息伦理也有自己的长处。例如，中国文化传统中特别重视的"慎独"，对于信息伦理来说就是十分重要且不可或缺的资源。所谓"慎独"，是指一个人在独居、独处之时，在其行为不为他人所见之处，要做到谨慎有德。"慎独"的经典表述源于《礼记·中庸》中的一段话："莫见乎隐，莫显乎微，故君子慎其独也。"中国古人历来重视"慎独"的道德功能，甚至称之为"入德之方"。在互联网时代，在全球性信息交往活动中，"慎独"更有其特殊的价值。众所周知，网上行为具有匿名性、假面性的特点，有时候人们很难判断甚至无法判断某些网上行为究竟是由什么人做出的。因为难以确定真正的行为主体，所以法律可能对某些恶劣的网上行为鞭长莫及。如果我们强调"慎独"，提高网上信息交往活动主体的道德自觉性，使其即使在无人知道他是谁的情况下也能谨慎有德，那么就可以极大地减少那些法律难以管制的恶劣行为。西方信息伦理植根于重制度的文化传统，没有强烈的"慎独"观念，而单纯依靠制度性的伦理规范又确实不能解决网上的诸多伦理问题，因此，中国文化传统中的"慎独"，不仅是中国信息伦理的重要资源，而且可以成为医治西方信息伦理之弊病的一剂良方。

第五节　全球性信息问题的伦理审视

全球化的信息浪潮，在给各国的社会发展带来新的机遇的同时，也逐渐暴露出一些值得关注的问题。这里，我们仅从信息伦理的角度，讨论两个事关整个世界信息秩序的重要问题，即全球信息化中的两个具有普遍意义的矛盾：（1）信息富有与信息贫穷的矛盾；（2）话语霸权与话语丧失的矛盾。

信息化是以信息技术的飞速发展、信息产业的急剧膨胀为后盾的，而信息技术的发展和信息产业的膨胀又是以雄厚的经济实力为基础的。因此，信息化起源于西方发达国家就不足为怪了。同样不足为怪的是，广大的第三世界国家，由于经济实力的限制，即使有迅速实现信息化的良好愿望，实施起来也是困难重重的，其信息化的步伐必然要受到举步维艰的经济的掣肘。北欧国家建立的帕诺斯研究所曾经提供过一份研究报告，称目前全球的电脑网络用户 70% 在美国，而非洲与国际联网的国家不到 10个。西方发达国家与第三世界国家在信息活动领域存在着严重的不均衡，信息富有与信息贫穷的矛盾已经现实地摆在人们面前，这就是所谓数字鸿沟问题。信息富有与信息贫穷的矛盾是由经济上的差距造成的，反过来会进一步扩大西方发达国家与第三世界国家在经济上业已存在的差距。整个世界经济正在向知识经济转型，知识在经济发展中的作用越来越明显。所谓知识经济正是信息浪潮的产物。在信息化方面落后的国家，势必会在今天的全球性知识经济竞争中处于不利地位，其知识经济方面的竞争力必然日渐疲弱。

从信息伦理的角度看，世界范围内信息富有与信息贫穷的两极化，是一种明显的不公正现象。信息富有的西方发达国家可能凭借其对丰富的信息资源的占有和先进的信息技术手段，更有效、更全面地剥削信息贫穷的第三世界国家。而信息贫穷的第三世界国家，由于信息资源的缺乏以及信息技术的落后，往往又不得不在某种程度上屈从于信息富有的西方发达国家的剥削。如果不设法消除信息富有与信息贫穷的矛盾，甚至承认或默认其合理性，那么就会扩大西方发达国家与第三世界国家在信息活动领域的差距，就会使富者越富、贫者越贫，信息富有与信息贫穷的两极化就会越来越严重。长此以往，第三世界国家不仅在信息活动领域会永远落后，而且在经济上也永远难以走出困境。

为了逐渐消除信息富有与信息贫穷的矛盾，必须依靠两方面的共同努力。一方面，第三世界国家要高度重视信息化建设，积极地、努力地发展本国的信息产业，提高信息技术的研究和应用水平，充分吸取西方信息化的成功经验，利用"后发"优势，争取尽早在信息活动领域赶上西方发达国家或至少缩小与西方发达国家在信息活动领域中的差距。第三世界国家虽然在经济实力上不如西方发达国家，但如果能够高度重视信息化建设，把信息化作为国家的一项重要发展战略，那么就能最大限度地发挥国家的作用，在信息活动领域实现快速增长。中国的事实已经证明了这一点。由于中国政府的大力推动，自20世纪90年代以来，中国信息化建设的步伐明显加快，信息产业迅速发展，信息市场日趋活跃。信息化战略在中国的实施给中国社会带来巨大的变化，在信息化的某些具体指标方面开始接近西方发达国家，这一切已经引起国内外的普遍关注。另一方面，西方发达国家应当加强对第三世界国家的信息援助。以往西方发达国家的所谓"援助"，多为资本输出、商品输出，虽然在客观上起过某些促进第三世界国家经济发展的作用，但其最终目的还是赚取高额利润。在全球信息化的今天，西方发达国家应当特别重视信息输出，改变过去只重资本输出、商品输出的模式。而且，西方发达国家不能只顾一己私利，而要切实帮助第三世界国家提高信息化水平，促进第三世界国家信息资源的开发和信息产业的发展。只对信息贫穷的第三世界国家进行信息资源掠夺，只关心自己一国之利益的"信息帝国主义"行径，应当受到国际舆论的普遍谴责和抨击。

为语言、文化、经济等诸因素所决定，不同国家在全球性的信息通道中可实现的发言权是不一样的。以美国为代表的英语国家具有语言方面的先天优势（在互联网上，英语是最重要的交流语言），并且在信息技术的发展、信息资源的开发方面也胜人一筹。因此，这样的国家在全球性的信息通道中似乎具有绝对的发言权，其话语信息中所负载的文化价值观念对他国的影响是显而易见的。而那些非英语国家，即使非英语的发达国家，由于民族语言的限制，在互联网上的话语影响力就往往比不上美国等英语国家。日本和德国等国已经意识到国际互联网对本国的侵蚀，它们发现本国文字将有可能被淹没在大量的英文信息之中。法国司法部部长雅克·图邦甚至认为，英语占主导地位的互联网是一种"新形式的殖民主义"。目前，日本和德国已经开始着手从事这方面的研究，试图把本国文字打入国际互联网，以占领这一前程远大的市场，同时保卫自己的文化领地和话语阵地。①

　　对于广大的第三世界国家来说，恐怕更重要的并不是使用何种语言的问题，而是语言所负载的文化信息问题。英语之所以能够成为互联网上的通用语言，除了与英语自身的某些特性有关之外，主要还是历史造成的。人们不可能重塑历史，因而也就难以改变英语流行的客观局面。其实，即使用英语作为在国际互联网上进行信息交往活动的通用语言，但只要这种语言能够平等地表达各个国家自己的意志、观点和文化背景，那么使用英语就并不意味着某些非英语国家话语权利的削弱或丧失。在今天的国际互联网上，大量充斥的是西方的文化价值观念，而能够体现第三世界国家特有的文化资源的信息则寥寥无几。个中原因，主要是第三世界国家经济实力较弱，信息技术不发达，从而只能在全球性的信息通道中处于话语弱者的地位。以美国为代表的西方英语国家在跨国信息交往活动中逐渐形成一种话语霸权，而第三世界国家虽然理论上仍然拥有话语权利，但实际上在互联网上的声音极为微弱，如果不采取有力措施，那么第三世界国家就可能面临话语丧失的危险。话语霸权与话语丧失的矛盾并不是危言耸听，而是一个越来越现实的问题。

　　以美国为首的西方发达英语国家，凭借自己获得的话语霸权，除了可以很方便地向其他国家倾销自己的剩余产品之外，还能够有效地推销自己的文化价值观念，从而形成新形式的文化侵略。而第三世界国家在全球性的信息通道中话语权利的实际减弱，则会使其陷入严重的文化"失语"状态，第三世界国家所特有的民族文化面临着被西方文化逐渐蚕食、摧毁的危险。显然，话语霸权与话语丧失的矛盾，是不利于世界文化的多元化发展的。允许话语霸权的所谓"文化交流"，实际上是单向的文化传播，而不是平等的文化对话和互动。因此，全球性的信息通道中存在的话语霸权现象，从道德上讲，是一种严重的不平等现象。本来，国际互联网是一个开放的体系，互联网的这种特性从理论上设定了世界各国平等的话语权

---

　　① 刘树秀. 信息霍乱——世纪末的冷面杀手 [M]. 北京：世界知识出版社，1999：382-384.

利，但由于语言、技术、经济等因素的作用，理论上设定的世界各国平等的话语权利实际上却并未兑现。这种与互联网的本性不相适应的现实的不平等状况必须加以改变。

如何改变全球性的信息通道中的话语不平等现象？或者说，如何解决世界各国在信息交往活动中存在的话语霸权与话语丧失的矛盾？首先，以美国为代表的西方发达英语国家，不能将自己的本土文化视为唯一优越的文化，其信息输出不能是对其他国家的信息侵略、文化强制。早期帝国主义倚仗武力对其他国家进行的侵略和强制，曾给世界人民带来深重的灾难，历史已经证明那样的侵略和强制是非人性的，是与世界文明的发展大道背道而驰的。今天，如果以美国为代表的西方发达英语国家倚仗话语霸权，对其他国家进行信息侵略和文化强制，那么它们也必将在历史规律面前碰得头破血流，因为信息侵略、文化强制与早期帝国主义的行径在本质上并无二致。如果以美国为代表的西方发达英语国家不放弃盛气凌人的话语霸权地位，总是以居高临下的姿态与其他各国进行信息交往活动，那么它们就必将为世界各国人民所唾弃。其次，非英语国家，特别是第三世界国家，在发展信息技术、开发信息资源的同时，一定要坚守本土的文化特色，不要陷入某些国家在全球性的信息通道中设下的游戏规则的陷阱，以防止被某些强势文化所同化。信息技术的发展、信息产业的壮大，是全球性的信息通道中话语权利的物质基础。如果这一物质基础不牢实，那么话语权利就缺乏坚强的后盾，就可能面临丧失话语权利的现实危险。本土的文化信息是各国在全球性的信息通道中的话语权利所负载的实际内容，如果没有这样的实际内容，那么各国特有的话语权利就会沦落为某一强势文化的传声筒，这样的话语几近于"失语"。世界各国应在话语权利方面达成基本共识，倡导不同文化的话语共鸣，共同抵制全球性的信息通道中的话语霸权。

第十章　大数据时代个人信息收集与处理的隐私问题及其伦理维度

　　随着互联网、物联网和云计算等的快速发展，大数据时代正在成为无可否认的现实。"所谓大数据，从字面来看，就是规模特别巨大的数据资源，但实际上，大数据不仅仅只是数据规模巨大，更重要的是数据数量的变化引起了质变，数据不仅仅是自然或社会现象的数量表征，而是引发了一系列的本质变化。"[①] 在由过去的小数据到今天的大数据所导致的本质变化中，最为人们所关注的就是小数据状态下不曾有的隐私问题可能在大数据时代出现，而这主要同大数据时代个人信息的收集与处理有关。

第一节　《1984》与《审判》的隐喻：两种类型的信息隐私问题

　　在信息技术得到迅速发展和广泛运用的现代社会，尤其在所谓大数据时代，信息隐私问题是所有隐私问题中最为突出、最为人们所担忧的问题。信息隐私问题涉及个人信息，表现为个人信息的收集与处理这两个不同的方面；或者说，个人信息的收集与处理是信息社会尤其是大数据时代隐私问题的两个主要相关方面。西方学者在讨论与这两个方面相

---

① 黄欣荣. 大数据哲学研究的背景、现状与路径 [J]. 社会科学文摘，2016 (1)：25.

联系的隐私问题时，往往以《1984》和《审判》这两部著名的小说为
隐喻。

《1984》是英国左翼作家乔治·奥威尔（George Orwell）于20世纪
40年代末出版的一部政治寓言性质的小说。在这部小说中，乔治·奥威
尔刻画了一个令人感到窒息和恐怖的、以追逐权力为最终目标的、假想的
未来社会，通过对这个社会中一个普通人的生活的细致描述，揭示任何形
式下的这种社会都必将导致人民甚至整个国家陷入悲剧。乔治·奥威尔在
小说中设想：1984年的世界被三个超级大国——大洋国、欧亚国和东亚
国——瓜分，三个国家之间的战争不断，国家内部社会结构被彻底打破，
均实行高度集权统治，以改变历史、改变语言、打破家庭等极端手段来钳
制人们的思想和本能，以具有监视功能的"电幕"（telescreen）来控制人
们的行为，以对领袖的个人崇拜和对国内外敌人的仇恨来维持社会的
运转。

在西方学界，许多论者一直用乔治·奥威尔在《1984》中的隐喻来描
述收集与处理个人信息所引起的问题。从隐私的视角来看，乔治·奥威尔
的《1984》，表现为以"电幕"为典型形式的监控的危害，涉及的是对公
民的监控而造成的隐私问题。因监控而产生的隐私问题，主要根源于监控
者通过监控系统对公民个人信息的收集。随着信息技术的普及，监控设施
逐渐遍布社会的每个重要角落。这样的监控其实是一把双刃剑：一方面，
无处不在的监控对犯罪行为起到威慑作用，为调查犯罪取证提供方便；另
一方面，这样的监控系统可能收集到大量并非犯罪嫌疑人的个人信息，从
而使得这些个人信息处于隐私风险之中。贝特·罗斯勒在谈到监控所造成
的隐私问题时说："当我们上街购物时，我们当然预期会被其他人看到，
预期会与其他人接触。我们预期其他人会看到或注意我们今天的样子、我
们的穿着如何，事实上也是如此。我们预期在付款台前我们很可能会偶然
碰见熟人或与完全陌生的人进行交谈。换言之，我们预期我们可能碰到特
定范围的（基本上）不相识的人，而且我们预期这些人将对我们做出何种
行为，即他们（基本上）会与我们保持一定的距离，并且不会对我们做出
评论。但我们不会预期以此种方式被看到或被注意到的我们被拍摄下来然
后又转化成可以不问时间、地点地公开复制和展示的东西，这些东西可以

被分析、传播和控制。如果我们知道有那样的观察，那么，我们可能会十分不同地行动或至少根据我们对正被拍摄的意识而做出我们的行为。"①在监控所收集到的个人信息中，有不少是人们在知道有监控的情况下不会给出的信息（贝特·罗斯勒所谓"不会预期以此种方式被看到或被注意到的我们被拍摄下来"的信息），也就是说这样的信息具备隐私的性质。当然，监控并不是收集个人信息的唯一途径，但因为监控最有可能违背个人意志地收集个人信息，所以我们此处对个人信息之收集方面的隐私问题的关注主要集中于监控行为。

弗兰茨·卡夫卡（Franz Kafka）的长篇小说《审判》讲述的是银行助理约瑟夫·K无故受审判并被处死的故事。约瑟夫·K在30岁生日的那天早晨醒来按响吃早餐的铃声时，进来的不是女仆而是两个官差，宣告他被捕，并被法庭审判有罪，他虽然被捕，但却仍能自由生活、照常工作。他不知道自己犯了什么罪，认为一定是法院搞错了，坚信自己无罪。从此，约瑟夫·K同这场明知毫无希望的诉讼展开了一生的交战。在《审判》中，卡夫卡描述了一个怀有让人难以理解之目的的官僚机构，这个官僚机构利用人们的信息来做出事关普通人的重要决策，但却又让普通人不能获知自己的信息是如何被利用的。《审判》的隐喻所表达的问题在类型上不同于监控所造成的问题。这些问题通常不会导致压抑或恐惧；相反，它们是信息处理方面的问题——对数据的储存、利用或分析，而不是信息收集方面的问题。这些问题影响现代国家机关与人们之间的关系。它们不仅因造成无助感和无力感而使个体沮丧，而且还通过改变人们与为他们的生活做出重要决策的机构之间关系的性质而影响到社会结构。

以《审判》作为一种关于个人信息方面的隐私问题的隐喻，最先始于丹尼尔·索洛夫（Daniel J. Solove）。②丹尼尔·索洛夫认为，《1984》的隐喻聚焦于监控的危害（例如压制和社会控制），可能适于执法部门对公民的监视。然而，计算机数据库中的许多数据并非是特别敏感的数据，如

① Beate Rössler. The Value of Privacy. Oxford：Polity Press，2005：115.
② Daniel J. Solove. "I've Got Nothing to Hide" and Other Misunderstandings of Privacy [J]. San Diego Law Review，2007（44）：745-772.

种族、生日、性别、住址或婚姻状态，等等。许多人并不喜欢隐瞒他们所住的旅店、拥有或租用的轿车、饮用的饮料种类等方面的信息。人们通常并不会采取很多措施来让那些信息得以保密。尽管并非总是如此，但人们确实经常在其他人知道有关信息的情况下并不感到不自在。因此，丹尼尔·索洛夫在许多西方学者通常以《1984》作为收集与使用个人信息所引起的隐私问题之隐喻时，选择《审判》来隐喻另一类个人信息方面的隐私问题——个人信息处理方面的隐私问题。

以《1984》和《审判》这两部著名的小说为隐喻，旨在引起人们对个人信息的隐私问题的关注和重视，但隐喻只是一种初始的途径。如果要真正解决这方面的问题，那么就不能仅仅停留在隐喻给人们带来的感性的刺激或震撼层面，而必须对这方面的问题进行理性的探讨，以深入的学术研究来揭示问题的实质并寻求解决问题的途径。事实上，不少西方学者不仅认识到个人信息的收集与处理方面的隐私问题的严重性或重要性，而且对这些问题做了有见地的理论分析，获得了一些具有启发意义的研究成果。

第二节 监控——个人信息收集中的隐私风险

现代意义上的监控主要指视频监控，即 Cameras and Surveillance。监控系统通常包括前端摄像机、传输线缆、视频监控平台。摄像机可分为网络数字摄像机和模拟摄像机，可用于前端视频图像信号的采集。它是一种防范能力较强的综合系统。视频监控以其直观、准确、及时和信息内容丰富而被广泛应用于许多场合。近年来，随着计算机、网络以及图像处理、传输技术的飞速发展，视频监控技术有了长足的发展。除了一般的视频监控之外，还有所谓的网络监控，即通过网络对在线行为进行的监控。朱莉·科恩（Julie E. Cohen）指出："越来越多的人认识到在线行为可能处于政府和商业利益团体的无处不在的监控之下。"①

---

① Julie E. Cohen. Privacy, Visibility, Transparency, and Exposure [J]. University of Chicago Law Review，2008，75（1）：181.

　　监控对个体隐私的影响，主要基于监控所收集的个人信息，而这样的个人信息，一般是在被监控的个体未知监控之存在的情况下获得的。朱莉·科恩说："当视频监控与基于数据的监控连成一体时，既能进行对视频监控对象的实时识别，又能在随后搜索储存的视频监控和数据化监控记录，就使得视频监控对隐私的威胁变得最严重。"①

　　西方学术界的隐私理论家往往借用福柯的比喻，以圆形监狱来阐释现代"监控社会"的情景。圆形监狱为边沁所推荐，它由一个中央塔楼和四周环形的囚室组成，环形监狱的中心是一个瞭望塔，所有囚室对着中央监视塔，每一个囚室有一前一后两扇窗户，一扇朝着中央塔楼，一扇背对着中央塔楼，作为通光之用。监狱管理人员可以从这个中央监视塔观察牢房但又不会被牢房里的人看到。在形同圆形监狱的所谓现代"监控社会"，个人的所有信息都被监控者一览无余，毫无隐私可言。此外，其他理论家从不同的角度论述了监控的危害。例如，某些监控理论家指出，后工业化时代的数字式网络化社会的监控，与福柯的研究所表明的情况相比，甚至更为彻底地实现了去中心化和弹性化。凯文·哈格提（Kevin D. Haggerty）和理查德·埃里克森（Richard V. Ericson）指出，监控的常见形态是"监控者联盟"：试图通过从认知上和空间上固化信息流动来制约信息的原始能力的混杂的、有着松散联系的机构的组合。② 监控者联盟从根茎上开始萌发，"交织着一系列相互联系的、在不同区域生发出幼苗的根"③，而且由于这个原因，它们对局部的破坏具有很强的耐受力。至关重要的是，监控不仅通过福柯理论的"常态化灵魂训导"来操纵监控对象，而且还借助于诱惑来操纵监控对象。监控者联盟体内的信息流动可能带来丰硕的利益和快乐，包括价格折扣、社会地位以及偷窥的快感。作为报答，监控者联盟要求全面的信息记录。这种情况的出现，加重了监控对隐私安全的威胁。

---

　　① Julie E. Cohen. Privacy, Visibility, Transparency, and Exposure [J]. University of Chicago Law Review, 2008, 75 (1)：181.

　　② Kevin D. Haggerty, Richard V. Ericson. The Surveillant Assemblage [J]. British Journal of Sociology, 2000, 51 (4)：605-622.

　　③ 同②605.

杰夫瑞·H. 雷曼（Jeffrey H. Reiman）以"智能车辆公路系统"（Intel-ligent Vehicle Highway Systems，简称 IVHS）对驾驶员的监控为例，论证圆形监狱般的监控对个人的信息隐私造成的严重后果。他指出，类似IVHS 这样的信息圆形监狱的环境，使得隐私风险呈现为下述四种情况①：

第一，自由的外在丧失的风险。所谓自由的外在丧失，指的是因缺乏隐私而使得人们的行为易为他人所制约的各种各样的情况。最明显的是这种情况：想要从事得不到普遍赞同或不合惯例之行为的人们，如果他们的行为被他人所知晓，那么他们就可能承受被剥夺某些利益、工作或提拔的机会、正式或非正式群体中的成员资格的社会压力，甚至还可能被人勒索。如果他们有理由相信他们的行为可能被他人知晓，这些他人可能会惩罚他们，那么这一点就可能会对他们产生威慑作用，他们自由行动的范围将因此而受到限制。

第二，自由的内在丧失的风险。所谓自由的内在丧失，指的是否定隐私直接限制了人们的自由这种情况，这种情况与使得人们容易受到社会压力或惩处的影响的那种情况无关。换言之，隐私不只是保护自由的一种手段，它本身在许多情况下也是由自由构成的。如果某人的某些行为不为隐私所庇护，那么某人就可能自动放弃某些重要的行为选择权。在这里，某人不是因害怕某些后果而取消这种选择；某人之所以完全失去这种选择，是因为隐私是某人之行为选择的首要条件。此外，在监控情境中，人们还可能丧失自然行动的自由。某人若知道自己正在被他人观察，那么就自然会意识到外部观察者的视角，并将其与自己的视角一起加之于自己的行为之上。这种双重的视角使得他的行为发生了改变。

第三，符号化风险。杰夫瑞·H. 雷曼强调圆形监狱使得我们的生活变得从单一视点可见这种情况。这里值得注意的是，该视点是外在于我们的看守所在的那个视点。圆形监狱象征着我们的个人主权被向外移交给一个唯一的中心。我们成为它随意观察的数据——我们的外观为它所有而不

---

① Jeffrey H. Reiman. Driving to the Panopticon: A Philosophical Exploration of the Risks to Privacy Posed by the Highway Technology of the Future [J]. Computer and High Technology Law Journal, 1995 (11): 27-44.

是为我们自己所有。杰夫瑞·H.雷曼将此称为符号化风险，是因为它使得我们变成一种被公共设施记录的信息。我们不能以奴隶被永久剥夺的方式或囚犯被临时剥夺的方式来失去我们的自我所有权。然而，对于我们来说，这种公共设施的设立却给普罗大众留下了我们缺乏免受观察之权利的印象。通过显示我们的每一举动都是适于他人观察的数据，它让我们感受到自我所有权的丧失。

第四，心理—政治变异的风险。杰夫瑞·H.雷曼引用爱德华·布斯坦（Edward Bloustein）所说的话指出：生活中的每时每刻都处于他人之中，其思想、愿望、爱好或满足都处于公众监督之下的人，他的个性和人的尊严就被剥夺了。那样的个体与大众合而为一。他的公开的看法总是趋向于按惯例可被接受的那些看法；他的公开表露出来的情感趋向于丧失独一无二的个人激情的性质，成为每个人都有的情感。那样的存在物尽管有意识，但却是可以相互替代的；他不是一个个体。这样，就将丧失作为批判惯例、创造、不顺从和革新之源泉的个体内在的精髓部分。这样的人将不得不被压制，因为他们没有任何脱离常规的想法或没有能力预见它。他们将是赫伯特·马尔库塞所担心的"单向度的人"。这种人的本领将是进行单调的装饰，而他们的政治事务将是法西斯主义的。

杰夫瑞·H.雷曼认为，上述由监控造成的四个方面的风险伤害了隐私所保护的那些价值，即隐私对自由、道德个性以及丰富且批判性的内在生活的保护。如果IVHS给这些价值造成了风险，那么我们就不得不将以往公开的、公共道路上行驶的信息纳入隐私的范围。我们可以进一步推论，除了IVHS的监控之外，其他类型的监控或杰夫瑞·H.雷曼所说的"信息圆形监狱"也或多或少对隐私所保护的这些价值造成了不利影响。在大数据时代，各种各样的个人信息的收集途径彼此叠加、相互补充，更是增加了隐私所保护的多重价值受到损害的可能性和严重程度。即使彼此叠加、相互补充的个人信息收集途径在主观上不一定是针对个人隐私的，但仅仅是它们的大量存在，也会使得相关个体因担心自己的隐私可能被泄露而放弃某些只有在具备可靠的隐私保护条件时才可能做出的行为。

第三节　个人信息处理的隐私问题及其伦理后果

不仅对个人信息的收集存在着侵犯个人隐私的可能性，而且，即使所收集的个人信息是公开的，这些公开的个人信息碎片本身并不构成隐私威胁，但在对这样的个人信息进行处理（包括集合、积聚、编辑、加工、分析、归类、比对、整理等）的过程中，也可能形成新的隐私问题。

杰夫瑞·H.雷曼在分析 IVHS 的隐私威胁时，指出了一个在对所收集的个人信息进行处理时可能发生的问题：通过积存大量分离的公共信息碎片，可以形成对个体私生活的详细描述。可以查清楚，某人有哪些朋友，他以什么来消遣或获利。依据这些事实，又可以推断某人是否守时、是否可信，等等。早在一篇发表于 1978 年的文章中，理查德·瓦瑟斯特罗姆就注意到，在那时，如果将数据库已收集的信息集合在一起，就可能形成"关于我如何生活及我一直做些什么事情的生动描述……与我能够从自己的记忆中得到的东西相比，这种描述令人难以置信地显得更详细、更精确、更全面"①。

丹尼尔·索洛夫在阐释《审判》的隐喻意义时指出，这里的问题不是受压抑的行为，而是让人感到很憋气的无能为力和易受伤害，而这是由法院系统利用个人数据但又不让当事人知情或参与该过程所造成的。这些伤害包括由政府机构造成的伤害——冷漠、错误、滥用、挫折和缺乏透明度及解释。丹尼尔·索洛夫将其中的一种伤害称为"积聚"，是通过将碎片化的似乎无害的数据组合起来而形成的。信息碎片被组合起来后，就会披露有关个人的更多情况。人们会认为，某些信息碎片并不是他们想要隐瞒的东西。然而，积聚则意味着：通过将我们不想隐瞒的信息碎片组合起来，政府就可以发现我们可能真的想要隐瞒的关于我们的信息。数据挖掘

---

① Jeffrey H. Reiman. Driving to the Panopticon: A Philosophical Exploration of the Risks to Privacy Posed by the Highway Technology of the Future [J]. Computer and High Technology Law Journal, 1995 (11): 27.

对政府的诱惑，部分是由于其能够通过数据分析的高科技手段而获知关于我们的个性和行为的大量信息。① 虽然此处作者针对的主要是相关政府行为，但许多非政府的类似行为也会造成同样的问题。

为什么某些碎片化的个人信息在处于离散状态时，即使被人了解也可能没有隐私风险，而一旦被集中、积聚起来形成一个信息整体，则可能造成隐私问题？其中的原因，杰夫瑞·H. 雷曼曾有过初步的说明②：当我们能将私人事务保持在公众视线之外时，我们就有了隐私。任何特殊领域的信息收集之所以似乎不可能造成非常严重的威胁，都是因为这种信息收集通过避免进入其他领域而保护了个人隐私。因此，当我们脱离其他领域来查看每一种信息收集时，每一种信息收集似乎都是无害的。但如果来自不同领域的各种无害的信息被积聚、整合起来，那么由此而形成的信息整体对隐私产生的总的后果就要大于各部分之后果的总和，即使各个部分的信息在分立情况下没有造成个人的隐私风险，但在组合为一个信息整体时则因整体各个部分之间的逻辑联系或整体全部信息的内在关联而展示出可能对个人隐私形成威胁的新的信息。为了更为直观地说明这其中的道理，鲁思·加维森（Ruth Gavison）曾经引用过这么一件逸事：在某次聚会中，有人问一位神父是否在忏悔室内听到过很特别的故事，这位神父回答说："我的第一位忏悔者正是这方面的一个很好的例子，他来忏悔是因为他有谋杀的想法。"不一会儿，一位举止优雅的先生来到这个场合，他见到这位神父，就热情地向神父打招呼。有人问他是如何认识这位神父的，这位先生回答说："噢！我很荣幸成为他的第一位忏悔者。"③ 在这则逸事中，神父并无意暴露那位举止优雅的先生的隐私，而那位举止优雅的先生当然也不会在这种公共场合自曝隐私，但人们如果将神父与那位先生通过各自话语所传递的信息组合起来，则显然可以获知那位先生的隐私。

---

① Daniel J. Solove. "I've Got Nothing to Hide" and Other Misunderstandings of Privacy [J]. San Diego Law Review, 2007 (44): 745-772.

② Jeffrey H. Reiman. Driving to the Panopticon: A Philosophical Exploration of the Risks to Privacy Posed by the Highway Technology of the Future [J]. Computer and High Technology Law Journal, 1995 (11): 27-44.

③ Ruth Gavison. Privacy and Limits of Law [J]. The Yale Law Journal, 1980, 89 (3): 421.

大数据时代的数据之所以更令人注目，是因为其在性质上已与过去的小数据有所区别。过去的小数据往往是分散的、分立的、彼此缺乏联系的，而大数据则是对无数小数据进行加工、分析、关联的结果；"小数据只是研究对象局部现象的主观反映，而大数据则全面、完整、客观地刻画了研究对象"①。这样，即使分立的小数据可能并无隐私风险，但在大数据时代，由无数这样的小数据关联而成的大数据却可能对个人信息构成隐私风险。

对这个问题，海伦·尼森鲍姆（Helen Nissenbaum）有过更为细致的分析。在她看来，"个人信息数据库的经验已经无可怀疑地表明，通过将某信息与其他信息组合、编辑，会对信息的价值产生重要影响。……某人的某个情况，当与该人的其他情况结合起来时，或当与其他个体的类似情况进行比较时，就会呈现出新的意义。将聪明才智运用于单维的信息碎片，可以将纯粹的'噪音'和统计数据转变为人们的丰富图景。借助于信息技术的力量，我们不仅获得了收集和储存大量信息的能力，而且还能够对之进行整理、控制，并从中得出有意义的推论。通过这些行为，我们能够使得缤纷杂乱的不成形数据得以成形并具有价值"。这里的价值，指的是商业价值，因为"无数企业从贩卖组合和编辑过的原本无价值的个人信息碎片而获利"。然而，这种能带来商业价值的对个人信息的处理，却对信息行为主体造成令人担忧的伦理后果。海伦·尼森鲍姆指出："首先，编辑数据的行为几乎总是包括将信息从一种语境转移到另一种语境；这包括以一种该信息最初被收集时并非明确宣示的方式来使用该信息。这意味着，除非该信息的主体明确同意移动该信息，否则的话，他们就在事实上丧失了对该信息的控制"。"编辑信息的行为也可能将无害的信息碎片转变为一种会让人尴尬和苦恼的描述。甚至在没有对于这方面的义务要求时，甚至在与某特定机构或公司进行有效的交易所需要的只是分离的信息碎片时，这些碎片也可能与其他碎片结合起来，以形成能够揭示品性、身份、人格及生活方式的丰富图景"②。前一种处理

---

① 黄欣荣. 大数据哲学研究的背景、现状与路径 [J]. 社会科学文摘, 2016 (1)：25.

② Helen Nissenbaum. Toward an Approach to Privacy in Public：Challenges of Information Technology [J]. Ethics & Behavior, 1997, 7 (3)：207.

个人信息的情况显然是对信息行为主体之自由意志的漠视或不顾，后一种情况则明显侵犯了信息行为主体的隐私利益。这两种情况都是不正当的，都应当受到道德谴责。

第四节　规范条件与物质条件：法律、道德和技术对信息隐私的保护

虽然个人信息的收集与处理存在着上述一些问题，但对于现代社会来说，收集与处理个人信息却往往是十分必要的，往往具有重要的正面价值和积极作用。例如，合法地收集与处理消费者的个人信息，无论对商家的销售还是对顾客需求的满足来说，都可能是十分有益的；合法地收集与处理患者的个人信息，对于保险业、医院以及患者就诊和投保来说，显然是不可缺少的。即使是社会监控，也具有无可置疑的社会价值，如杰森·W.巴顿（Jason W. Patton）曾指出监控同时具备两种功能，"可能的坏人坏事被阻止，而其行为符合该场所之要求的那些人则由于意识到有对他们的观察而消除了顾虑"①。个人信息的隐私价值不容否定，而收集与处理个人信息的社会价值也不能不受到重视。在这种情况下，就必须在实现收集与处理个人信息之社会价值的同时，切实保护好个人的信息隐私，维护个人的隐私利益。为此，需要从法律、道德和技术方面加强对个人之信息隐私的保护，即为隐私保护创造与提供杰夫瑞·H.雷曼所说的规范性条件和物质性条件。

杰夫瑞·H.雷曼曾经讨论过隐私保护的两种途径，他将其分别称为规范性条件和物质性条件。隐私的规范性条件，是指将隐私权明确地给予人们的那些规则或会产生类似效果的那些规则。这样的规则可能是法律的、习俗的或道德的规则，还可能是这些规则的结合。隐私的物质性条件，指的是阻止他人收集有关某人或某人之经历的信息的物质实体，如

---

① Jason W. Patton. Protecting Privacy in Public? Surveillance Technologies and the Value of Public Places [J]. Ethics and Information Technology，2000，2（3）：181.

锁、围墙、房门、帘幕、隔断与距离，等等。① 杰夫瑞·H. 雷曼在这里列举的物质实体，其实主要是传统隐私理论所强调的保护隐私的物质性条件。在信息化的当代社会，或在信息技术的背景下，针对日益增多的信息隐私问题，人们发展出许多用于隐私保护的技术手段或途径，这些技术手段或途径虽然可能以软件的形式出现，但它们总要依凭一定的物质性设施，因此，这些被用于隐私保护的技术手段或途径，在今天的社会情境中成了保护隐私之物质性条件的重要方面。然而，对这样的技术手段或途径的讨论，不是我们的关注焦点，本节更倾向于讨论杰夫瑞·H. 雷曼所谓的规范性条件。

法律与道德是规范性条件中的主要因素。尤其是道德，不仅其自身可以被用来规范涉及个人信息的行为，而且还能对法律规范产生影响。任何法律规范都必须以道德要求为旨归，尽管法律规范在形式上与道德规范明显不同。虽然道德规范不如法律规范强硬，没有法律规范那样的刚性，但如果法律规范失去道德的指引，或法律规范的制定没有道德作为基础，那么这样的法律规范就可能成为"恶法"，即失去正当根据并无法得到道德辩护的法。这样看来，在保护隐私的诸种规范性条件中，道德是最为基础的条件。只有在确立保护信息隐私的道德规范或要求的前提下，才可能正确地设立用于制约个人信息之收集与处理的法律规范。涉及个人信息之收集与处理的道德规范可以是多种多样的，例如，从前文所述对个人信息之收集与处理可能导致的隐私风险中，人们可以推导出这样一些道德规范：尊重个体的信息隐私利益、尊重个体的意志自由、尊重个体对于自身信息的自主，等等。这里，我们愿意引入海伦·尼森鲍姆关于语境完整性的原则②，因为这种原则既具有道德意义，又反映或适应信息时代的新特点。

海伦·尼森鲍姆关于语境完整性的一个主要信念是，没有任何生活领域不为信息流动规范所约束。几乎所有事情都不仅有场所意义上的语境，

---

① Jeffrey H. Reiman. Driving to the Panopticon：A Philosophical Exploration of the Risks to Privacy Posed by the Highway Technology of the Future [J]. Computer and High Technology Law Journal，1995（11）：27-44.

② Helen Nissenbaum. Privacy as Contextual Integrity [J]. Washington Law Review，2004，79（1）：119-157.

而且有政治、习俗和文化期待方面的语境。这些语境可以按大的方面被界分为教育、政治和市场那样的生活领域，或者被细致地描述为看牙科医生、出席家庭婚礼或工作面试等日常过程。语境在一定程度上由决定和控制角色、期待、行为及限度等主要方面的规范所构成。语境规范有许多可能的根源，包括历史、文化、法律、惯例，等等。大多数语境中的规范，是那些管理与这些语境中的人们有关的信息的规范。海伦·尼森鲍姆提出了信息规范的两种类型：信息适宜性规范和信息流动或分布规范。一旦任一类型的规范被违背，语境完整性就会受到破坏。语境完整性是隐私的衡量尺度；在任一特定情境中，倘若有一种类型的信息规范被违背，那么就有理由抱怨隐私受到侵犯。

信息适宜性规范规定在某种特定语境中何种个人信息才是适于或宜于披露的。一般而言，这些规范规定了在某种特定语境中被允许、被期待或甚至被要求披露的个人信息的类型和性质。例如，在医疗语境中，我们披露自己身体状况的详情是合适的，或者更明确地讲，病人与其医生分享其身体状况的信息是适宜的；朋友之间，可能倾诉爱情方面的纠葛或其他不便与外人道的事情；面对银行或债权人，人们可以披露财务信息；在上班时，讨论与工作有关的目标和细节及工作质量是适宜的；等等。

信息流动或分布规范，是关于特定语境中的信息是否流动、如何流动、流动方向等的规范。这样的规范带有浓厚的语境色彩，其具体要求随语境的不同而有所不同，不存在统一的、通用的一般规范。例如，在朋友关系中，信息要么依据主体的自行决定通过双向流动而得到分享（朋友选择相互告知自身的信息），要么由朋友之一根据另一朋友之所作所为等（例如其经历）来对其进行推断。而在医疗语境中，当病人与其医生分享其现在及过去身体状况方面的详细资料时，起支配作用的规范不是该主体的自行决定（即病人的自由选择），而更可能是医生的指定（医生可能对病人分享信息的意愿有很大影响）。与朋友关系的另一个差别在于，在医疗语境中，信息流动通常不是双向的。

海伦·尼森鲍姆关于语境完整性原则的这两种类型的规范，没有经过特定的立法程序，不是具备法律约束力的规范，而仅仅是应然的道德要求。这样应然的道德要求，虽然不会形成法律那样的强制性效力，但却具有不容否定的道德价值。这些价值主要包括：（1）防止利用信息进行的伤害；（2）信息公平；（3）自治；（4）自由；（5）维持重要的人际关系；（6）民主及其他社会价值。① 因为这两种类型的语境完整性规范可能产生以上道德价值，所以，以其作为相关法律的设立基础，就为设立制约个人信息之收集与处理行为的法律指明了正确的方向。这样的话，在这个问题上之所谓"良法"的设立，就只是程序问题了。

---

① Helen Nissenbaum. Privacy as Contextual Integrity [J]. Washington Law Review, 2004, 79 (1): 119-157.

参考文献

一、中文类

安德森，卡特，1988. 社会环境中的人类行为 [M]. 王吉胜，等译. 北京：国际文化出版公司.

博登海默，1999. 法理学：法律哲学与法律方法 [M]. 邓正来，译. 北京：中国政法大学出版社.

曹劲松，宋惠芳，2004. 信息伦理原则的价值取向与责任要求 [J]. 江海学刊，(5)：57−63.

陈幼松，1999. 数字化浪潮 [M]. 北京：中国青年出版社.

大窪德行，1998. 电脑时代的理性：新时代的哲学 [M]. 李树琦，译. 北京：中国社会科学出版社.

丹尼斯·麦奎尔，斯文·温德尔，1987. 大众传播模式论 [M]. 祝建华，武伟，译. 上海：上海译文出版社.

丁一凡，1998. 大潮流：经济全球化与中国面临的挑战 [M]. 北京：中国发展出版社.

冯粤，张怀承，2010. 公民信息维权的道德保障 [J]. 伦理学研究，(4)：81−84.

冯粤，张怀承，2011. 信息侵权的伦理规约 [J]. 伦理学研究，(2)：76−79.

葛伟民，1989. 信息经济学 [M]. 上海：上海人民出版社.

郭良，1998. 网络创世纪 [M]. 北京：中国人民大学出版社.

赫尔穆特·施密特，2001. 全球化与道德重建 [M]. 柴方国，译. 北京：社会科学文献出版社.

胡泳，范海燕，1997. 网络为王 [M]. 海口：海南出版社.

居延安，1986. 信息·沟通·传播 [M]. 上海：上海人民出版社.

克利福德·G. 克里斯蒂安，等，2000. 媒体伦理学：案例与道德论据 [M]. 张晓辉，梁岩，译. 北京：华夏出版社.

理查德·A. 斯皮内洛，1999. 世纪道德：信息技术的伦理方面 [M]. 刘钢，译. 北京：中央编译出版社.

李步云，2002. 信息公开制度研究 [M]. 长沙：湖南大学出版社.

李渝，2000. 网络新社会 [M]. 北京：科学出版社.

刘采，等，1999. 全球电子商务 [M]. 北京：人民邮电出版社.

刘大椿，等，2000. 在真与善之间——科技时代的伦理问题与道德抉择 [M]. 北京：中国社会科学出版社.

陆俊，1999. 重建巴比塔——文化视野中的网络 [M]. 北京：北京出版社.

陆学艺，1991. 社会学 [M]. 北京：知识出版社.

罗伊，1997. 无网不胜 [M]. 北京：兵器工业出版社.

吕本富，1995. 通向未来的信息高速公路 [M]. 北京：北京出版社.

吕耀怀，2000a. 构建数字化生存的伦理空间 [N]. 光明日报，2000-08-01 (3).

吕耀怀，2000b. 论信息安全的道德防线 [J]. 自然辩证法研究，16 (10)：35-38.

吕耀怀，2001a. 信息活动的双重规范及其相互关系 [J]. 中南工业大学学报（社会科学版），7 (1)：79-82.

吕耀怀，2001b. 虚拟伦理与现实的道德生活 [J]. 科学对社会的影响，(1)：51-55.

吕耀怀，2001c. 论电子商务活动的道德调节 [J]. 现代哲学，(3)：65-70.

吕耀怀，2001d. 对虚拟伦理训练的探讨 [J]. 思想教育研究，（5）：38-39.

吕耀怀，2002a. 虚拟技术在道德教育中的应用 [J]. 系统仿真学报，14（1）：110-111.

吕耀怀，2002b. 信息开发的伦理审视 [J]. 上海师范大学学报（哲学社会科学版），31（1）：15-20.

吕耀怀，2002c. 论信息传播的道德过滤 [J]. 学习与探索，（5）：14-19.

吕耀怀，2002d. 论全球化时代的信息伦理 [J]. 现代国际关系，（12）：40-46.

吕耀怀，2002e. 信息伦理学 [M]. 长沙：中南工业大学出版社.

吕耀怀，2003. 论信息消费的道德选择 [J]. 道德与文明，（1）：65-69.

吕耀怀，2004. 教育的信息化及其道德控制 [J]. 教育与现代化，（1）：3-8.

吕耀怀，2005a. 作为一种规范学科的信息伦理学 [J]. 伦理学研究，（1）：68-71.

吕耀怀，2005b. 网络伦理：本土资源与全球性道德共识 [J]. 北京邮电大学学报（社会科学版），7（3）：1-3.

吕耀怀，2005c. 信息伦理学：从西方到中国及其全球性整合 [J]. 中国图书馆学报，31（6）：69-73.

吕耀怀，2006a. 信息隐私问题的伦理考量 [J]. 情报理论与实践，29（6）：657-660.

吕耀怀，2006b. 网络伦理的本土化与全球性整合 [N]. 中国教育报，2006-11-29（10）.

吕耀怀，2017. 大数据时代个人信息收集与处理的隐私问题及其伦理维度 [J]. 哲学动态，（2）：63-68.

吕耀怀，梁虹，2004. 信息伦理学的兴起及其内容、视角 [J]. 长沙民政职业技术学院学报，11（4）：34-36.

吕耀怀，覃茜，2006. 信息传播的伦理限度 [J]. 科学对社会的影响，（4）：57-60.

吕耀怀，魏然，2008. 虚拟社区的特征及其道德控制 [J]. 湖南城市学院学报，29（5）：1-3.

吕耀怀，周德民，2004. 全球信息化中的两个矛盾及其伦理审视 [J]. 中共长春市委党校学报，（5）：7-8.

美国信息研究所，1999. 知识经济：21 世纪的信息本质 [M]. 王亦楠，译. 南昌：江西教育出版社.

尼葛洛庞蒂，1997. 数字化生存 [M]. 胡泳，范海燕，译. 海口：海南出版社.

日本经济企划厅国民生活局，1986. 信息社会与国民生活 [M]. 高敏行，译. 北京：科学技术文献出版社.

塞缪尔·P. 亨廷顿，1989. 变化社会中的政治秩序 [M]. 王冠华，等译. 北京：三联书店.

桑德斯，1982. 社区论 [M]. 徐震，译. 台北：黎明文化事业股份有限公司.

石共文，吕耀怀，2014. 信息加工中的主要问题及其伦理对策 [J]. 图书馆理论与实践，（6）：41-45.

石井孝利，1995. 日本多媒体高速公路战略 [M]. 刘岳元，等译. 上海：上海交通大学出版社.

斯奈德，帕瑞，2000. 电子商务 [M]. 成栋，等译. 北京：机械工业出版社.

斯蒂芬·博丁顿，1989. 计算机与社会主义 [M]. 杨孝敏，等译. 北京：华夏出版社.

孙伟平，1999. 猫与耗子的新游戏——网络犯罪及其治理 [M]. 北京：北京出版社.

谭卫东，1989. 经济信息学导论 [M]. 北京：北京大学出版社.

汤林森，1999. 文化帝国主义 [M]. 冯建三，译. 上海：上海人民出版社.

万俊人，2001. 寻求普世伦理 [M]. 北京：商务印书馆.

汪成为，高文，王行仁，1996. 灵境（虚拟现实）技术的理论、实现及应用 [M]. 北京：清华大学出版社.

文军，2000. 信息社会性信息犯罪与信息安全 [J]. 电子科技大学学报（社科版），（1）：21-25.

翁国民，汪成红，2002. 论隐私权与知情权的冲突［J］. 民商法学，32（2）：33-39.

西奥多·罗斯扎克，1994. 信息崇拜——计算机神话与真正的思维艺术［M］. 苗华健，陈体仁，译. 北京：中国对外翻译出版公司.

严峰，卞卫，1997. 生活在网络中［M］. 北京：中国人民大学出版社.

杨宏玲，黄瑞华，2005. 信息权利的性质及其对信息立法的影响［J］. 科学学研究，23（1）：35-39.

曾国屏，等，2002. 赛博空间的哲学探索［M］. 北京：清华大学出版社.

曾建超，俞志和，1996. 虚拟现实的技术及其应用［M］. 北京：清华大学出版社.

张楚，2000. 电子商务法初论［M］. 北京：中国政法大学出版社.

郑成思，1998. 知识产权论［M］. 北京：法律出版社.

张宏科，1995. 信息高速公路［M］. 北京：人民邮电出版社.

张守文，周庆山，1995. 信息法学［M］. 北京：法律出版社.

张文杰，姜素兰，1998. 网络发展带来的伦理道德问题［J］. 北京联合大学学报，（3）：25-29.

张新宝，1997. 隐私权的法律保护［M］. 北京：群众出版社.

张彦，2000. 计算机犯罪及其社会控制［M］. 南京：南京大学出版社.

周德民，吕耀怀，2003. 虚拟社区：传统社区概念的拓展［J］. 湖湘论坛，16（1）：68-68.

二、外文类

Shifra Baruchson-Arbib，1996. Social Information Science［M］. Brighton BN2 1FF：Sussex Academic Press.

Rafael Capurro, Johannes Frühbauer, Thomas Hausmanninger, 2006. Localizing the Internet. Ethical Issues in Intercultural Perspective

[M]. Munich: Fink Verlag.

Warren, Brandeis, 1890. The Right to Privacy [J]. Harvard Law Review, 4 (5): 193-220.

Luciano Floridi, 1999. Information Ethics: On the Philosophical Foundation of Computer Ethics [J]. Ethics and Information Technology, (1): 33-52.

Luciano Floridi, 2001. Information Ethics: An Environmental Approach to the Digital Divide [J]. Philosophy in the Contemporary World, 9 (1): 39-45.

Kenneth Einar Himma, 2003. The Relationship between the Uniqueness of Computer Ethics and Its Independence as a Discipline in Applied Ethics [J]. Ethics and Information Technology, 5 (4): 225-237.

Kay Mathiesen, 2004. What is Information Ethics? [J]. Computers and Society, 34 (1): 6.

Mikko T. Siponena, Jorma Kajavab, 2000. Computer Ethics-the Most Vital Social Aspect of Computing: Some Themes and Issues Concerning Moral and Ethical Problems of IT [EB/OL]. (2000-10-30) [2002-01-12]. http://www.ifi.uio.no/iris20/proceedings/12.htm.

Beate Rössler, 2005. The Value of Privacy [M]. Oxford: Polity Press.

Spinello, 1997. Case Studies in Information and Computer Ethics [M]. NJ: Prentice Hall.

Bernd Carsten Stahl, 2004. Responsibility for Information Assurance and Privacy: A Problem of Individual Ethics? [J]. Journal of Organizational and End User Computing, 16 (3): 59-77.

Herman T, 1999. KDD, Data Mining, and The Challenge for Normative Privacy [J]. Ethics and Information, (1): 265-273.

Richard Volkman, 2003. Privacy as Life, Liberty, Property [J]. Ethics and Information Technology, (5): 199-210.

后 记

我对信息伦理问题的关注，最早是因受到国内信息法学、信息经济学方面研究的影响而萌发的。尤其是信息法学的出现，使我想到，既然法学能够启动对信息问题的研究，那么同为规范学科的伦理学也一定可以在这方面有所作为。1999 年，我在查阅了大量计算机伦理学和网络伦理学方面的文献后，更感觉到关于信息伦理问题的研究不能局限于计算机伦理学和网络伦理学，而应当有更为广阔的理论视野。从那一年开始，我每年的研究时间和精力主要投入对信息伦理问题的研究，陆续在哲学社会科学类和计算机技术应用类刊物上发表相关论文十多篇，并先后就此研究主题成功申报湖南省社科基金项目和国家社科基金项目各一项。本书即为我主持的 2004 年度国家社科基金项目"信息伦理研究"（04BZX058）的最终成果。

2002 年，我将已经发表的信息伦理问题研究的若干论文予以初步整理，由中南大学出版社出版了一本名为《信息伦理学》的小册子。但那本小册子只是对信息伦理问题的零散思考，还未形成自己的信息伦理学研究的整体特色。从那之后，随着与国外学者的互动以及自己进一步的探索，我逐渐形成了与大多数西方学者不同的信息伦理学思路：一种基于信息活动类型的信息伦理学研究。我如此定位的信息伦理学，既有异于以卢西亚诺·弗洛里迪为代表的非规范的信息伦理学研究——这样的信息伦理学研究因超出应用伦理学的范围而变成一种纯粹抽象的道德哲学，又区别于国际信息伦理学中心（International Center for Information Ethics，简称

ICIE）所定义的信息伦理学——这样的信息伦理学似乎只是传媒伦理学、计算机伦理学、生物信息伦理学、图书馆伦理学、情报伦理学、商业信息伦理学、赛博伦理学等的简单集成。在我看来，规范的信息伦理学的研究对象应当是信息开发、信息传播、信息管理、信息利用等不同类型的信息活动中已经存在或可能发生的伦理问题，它的理论使命就是为人们的信息开发、信息传播、信息管理、信息利用等各种不同类型的信息活动提供一般的伦理规范。简言之，我所谓的信息伦理学，就是研究信息活动过程中不同类型的伦理问题，并为人们不同类型的信息活动提供一般道德规范的应用伦理学学科。我的这种信息伦理学研究，在抽象水平上高于 ICIE 所列举的那些研究而又低于卢西亚诺·弗洛里迪的那种研究；既走出了卢西亚诺·弗洛里迪式研究难以普及、过于艰涩的困境，又在一定程度上避免了 ICIE 式研究那样的简单集成。而且，我在自己的这种研究中，因充分利用中国本土的独特资源而形成了相对于西方的另类优势。2004 年，正是凭借我撰写的题为《全球化与信息伦理》的论文中与西方学者不一样的话语内容，ICIE 的发起人卡普洛·拉斐尔邀请我参加在德国举行的国际信息伦理学论坛。2010 年，在中国人民大学举办的中国信息伦理国际会议上，我发表了会议的主题演讲之一：信息伦理学之我见。这是我首次在国际会议上系统、全面、正式地表明自己对信息伦理学之学科定位、研究对象的基本观点，同时也意味着我对信息伦理学研究的基本终结，因为我此后的精力和时间主要集中于对隐私问题的伦理研究。

我主持的 2004 年度国家社科基金项目"信息伦理研究"（04BZX058）已于 2008 年通过鉴定，但其最终成果因各种原因一直未能出版。该项目的最终成果《数字化生存的道德空间——信息伦理学的理论与实践》，此次被列入国家出版基金项目，由中国人民大学出版社予以出版，实在是荣幸之至且备感欣慰！为适应新情况、新问题，我在付梓之前对某些资料、观点做了些许调整，并在原已通过鉴定的成果基础上增加了涉及大数据之伦理问题的第十章。除第二章、第四章、第七章分别由冯粤、石共文、刘志峰撰写外，其余各章均由我执笔完成，最后由我统改、统校、定稿。

借此机会，我愿意向所有在我的信息伦理学研究中对我有过帮助的人们表示衷心的感谢！尤其是德国的卡普洛·拉斐尔教授、美国的查尔斯·

梅尔文·艾斯教授和日本的仲田诚教授，我在问题开拓、比较研究方面受惠于他们三位最多。中国社会科学院文献信息中心的梁俊兰研究员、上海师范大学的王正平教授，一直以来对我的研究给予了热心的支持和鼓励，对此，我会永远铭记在心！中国人民大学出版社的杨宗元编审和罗晶女士，为争取本书的出版机会及繁重的编辑工作付出了大量心血，在此一并表示诚挚的谢意！

吕耀怀

2017 年 5 月 20 日，于苏州静闲居

图书在版编目（CIP）数据

数字化生存的道德空间：信息伦理学的理论与实践/吕耀怀等著. —北京：中国人民大学出版社，2018.10
（当代中国社会道德理论与实践研究丛书）
ISBN 978-7-300-26037-2

Ⅰ.①数… Ⅱ.①吕… Ⅲ.①信息技术-伦理学-研究 Ⅳ.①B82-057

中国版本图书馆 CIP 数据核字（2018）第 169817 号

国家出版基金项目
当代中国社会道德理论与实践研究丛书
主编 吴付来
数字化生存的道德空间
——信息伦理学的理论与实践
吕耀怀 等著
Shuzihua Shengcun de Daode Kongjian

出版发行	中国人民大学出版社		
社　址	北京中关村大街 31 号	邮政编码	100080
电　话	010 - 62511242（总编室）	010 - 62511770（质管部）	
	010 - 82501766（邮购部）	010 - 62514148（门市部）	
	010 - 62515195（发行公司）	010 - 62515275（盗版举报）	
网　址	http://www.crup.com.cn		
	http://www.ttrnet.com（人大教研网）		
经　销	新华书店		
印　刷	天津中印联印务有限公司		
规　格	160 mm×230 mm　16 开本	版　次	2018 年 10 月第 1 版
印　张	15.5 插页 3	印　次	2018 年 10 月第 1 次印刷
字　数	231 000	定　价	58.00 元